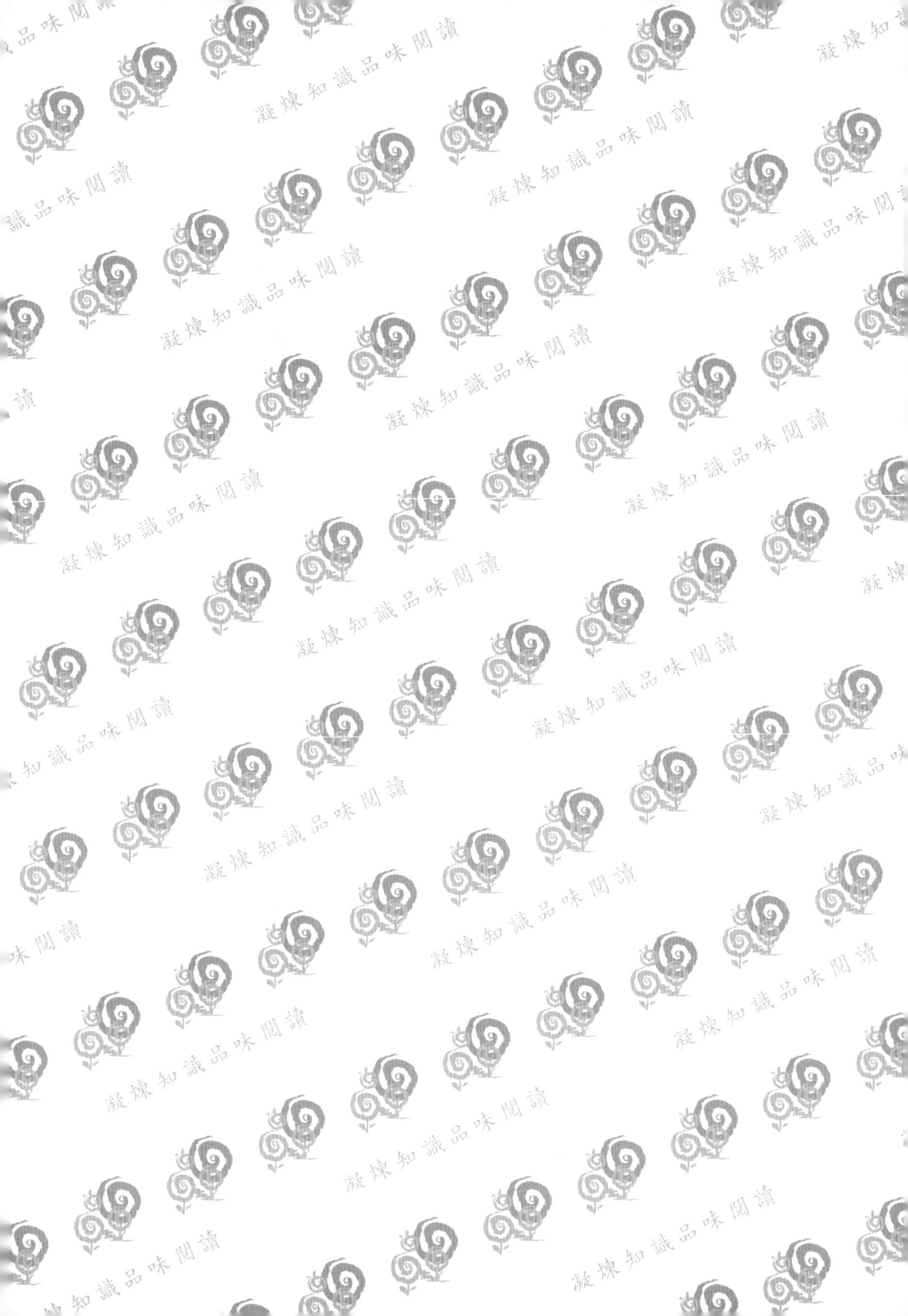

凝煉知識品味閱讀

近代物理習題解答

Problems and Solutions on Modern Physics

倪澤恩 著

五南圖書出版公司 印行

序

近代物理是大多數理工學院各科系必修或選修課程，對於理工科的學生來說不僅是觀念，尤其是計算更是必要的能力。本書即是為了正在修習近代物理課程的莘莘學子們所著，內含以章節主題重點劃分的百餘題習題，並附上極其詳盡的解答，除了能夠培養計算能力，更有助於在實際練習中釐清觀念，為了啓發同學們的思考力，書中會出現一題多解，以便同學們更好的理解近代物的觀念，精熟解題技巧。

本習題解答配合《近代物理》一書學習效果更佳，期望能帶給有興趣的讀者們些許幫助。

長庚大學 電子工程學系／光電工程研究所

倪澤恩

目 錄

第 1 章　近代物理的基本架構習題與解答　1

第 2 章　基礎相對論習題與解答　19

第 3 章　古典量子理論習題與解答　35

第 4 章　量子力學的基本原理習題與解答　71

第 5 章　角動量習題與解答　117

第 6 章　原子的量子力學習題與解答　131

第 7 章　微擾理論習題與解答　155

第 8 章　統計力學基本概念習題與解答　183

第 9 章　密度矩陣理論習題與解答　211

第一章　近代物理的基本架構習題與解答

1-1 在近代物理或量子物理中，經常會用到積分的運算，其中有許多典型的積分關係都源自於$\int_{-\infty}^{+\infty} e^{-ax^2}dx=\sqrt{\frac{\pi}{a}}$。由此積分關係$\int_{-\infty}^{+\infty} e^{-ax^2}dx=\sqrt{\frac{\pi}{a}}$可得$\int_{0}^{\infty} e^{-ax^2}dx=\frac{1}{2}\sqrt{\frac{\pi}{a}}$。更進一步還可以得到$\int_{-\infty}^{+\infty} x^2e^{-kx^2}dx=-\frac{d}{dk}\int_{-\infty}^{\infty} e^{-kx^2}dx=\frac{\sqrt{\pi}}{2k^{3/2}}$。也可以發現一個遞迴關係$I_n\triangleq\int_0^{\infty}x^n e^{-ax^2}dx=\left(\frac{n-1}{2a}\right)I_{n-2}$，所以$\int_0^{\infty}x^{2n}e^{-ax^2}dx=\frac{1\cdot 3\cdot 5\cdots(2n-1)}{2^{n+1}a^n}\sqrt{\frac{\pi}{a}}$。

[1] 請試把在(x, y)平面上的積分轉換到極座標（Polar coordinate）(r, ϕ)平面上做積分，証明這個積分關係。

[2] 請試以 Laplace 轉換（Laplace transform）証明這個積分關係。

解：[1] 令　$I\equiv\int_{-\infty}^{+\infty} e^{-ax^2}dx=\int_{-\infty}^{+\infty} e^{-ay^2}dy$，

則　$I^2=\int_{-\infty}^{+\infty} e^{-ax^2}dx\int_{-\infty}^{+\infty} e^{-ay^2}dy$

$$=\int_{-\infty}^{+\infty}\int_{-\infty}^{+\infty} e^{-a(x^2+y^2)}dxdy。$$

我們可以把在(x, y)平面上的積分轉換到極座標(r, ϕ)平面上做積分，其中$0<r<\infty$；$0<\phi<2\pi$；且$x^2+y^2=r^2$。

所以$I^2=\int_0^{\infty}\int_0^{2\pi} e^{-ar^2}rdrd\phi=2\pi\int_0^{\infty} e^{-ar^2}rdr$。

因爲$e^{-ar^2}rdr=\frac{-1}{2a}d(e^{-ar^2})$，

所以$I^2=2\pi\int_0^{\infty}\left(\frac{-1}{2a}\right)d(e^{-ar^2})=\left(\frac{-\pi}{a}\right)[e^{-ar^2}]\Big|_0^{\infty}=\frac{-\pi}{a}(0-1)=\frac{\pi}{a}$。

即　$I=\int_{-\infty}^{+\infty}e^{-ax^2}dx=\sqrt{\frac{\pi}{a}}$，得証。

[2] Fourier 轉換（Fourier transform）和 Laplace 轉換（Laplace transform）是兩個很重要的積分轉換（Integral transform）。首先，我們可以簡單的列出這兩個積分轉換的差異，再以 Laplace 轉換証明積分關係$\int_0^{\infty}e^{-x^2}dx=\frac{\sqrt{\pi}}{2}$。

所謂的積分轉換，若由$f(t)$積分轉換到$F(\alpha)$，則定義如下

$$F(\alpha)=\int_a^b K(\alpha,t)f(t)\,dt,$$

其中$K(\alpha,t)$稱爲 kernel。

對於 Fourier 轉換，$K(\alpha,t)=e^{-i\omega t}$，其中$a=-\infty$且$b=+\infty$；

對於 Laplace 轉換，$K(\alpha,t)=e^{-st}$，其中$a=0$且$b=\infty$。

而這兩個積分轉換的限制或前提是不同的：Fourier轉換$\int_{-\infty}^{+\infty}|f(t)|\,dt$是有限的（不能發散）；而Laplace轉換是當趨近於零時，$f(t)$不能爲零，即$\lim_{t\to 0}f(t)\neq 0$，且t的定義域是在$t>0$的範圍。

現在我們可以開始藉由 Laplace 轉換求出$\int_0^{\infty}e^{-x^2}dx=\frac{\sqrt{\pi}}{2}$積分關係了。

因爲$t^{-\frac{1}{2}}=\frac{1}{\sqrt{t}}$的 Laplace 轉換可以表示爲$\mathscr{L}\left[t^{-\frac{1}{2}}\right]=\int_0^{\infty}t^{-\frac{1}{2}}e^{-st}dt$，

則令 $k=st$，則 $dk=sdt$，

$$\text{所以} \mathscr{L}\left[t^{-\frac{1}{2}}\right]=\int_0^\infty t^{-\frac{1}{2}}e^{-st}dt$$

$$=\int_0^\infty \left(\frac{k}{s}\right)^{-\frac{1}{2}}e^{-k}\frac{dk}{s}$$

$$=\frac{1}{\sqrt{s}}\int_0^\infty k^{-\frac{1}{2}}e^{-k}dk。$$

然而，令 $k=x^2$，則 $dk=2xdx$，

$$\text{所以} \mathscr{L}\left[t^{-\frac{1}{2}}\right]=\frac{1}{\sqrt{s}}\int_0^\infty \frac{1}{x}e^{-x^2}2xdx=\frac{2}{\sqrt{s}}\int_0^\infty e^{-x^2}dx。$$

若令 $I=\int_{-\infty}^{\infty} e^{-x^2}dx=\int_{-\infty}^{\infty} e^{-y^2}dy$，

$$\text{則} \quad I^2=\left[\int_{-\infty}^{\infty} e^{-x^2}dx\right]\left[\int_{-\infty}^{\infty} e^{-y^2}dy\right]=\int_{-\infty}^{\infty}\int_{-\infty}^{\infty} e^{-(x^2+y^2)}dxdy，$$

所以我們可以把直角座標轉換爲極座標，即

$x^2+y^2=r^2\cos^2\theta+r^2\sin^2\theta=r^2$。

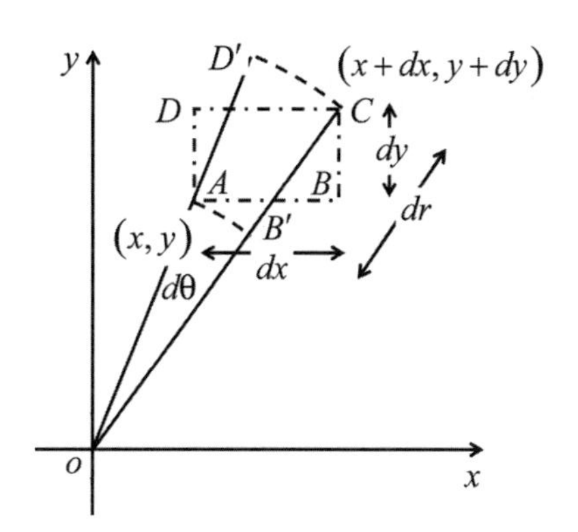

如圖所示，當 $dx\to 0$、$dy\to 0$、$dr\to 0$ 且 $d\theta\to 0$，則 $\square ABCD\approx\square AB'CD$，

所以 $dxdy=rdrd\theta$，則

$$I^2=\int_{-\infty}^{\infty}\int_{-\infty}^{\infty}e^{-(x^2+y^2)}dxdy$$

$$=\int_{0}^{\infty}\int_{0}^{2\pi}e^{-r^2}rdrd\theta$$

$$=2\pi\int_{0}^{\infty}e^{-r^2}rdr$$

$$=2\pi\int_{0}^{\infty}\left(-\frac{1}{2}\right)e^{-r^2}d(r^2)$$

$$=-\pi(0-1)=\pi，$$

得 $\displaystyle\int_{0}^{\infty}e^{-x^2}dx=\frac{\sqrt{\pi}}{2}$，

所以 $\displaystyle\mathscr{L}\left[t^{-\frac{1}{2}}\right]=\frac{2}{\sqrt{s}}\int_{0}^{\infty}e^{x^2}dx=\sqrt{\frac{\pi}{s}}$。

1-2 Dirac δ 函數（Dirac δ-function）又稱為單位脈衝函數（Unit impulse function）定義為

$\delta(x)=\begin{cases}\infty, & \text{as } x=0\\ 0, & \text{as } x=0\end{cases}$；且 $\displaystyle\int_{-\infty}^{+\infty}\delta(x)\,dx=1$。

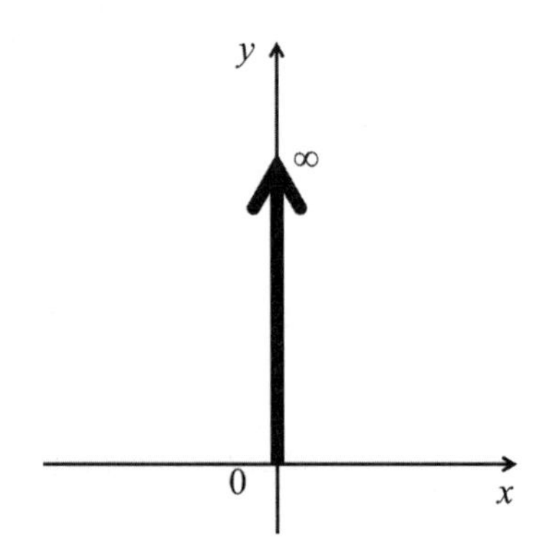

試証明以下的性質或關係。

[1]　$\int f(x)\,\delta(x-a)\,dx=f(a)$。

[2]　$\delta(ax)=\dfrac{1}{|a|}\delta(x)$。

[3]　$\delta(x)=\delta(-x)$。

[4]　$x\delta(x)=0$。

[5]　$\int_{-\infty}^{+\infty} f(x)\,\delta'(x)\,dx=-f'(0)$，其中 $\delta'(x)=\dfrac{d\delta(x)}{dx}$ 且 $f'(x)=\dfrac{df(x)}{dx}$。

[6]　若單位步階函數$\Theta(x)$（Unit step function）和 Dirac δ 函數 $\delta(x)$ 的關係為 $\int_{-\infty}^{x}\delta(u)du=\Theta(x)=\begin{cases}0, & \text{if } x<0\\ 1, & \text{if } x>0\end{cases}$，則

$\dfrac{d\Theta(x)}{dx}=\delta(x)$。

[7]　$\delta(t)=\dfrac{1}{2\pi}\int_{-\infty}^{+\infty} e^{i\omega t}\,d\omega$。

[8]　$\delta(x)=\dfrac{1}{2L}\sum_{m=-\infty}^{+\infty} e^{im\pi x/L}$。

解：[1]　實際上，我們通常並不會想知道Dirac δ 函數的數值是多少，而會要知道當積分運算中含有Dirac δ 函數時，積分運算的結果。含有Dirac δ 函數的積分運算數值可以廣義化函數（Generalized function）的方式來表示爲

$$\int_{-\infty}^{+\infty}\delta(x)\phi(x)\,dx=\phi(0),$$

其中$\phi(x)$稱爲測試函數（Test function），例如：點電荷（point charge）就是典型的測試函數。

所以把$\delta(x)$中的x寫爲$x-a$，

則$\int_{-\infty}^{+\infty}\delta(x-a)f(x)\,dx=\int_{-\infty}^{+\infty}\delta(x)f(x+a)\,dx=f(a)$。得証。

從這個結果可以推論出$\int_{-a}^{b}\delta(x-a)\,dx=1$，其中$a>0$且$b>0$。

[2] 首先，我們要先證明$\int_{-\infty}^{+\infty}\delta(ax)f(x)\,dx=\frac{1}{|a|}f(0)$。

若把$\delta(x)$中的x寫爲$\frac{x}{a}$，

則當$a>0$，

$$\int_{-\infty}^{+\infty}\delta(ax)f(x)\,dx=\frac{1}{a}\int_{-\infty}^{+\infty}\delta(x)f\left(\frac{x}{a}\right)dx$$
$$=\frac{1}{a}f(0)$$
$$=\frac{1}{|a|}f(0)\text{；}$$

當$a<0$，$\int_{-\infty}^{+\infty}\delta(ax)f(x)\,dx=\frac{1}{a}\int_{-\infty}^{+\infty}\delta(x)f\left(\frac{x}{a}\right)dx$

$$=\frac{1}{a}\int_{-\infty}^{+\infty}\delta(x)f\left(\frac{x}{a}\right)dx$$
$$=-\frac{1}{a}\int_{-\infty}^{+\infty}\delta(x)f\left(\frac{x}{a}\right)dx$$
$$=\frac{1}{|a|}f(0)\text{。}$$

綜合以上的結果可得$\int_{-\infty}^{+\infty}\delta(ax)f(x)\,dx=\frac{1}{|a|}f(0)$。

所以$\int_{-\infty}^{+\infty}\delta(ax)f(x)\,dx=\frac{1}{|a|}f(0)$

$$=\frac{1}{|a|}\int_{-\infty}^{+\infty}\delta(x)f(x)\,dx$$

$$=\int_{-\infty}^{+\infty}\frac{1}{|a|}\delta(x)f(x)\,dx，$$

即　$\delta(ax)=\frac{1}{|a|}\delta(x)$。得証。

[3]　由 $\delta(ax)=\frac{1}{|a|}\delta(x)$，則 $\delta(x)=\delta(-x)$。得証。

[4]　首先，我們要先證明 $\delta(x)f(x)=\delta(x)f(0)$。

$$\int_{-\infty}^{+\infty}[\delta(x)f(x)]\phi(x)\,dx=\int_{-\infty}^{+\infty}\delta(x)[f(x)\phi(x)]\,dx$$

$$=f(0)\phi(0)$$

$$=f(0)\int_{-\infty}^{+\infty}\delta(x)\phi(x)\,dx$$

$$=\int_{-\infty}^{+\infty}[\delta(x)f(0)]\phi(x)\,dx，$$

所以 $f(x)\delta(x)=f(0)\delta(x)$。

令　$f(x)=x$，則 $x\delta(x)=0$。得証。

[5]　首先，我們要先證明 $\int_{-\infty}^{+\infty}f'(x)\phi(x)\,dx=-\int_{-\infty}^{+\infty}f(x)\phi'(x)\,dx$，其中 $\phi(x)$ 爲測試函數。

若 $\phi(x)$ 爲測試函數，則

$$\int_{-\infty}^{+\infty}f'(x)\phi(x)\,dx=f(x)\phi(x)\Big|_{-\infty}^{+\infty}-\int_{-\infty}^{+\infty}f(x)\phi'(x)\,dx$$

$$=0-\int_{-\infty}^{+\infty}f(x)\phi'(x)\,dx$$

$$=-\int_{-\infty}^{+\infty}f(x)\phi'(x)\,dx。$$

當然也可以只要用分部積分（Integration by parts）的方法就可以

了，

$$\int_{-\infty}^{+\infty} f(x)\,\delta'(x)\,dx = f(x)\,\delta(x)\Big|_{-\infty}^{+\infty} - \int_{-\infty}^{+\infty} f'(x)\,\delta(x)\,dx$$

$$= -\int_{-\infty}^{+\infty} f'(x)\,\delta(x)\,dx$$

$$= -f'(0)\text{，}$$

即 $\int_{-\infty}^{+\infty} f(x)\,\delta'(x)\,dx = -f'(0)$ 得証。

同理可推得 $\int_{-\infty}^{+\infty} f(x)\,\delta^{(n)}(x)\,dx = (-1)^n f^{(n)}(0)$，

其中 $\delta^{(n)}(x) = \dfrac{d^n\delta(x)}{dx^n}$ 且 $f^{(n)}(0) = \dfrac{d^n f(x)}{dx^n}\Big|_{x=0}$。

[6]

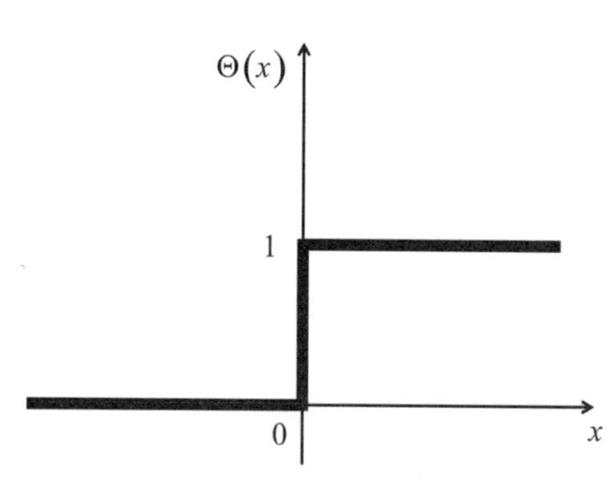

首先，我們先定義單位步階函數 $\Theta(x)$，$\Theta(x) = \begin{cases} 0, \text{if } x < 0 \\ 1, \text{if } x > 0 \end{cases}$，且

$\int_{-\infty}^{+\infty} \Theta(x) f(x)\,dx = \int_{-\infty}^{+\infty} f(x)\,dx$。

因爲[5]的結果我們已經知道 $\int_{-\infty}^{+\infty} f'(x)\,\phi(x)\,dx = -\int_{-\infty}^{+\infty} f(x)\,\phi'(x)\,dx$，

所以 $\int_{-\infty}^{+\infty} \Theta'(x)\,\phi(x)\,dx = -\int_{-\infty}^{+\infty} \Theta(x)\,\phi'(x)\,dx$

$$= -\int_{0}^{+\infty} \phi'(x)\,dx$$

$$= -[\phi(\infty) - \phi(0)]$$

$$= \phi(0)$$

$$= \int_{-\infty}^{+\infty} \delta(x)\phi'(x)\,dx\text{，}$$

可得$\dfrac{d\Theta(x)}{dx} = \delta(x)$。得証。

[7]　我們可以簡單的用 Fourier 轉換來說明，

$$\delta(t) = \mathscr{F}^{-1}[1]$$

$$= \frac{1}{2\pi}\int_{-\infty}^{+\infty} 1e^{i\omega t}\,d\omega$$

$$= \frac{1}{2\pi}\int_{-\infty}^{+\infty} e^{i\omega t}\,d\omega\text{，}$$

其中$\mathscr{F}^{-1}[f(x)]$表示對函數$f(x)$作 Fourier 反轉換。所以$\delta(t) = \dfrac{1}{2\pi}\displaystyle\int_{-\infty}^{+\infty} e^{i\omega t}\,d\omega$。得証。

[8]　我們的作法是由兩個函數的 Fourier 轉換結果是相同的，而證明這兩個函數是相同的。令$f(t) = \dfrac{1}{T}\displaystyle\sum_{n=-\infty}^{+\infty} e^{jn\omega_0 t}$，則其 Fourier 轉換為

$$\mathscr{F}[f(t)] = \frac{1}{T}\mathscr{F}[\cdots + e^{-j2\omega_0 t} + e^{-j\omega_0 t} + 1 + e^{j\omega_0 t} + e^{2j\omega_0 t} + \cdots]$$

$$= \frac{1}{T}\begin{bmatrix} \cdots + 2\pi\delta(\omega + 2\omega_0) + 2\pi\delta(\omega + \omega_0) + 2\pi\delta(\omega) \\ + 2\pi\delta(\omega - \omega_0) + 2\pi\delta(\omega - 2\omega_0) + \cdots \end{bmatrix}$$

$$= \frac{1}{T}\sum_{n=-\infty}^{+\infty} 2\pi\delta(\omega - n\omega_0)$$

$$= \frac{2\pi}{T}\sum_{n=-\infty}^{+\infty} \delta(\omega - n\omega_0)\text{，}$$

其中因爲 $\mathscr{F}[\cos(n\omega_0 t)]=\pi\delta(\omega-n\omega_0)+\pi\delta(\omega+n\omega_0)$；且 $\mathscr{F}[\sin(n\omega_0 t)]=-j\pi\delta(\omega-n\omega_0)+j\pi\delta(\omega+n\omega_0)$。

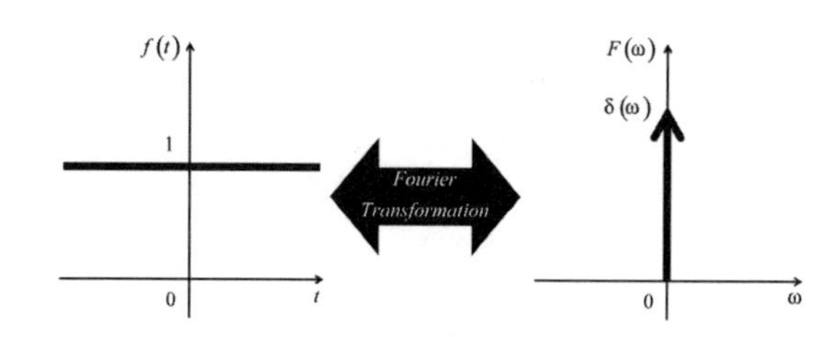

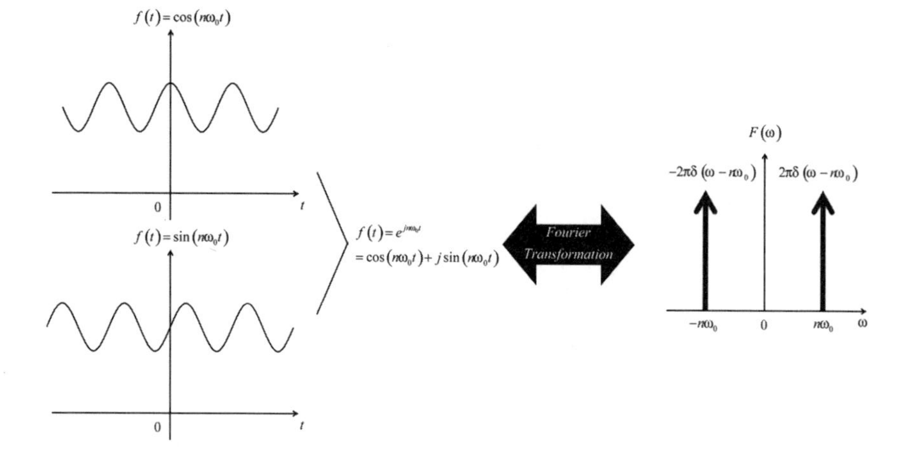

所以，如圖所示，$\mathscr{F}[e^{jn\omega_0 t}]=\mathscr{F}[\cos(n\omega_0 t)+j\sin(n\omega_0 t)]=2\pi\delta(\omega-n\omega_0)$。

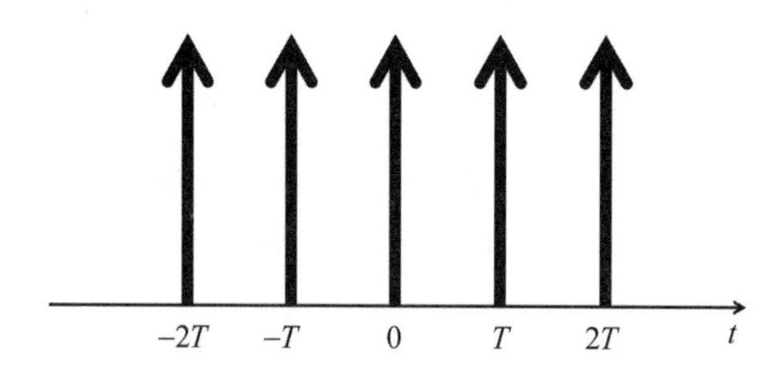

若 $\delta_T(t)=\sum\limits_{n=-\infty}^{+\infty}\delta(t-nT)$，如圖所示，

則因爲 $\mathscr{F}[\delta_T(t)]=\mathscr{F}\left[\sum_{n=-\infty}^{+\infty}\delta(t-nT)\right]$

$$=\mathscr{F}\left[\begin{array}{l}\cdots+\delta(t+2T)+\delta(t+T)+\delta(T)\\+\delta(t-T)+\delta(t-2T)+\cdots\end{array}\right]$$

$$=\cdots+\frac{2\pi}{T}\delta(\omega+2\omega_0)+\frac{2\pi}{T}\delta(\omega+\omega_0)+\frac{2\pi}{T}\delta(\omega)$$

$$+\frac{2\pi}{T}\delta(\omega-\omega_0)+\frac{2\pi}{T}\delta(\omega-2\omega_0)+\cdots$$

$$=\frac{2\pi}{T}\sum_{n=-\infty}^{+\infty}\delta(\omega-\omega_0)，$$

所以 $f(t)=\delta_T(t)=\frac{1}{T}\sum_{n=-\infty}^{+\infty}e^{jn\omega_0 t}=\sum_{n=-\infty}^{+\infty}\delta(t-nT)$。得証。

如果由時域空間轉換到位置空間，即 $t\to x$；$T\to 2L$；$\omega_0=\frac{2\pi}{T}\to\frac{\pi}{L}$，

則爲 $\delta(x)=\frac{1}{2L}\sum_{m=-\infty}^{+\infty}e^{im\pi x/L}=\sum_{n=-\infty}^{+\infty}\delta(x-2nL)$。

1-3

[1]　試証 $\int_0^\infty\frac{e^{-x}x^{\frac{1}{2}}}{1-e^{-\alpha}x^{-x}}dx=\sum_0^\infty e^{-n\alpha}\int_0^\infty x^{\frac{1}{2}}e^{-(n+1)x}dx$。

[2]　試証 $\int_0^\infty x^{\frac{1}{2}}e^{-(n+1)x}dx=\frac{\sqrt{\pi}}{2(n+1)^{3/2}}$。

[3]　若Γ函數的定義為 $\Gamma(n+1)\triangleq\int_0^\infty x^n e^{-x}dx$，則試求 $\Gamma\left(\frac{3}{2}\right)=\frac{\sqrt{\pi}}{2}$。

解：[1]　因爲 $\frac{1}{1-x}=\sum_{n=\infty}^{\infty}x^n$，所以

$$\int_0^\infty\frac{e^{-x}x^{\frac{1}{2}}}{1-e^{-\alpha}x^{-x}}dx=\sum_0^\infty\int_0^\infty e^{-x}x^{\frac{1}{2}}e^{-n(\alpha+x)}dx=\sum_0^\infty e^{-n\alpha}\int_0^\infty x^{\frac{1}{2}}e^{-(n+1)x}dx，$$

得証。

[2]　因　爲 $\int_0^\infty y^2e^{-\alpha y^2}dy=-\frac{d}{d\alpha}\int_0^\infty e^{-\alpha y^2}dy$，且 $\int_{-\infty}^\infty e^{-\alpha y^2}dy=\sqrt{\frac{\pi}{\alpha}}$，即

$$\int_{-\infty}^{\infty} e^{-\alpha y^2}\,dy = \frac{1}{2}\sqrt{\frac{\pi}{\alpha}}\ 。$$

令 $y = x^{\frac{1}{2}}$，則 $y^2 = x$，即 $dx = 2ydy$，所以

$$\int_0^{\infty} x^{\frac{1}{2}}\, e^{-n(\alpha + x)}\,dx = 2\int_0^{\infty} y^{\frac{1}{2}}\, e^{-(n+1)y^2}\,dx = \frac{\sqrt{\pi}}{2\,(n+1)^{3/2}}，得証。$$

[3] 由 $\Gamma(n+1) \triangleq \int_0^{\infty} x^n e^{-x}\,dx$，則 $\Gamma\left(\frac{3}{2}\right) \triangleq \int_0^{\infty} x^{\frac{1}{2}}\, e^{-x}\,dx = \frac{\sqrt{\pi}}{2}$。

1-4 試將這些函數作 Fourier 轉換。

[1]

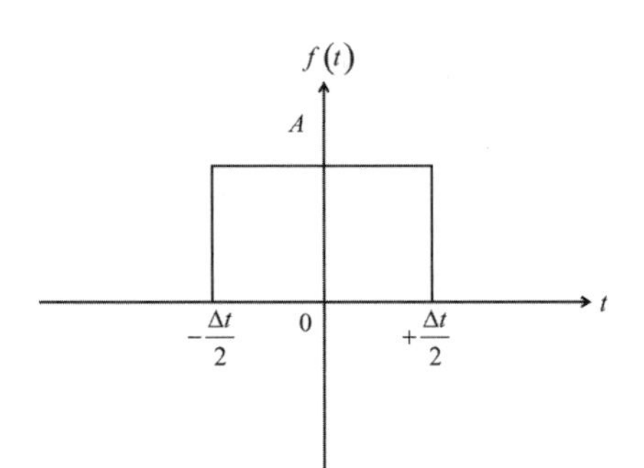

$$f(t) = \begin{cases} A, & -\frac{\Delta t}{2} \le t \le +\frac{\Delta t}{2} \\ 0, & elsewhere \end{cases}\ 。$$

[2]

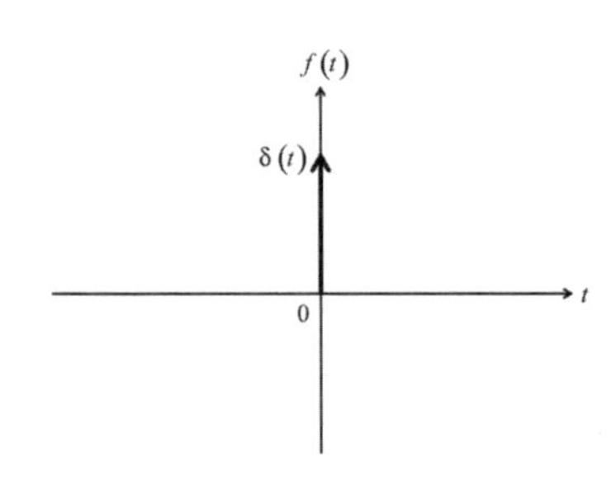

$$\delta(t)=\begin{cases}1, & t=0\\ 0, & elsewhere\end{cases}$$ 。

[3]

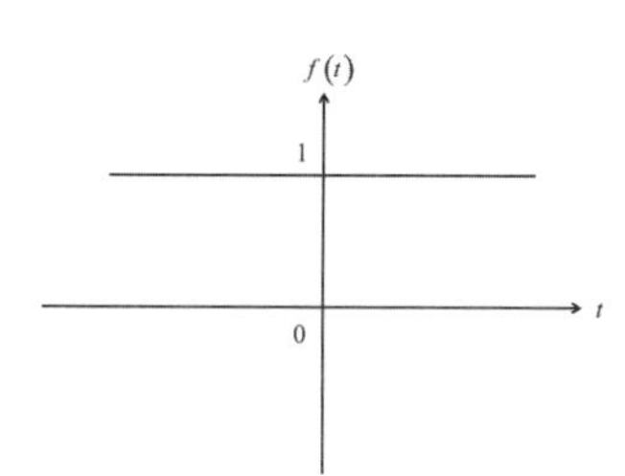

$f(t)=1$ 。

[4]

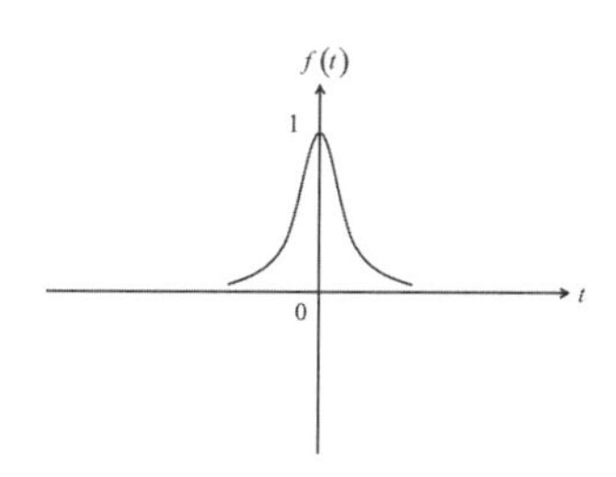

$f(t)=e^{-at^2}$ 且 $a>0$ 。

解：[1]　由$f(t)=\begin{cases}A, & -\dfrac{\Delta t}{2}\le t\le +\dfrac{\Delta t}{2}\\ 0, & elsewhere\end{cases}$，則 Fourier 轉換爲

$$F(v)=\int_{-\infty}^{+\infty} f(t)\,e^{i2\pi vt}\,dt$$

$$=\int_{-\frac{\Delta t}{2}}^{+\frac{\Delta t}{2}} f(t)\,Ae^{i2\pi vt}\,dt$$

$$=\frac{A}{\pi v}\sin(\pi v\Delta t)$$

$$= A\Delta t \frac{\sin(\pi v \Delta t)}{\pi v \Delta t}$$

$$= A\Delta t \sin c(\pi v \Delta t)。$$

當 $v = \frac{n}{\Delta t}$，其中 $n = \pm 1, \pm 2, \pm 3, \cdots$，則 $F(v) = 0$；而當 v 趨近於 0，則 $F(v) = A\Delta t$，如圖所示。

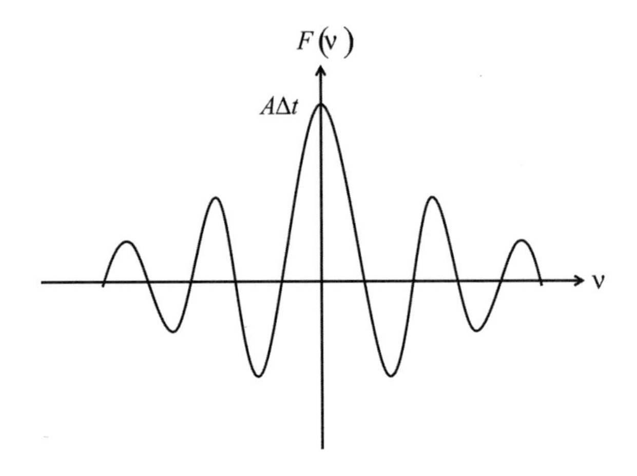

[2] 由 $\delta(t) = \begin{cases} 1, & t = 0 \\ 0, & elsewhere \end{cases}$，也就是[1]的面積爲 1，即 $A\Delta t = 1$，則 Fourier 轉換爲 $F(v) = \int_{-\infty}^{+\infty} \delta(t)\, e^{i2\pi vt}\, dt = A\Delta t \frac{\sin(\pi v \Delta t)}{\pi v \Delta t} = 1$，如圖所示，$F(v) = 1$ 和 v 無關。

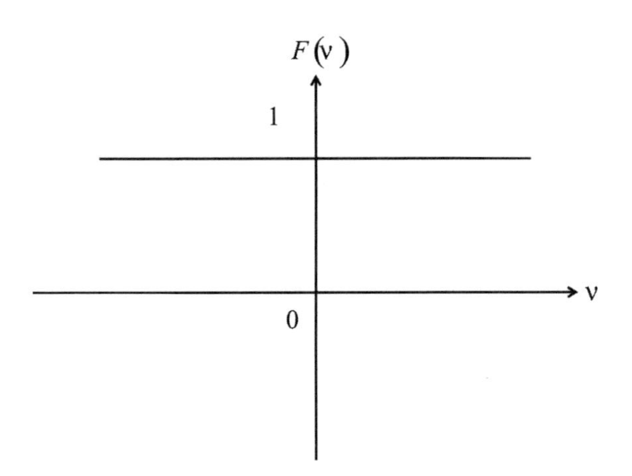

[3]　首先，我們來看看如何產生函數$f(t)=1$。基於[1]的結果，如果$F(v)$的面積為 1，如圖所示，即$\frac{1}{2}(A\Delta t)\frac{2}{\Delta t}=A=1$。

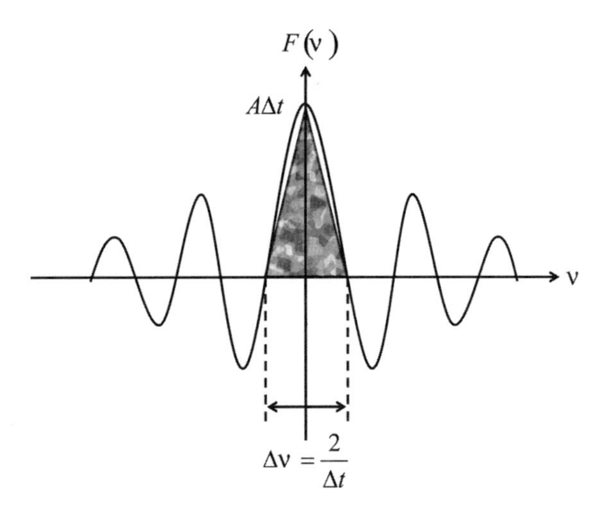

因為$f(t)=\begin{cases}A, & -\frac{\Delta t}{2}\le t\le +\frac{\Delta t}{2}\\ 0, & elsewhere\end{cases}$，所以如果$f(t)=A=1$要和$t$無關，則必須$\Delta t=\frac{1}{v}\to\infty$，即$\Delta v=0$。再代回$F(v)$，可知當$v=0$，

則 $F(v)\Big|_{v=0} = A\Delta t \dfrac{\sin(\pi v \Delta t)}{\pi v \Delta t} \to \infty$，滿足了 Dirac delta 函數（Dirac delta function）的條件。所以 $f(t)=1$ 的 Fourier 轉換爲 Dirac delta 函數，如圖所示。

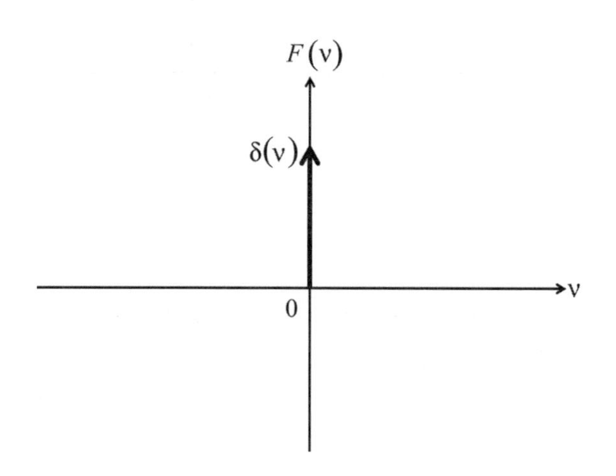

[4] $f(t)=e^{-at^2}$ 是一個寬度爲 $\dfrac{2}{\sqrt{a}}$ 的 Gauss 函數（Gaussian function），

其 Fourier 轉換爲

$$
\begin{aligned}
F(\omega) &= \frac{1}{\sqrt{2\pi}} \int_{-\infty}^{+\infty} f(t)\, e^{i\omega t}\, dt \\
&= \frac{1}{\sqrt{2\pi}} \int_{-\infty}^{+\infty} e^{-at^2} e^{i\omega t}\, dt \\
&= \frac{1}{\sqrt{2\pi}} \int_{-\infty}^{+\infty} e^{-a(t^2 - i\omega t)}\, dt \\
&= \frac{e^{-\omega^2/4a}}{\sqrt{2\pi}} \int_{-\infty}^{+\infty} e^{-a\left(t - \frac{i\omega}{2a}\right)^2} dt \\
&= \frac{e^{-\omega^2/4a}}{\sqrt{2\pi}} \int_{-\infty}^{+\infty} e^{-a\xi}\, d\xi \\
&= \frac{e^{-\omega^2/4a}}{\sqrt{2\pi}} \sqrt{\frac{\pi}{a}} \\
&= \frac{1}{\sqrt{2a}} e^{-\omega^2/4a} \text{。}
\end{aligned}
$$

$F(\omega)=\dfrac{1}{\sqrt{2a}}e^{-\omega^2/4a}$ 也是一個Gauss函數，其寬度爲$4\sqrt{a}$。所以Gauss 函數的 Fourier 轉換還是 Gauss 函數，如圖所示，

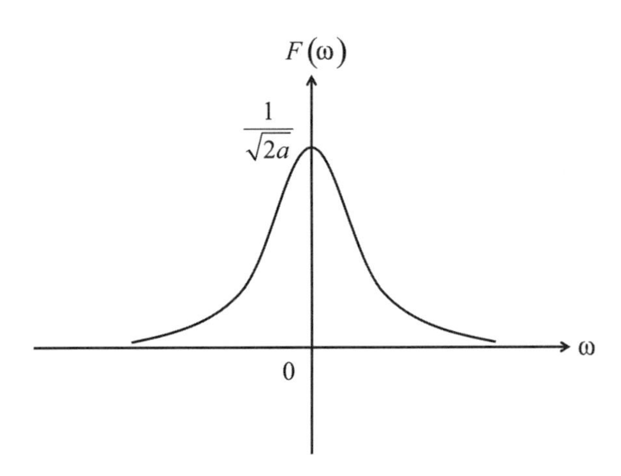

第二章　基礎相對論習題與解答

2-1　在 Einstein 的時空模型（Space-time model）包含了四個座標，其中三個是空間座標（Space coordinate）x_1、x_2、x_3；一個是時間座標（Time coordinate）x_4，所以我們可以用向量空間（Vector space）R^4 來表示空間和時間，在向量空間 R^4 中的每一個元素（Element）被稱為是一個事件（Event），每一個事件在空間中有一個位置 x_1、x_2、x_3 而且在時間 x_4 發生。

Hermann Minkowski 對於狹義相對論或特殊相對論（Special relativity）給了幾何的解釋，稱為 Minkowski 幾何（Minkowski geometry）。

若 $\mathbb{X}=(x_1, x_2, x_3, x_4)$ 和 $\mathbb{Y}=(y_1, y_2, y_3, y_4)$ 是 R^4 上任意兩個元素，則 $\mathbb{X}$ 和 $\mathbb{Y}$ 的二個最基本的關係存在有：

(a) 正交關係

由 $\langle \mathbb{X}, \mathbb{Y} \rangle = -x_1y_1 - x_2y_2 - x_3y_3 + x_4y_4$，則 $\|x\| \equiv \sqrt{|\langle \mathbb{X}, \mathbb{Y} \rangle|}$。

若 $\langle \mathbb{X}, \mathbb{Y} \rangle = 0$，則 $\mathbb{X}$ 和 $\mathbb{Y}$ 是正交的。

(b) 距離關係

若 $d(\mathbb{X}, \mathbb{Y})$ 表示 $\mathbb{X}$ 和 $\mathbb{Y}$ 之間的距離，則

$$d(\mathbb{X}, \mathbb{Y}) = \|\mathbb{X} - \mathbb{Y}\|$$
$$= \sqrt{|-(x_1-y_1)^2 - (x_2-y_2)^2 - (x_3-y_3)^2 + (x_4-y_4)^2|}\text{。}$$

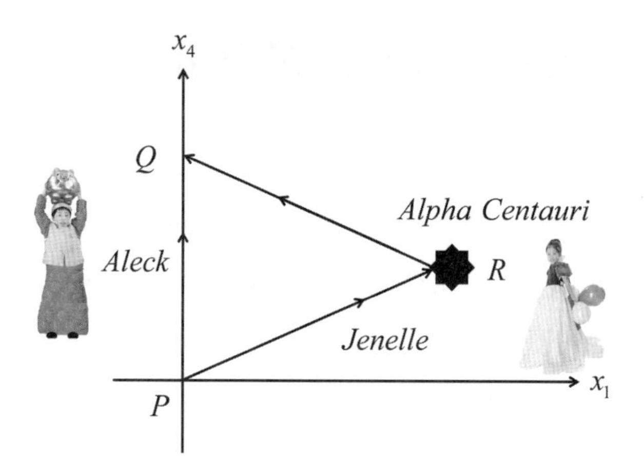

若已知 Alpha Centauri 距離地球有 4 光年（Light-year）標示在時空圖（Space-time diagram）的 R 點，如圖所示。

現在有一對雙胞胎 Aleck 和 Jenelle，甫出生，Aleck 就留在地球上 P 點，同時，Jenelle 由 P 點搭火箭以 0.8 倍的光速前往 Alpha Centauri，再以 0.8 倍的光速回到地球，而後兩人相聚在時空圖的 Q 點，試求

[1] Aleck 和 Jenelle 二人重逢時，Aleck 幾歲？

[2] P 點和 R 點的距離。

[3] R 點和 Q 點的距離。

[4] Aleck 和 Jenelle 二人重逢時，Jenelle 幾歲？

解：[1] 因為 Aleck 留在地球上，而 Alpha Centauri 距離地球 4 光年，即來回有 8 光年，且火箭的速度是 $0.8c$ 所以往返所需的時間為 $\dfrac{8c}{0.8c}=10$ 年即 Aleck 在 Q 點已經 10 歲了。

[2] 先標示 P、Q、R 在 R^4 的座標，$P=(0,0,0,0)$、$Q=(0,0,0,10)$、$R=(4,0,0,5)$，如圖所示。

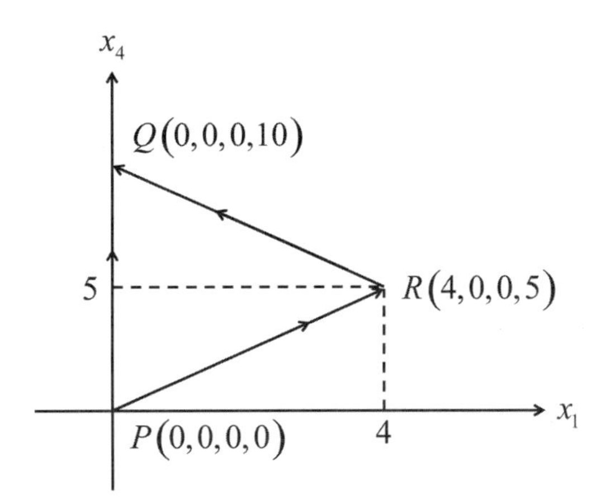

由 Minkowsli 幾何可得點 P 和 R 點的距離爲

$$d(P,R) = \| P - R \|$$
$$= \sqrt{|-(0-4)^2 - (0-0)^2 - (0-0)^2 + (0-5)^2|}$$
$$= \sqrt{|-16+25|} = \sqrt{9} = 3。$$

[3] R 點和 Q 點的距離爲

$$d(R,Q) = \| R - Q \|$$
$$= \sqrt{|-(4-0)^2 - (0-0)^2 - (0-0)^2 + (5-10)^2|}$$
$$= \sqrt{|-16+25|} = \sqrt{9} = 3。$$

[4] 因爲特殊相對論中，觀察者所經歷的距離，就對應於觀察者所記錄的時間，所以 Jenelle 由地球到達 Alpha Centauri 的距離 $d(P,R)=3$，表示 Jenelle 已經三歲了，再由 Alpha Centauri 回到地球，距離 $d(R,Q)=3$ 又再增加了 3 歲，所以雙胞胎 Aleck 和 Jenelle 重逢時，Jenelle 才 6 歲。

2-2 電動力學（Electrodynamics）是屬於古典物理的，經過了相對論的修正之後，就變的更完備，以下我們將以光子為例，簡單的說明電動力學的相對性理論。

因為光子是沒有靜止質量的，即 $m_0=0$，則四維動量為 $p_\mu=\left(\vec{p}, i\frac{E}{c}\right)=\left(\hbar\vec{k}, i\frac{\hbar\omega}{c}\right)$；且四維波向量為 $k_\mu=\left(\vec{k}, i\frac{\omega}{c}\right)$；而 $k_\mu^2=|\vec{k}|^2-\frac{\omega^2}{c^2}$。

現在我們考慮兩個情況的光子 Doppler 效應（Doppler effect）。

假設光波行進的方向為 x 方向，則

(a) 若座標 K' 是沿著光波行進的方向平行移動，即座標 K' 前進的方向為 x 方向，則四維波向量 $k_\mu=\left(\vec{k}, i\frac{\omega}{c}\right)$ 經過 Lorentz 轉換之後為，

$$\begin{bmatrix} k' \\ 0 \\ 0 \\ i\frac{\omega'}{c} \end{bmatrix}=\begin{bmatrix} \gamma & 0 & 0 & i\gamma\beta \\ 0 & 1 & 0 & 0 \\ 0 & 0 & 1 & 0 \\ -i\gamma\beta & 0 & 0 & \gamma \end{bmatrix}\begin{bmatrix} k \\ 0 \\ 0 \\ i\frac{\omega}{c} \end{bmatrix},$$

其中 $\gamma=\sqrt{\frac{1-\upsilon/c}{1+\upsilon/c}}$；要注意座標 K 和座標 K' 的相對運動方向，若同向，則為 $+c$；若反向，則為 $-c$。

觀察頻率改變的情形，

即 $\frac{\omega'}{c}=\frac{\omega}{c}\sqrt{\frac{1-\upsilon/c}{1+\upsilon/c}}$，則 $\omega'=\omega\sqrt{\frac{1-\upsilon/c}{1+\upsilon/c}}$，

所以可得 $v'=v\sqrt{\frac{1-\upsilon/c}{1+\upsilon/c}}$；且 $\lambda'=\lambda\sqrt{\frac{1+\upsilon/c}{1-\upsilon/c}}$，

其中 $\omega=kc=\frac{2\pi}{\lambda}c=\frac{2\pi}{\lambda}\lambda v=2\pi v$。

因為座標K和座標K'的運動方向是平行的，所以如果是同方向運動，則光波長λ變長，頻率ν變小；如果是反方向運動，則光波長λ變短，頻率ν變大。

(b)若座標K'是以垂直於光波前進的方向移動，即座標K'前進的方向為y方向，則四維波向量$k_\mu=\left(\vec{k}, i\frac{\omega}{c}\right)$經過Lorentz轉換之後為，

$$\begin{bmatrix} 0 \\ k' \\ 0 \\ i\frac{\omega}{c} \end{bmatrix} = \begin{bmatrix} \gamma & 0 & 0 & i\gamma\beta \\ 0 & 1 & 0 & 0 \\ 0 & 0 & 1 & 0 \\ -i\gamma\beta & 0 & 0 & \gamma \end{bmatrix} \begin{bmatrix} 0 \\ k \\ 0 \\ i\frac{\omega}{c} \end{bmatrix}。$$

由$\omega'=\frac{\omega}{\sqrt{1-\beta^2}}$，則$\nu'=\frac{\nu}{\sqrt{1-\beta^2}}$；且$\lambda'=\lambda\sqrt{1-\beta^2}$，所以光的頻率$\nu$變大，波長$\lambda$變短。

如果現在有一雙電子對（Electron pair）發生碰撞之後，分開成二道γ光（γ ray），示意為$e^+ + e^- \to \gamma + \gamma$，

則試問

[1]　在靜止的座標K中，測得碰撞之後γ光的頻率ω和波長λ，分別為何？

[2]　以速度υ移動的座標K'中，測得碰撞之後γ光的頻率ω_1'和ω_2'，分別為何？

解：[1]　因為碰撞前後的總能量是守恆的，即碰撞前的總能量等於碰撞後的總能量，所以$m_0c^2+m_0c^2=\hbar\omega+\hbar\omega$，其中$m_0$是電子的靜止質量；$\omega$是碰撞之後$\gamma$光的頻率。所以可得在靜止的座標中，碰撞

之後 γ 光的頻率 ω 爲 $\omega=\frac{m_0c^2}{\hbar}$；波長 λ 爲 $\lambda=\frac{\hbar}{m_0c}$。

[2] 因爲 Doppler 效應，所以如果觀察的方向和座標 K' 移動的方向同向，則 $\omega_1'=\omega\sqrt{\frac{1-v/c}{1+v/c}}=\frac{m_0c^2}{\hbar}\sqrt{\frac{1-v/c}{1+v/c}}$，即頻率變小；如果觀察的方向和座標 K' 移動的方向反向，則 $\omega_2'=\omega\sqrt{\frac{1+v/c}{1-v/c}}=\frac{m_0c^2}{\hbar}\sqrt{\frac{1+v/c}{1-v/c}}$，即頻率變大。

這些結果顯示因爲要滿足動量守恆，所以碰撞之後必須爲偶數道光。

2-3 在原子分子物理或雷射物理中，有兩個很基本的光譜線寬的機制分類，一種是均勻展寬（Homogeneous broadening）；一種是非均勻展寬（Inhomogeneous broadening）或稱為 Doppler 展寬（Doppler broadening）。均勻展寬是 Lorentz 函數（Lorentzian function）；非均勻展寬是 Gauss 函數（Gaussian function），其中非均勻展寬的機制是考慮相對論的結果。

試說明由 Maxwell-Boltzmann 分佈（Maxwell-Boltzmann distribution），藉著 Doppler 效應（Doppler effect）轉變成 Gauss 分佈。

解：我們將分成三個部份來說明 Doppler 展寬：[1]Doppler 效應：運動中的原子「看到」的光頻率和靜止中的原子「看到」的不同。[2]當運動中的原子「看到」的光頻率和後來的光頻率相同時才有最大的交互作用。[3]由原子在速度上的 Maxwell-Boltzmann 分佈，藉著 Doppler 效應轉變成 Gaussian 分佈。

依序說明如下：

[1] Doppler 效應：

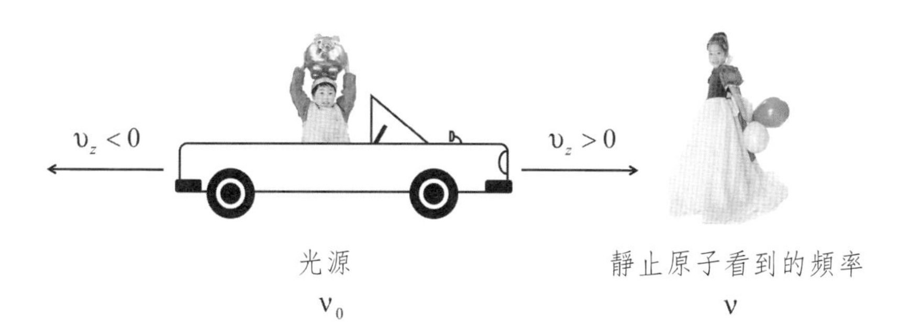

如圖所示，當原子的運動速度 υ_z 遠小於光速 c 時，即 $\frac{\upsilon_z}{c} \ll 1$，則因爲相對論的效應，所以光源的頻率將由 ν_0 轉換成 ν，即

$$\nu = \nu_0 \sqrt{\frac{1+\frac{\upsilon_z}{c}}{1-\frac{\upsilon_z}{c}}} \cong \nu_0\left(1+\frac{\upsilon_z}{c}\right) 。$$

[2] 運動中的原子

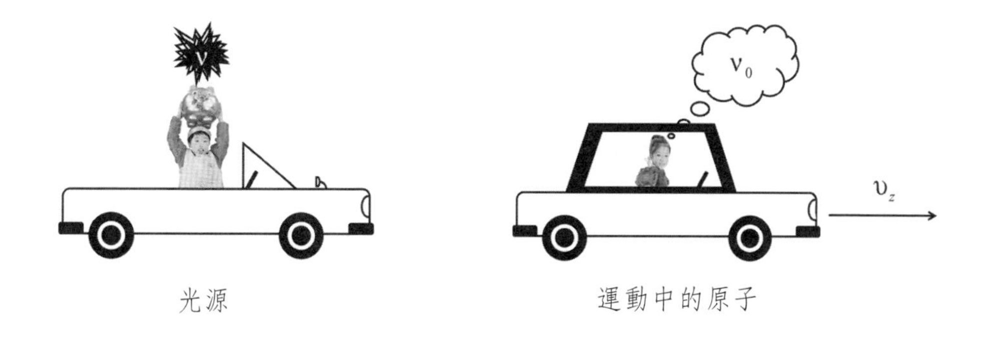

如圖所示，當原子是靜止時可以和 ν_0 的光子共振產生交互作用，但是當原子以 υ_z 的速度運動時，原子仍然希望和頻率爲 ν_0 的光子

共振，但是光源的頻率 ν 要如何才能滿足「被原子看到時的頻率為 ν_0」呢？因為原子是沿光波前進方向運動，所以原子感受到的光子頻率因 Doppler 效應的原因變成 ν'，即 $\nu'=\nu\left(1-\frac{\upsilon_z}{c}\right)$，但是只有當 $\nu'=\nu_0$ 時，原子才會與光子有最大的交互作用，

即 $\nu_0=\nu\left(1-\frac{\upsilon_z}{c}\right)$，則 $\nu\cong\nu_0\left(1+\frac{\upsilon_z}{c}\right)$。

[3] 在熱平衡狀態下，參與雷射過程的原子，其速度的分佈應該是對稱的，若只考慮速度介於 υ_z 和 $\upsilon_z+d\upsilon_z$ 的原子個數，則可由 Maxwell-Boltzmann 分佈來獲得，

$$n(\upsilon_z)\,d\upsilon_z=n\left(\frac{m}{2\pi k_BT}\right)^{\frac{1}{2}}\exp\left[\frac{-\frac{1}{2}m\upsilon_z^2}{k_BT}\right]d\upsilon_z,$$

其中，n 代表全部的原子；$\left(\frac{m}{2\pi k_BT}\right)^{\frac{1}{2}}$ 為歸一化因子（Normalization factor），k_B 為 Boltzmann 常數。

現在分別考慮 E_2 和 E_1 能階上的原子數 n_2 和 n_1，以及它們在 υ_z 和 $\upsilon_z+d\upsilon_z$ 速度間隔內的原子數分別為：

$$n_2(\upsilon_z)\,d\upsilon_z=n_2\left(\frac{m}{2\pi k_BT}\right)^{\frac{1}{2}}\exp\left(\frac{-m\upsilon_z^2}{2k_BT}\right)d\upsilon_z\,;$$

$$n_1(\upsilon_z)\,d\upsilon_z=n_1\left(\frac{m}{2\pi k_BT}\right)^{\frac{1}{2}}\exp\left(\frac{-m\upsilon_z^2}{2k_BT}\right)d\upsilon_z,$$

又 $\nu=\nu_0\left(1+\frac{\upsilon_z}{c}\right)$，則 $d\upsilon_z=\frac{c}{\nu_0}d\upsilon$，則，

所以 $n_2(\upsilon)\,d\upsilon=n_2\left(\frac{m}{2\pi k_BT}\right)^{\frac{1}{2}}\exp\left[\frac{-mc^2}{2k_BT\nu_0^2}\right]\frac{c}{\nu_0}d\upsilon=n_2\mathscr{D}(\nu,\nu_0)\,d\upsilon$；同理

$n_1(\upsilon)\,d\upsilon=n_1\mathscr{D}(\nu,\nu_0)d\upsilon$，其中 $\mathscr{D}(\nu,\nu_0)=\frac{c}{\nu_0}\left(\frac{m}{2\pi k_BT}\right)^{\frac{1}{2}}\exp\left[\frac{-mc^2}{2k_BT\nu_0^2}(\nu-\nu_0)^2\right]$。

由上下能階之間的分布狀態所形成的躍遷，可得知譜線的形狀將呈現 Gaussian 分佈，也稱為 Doppler 展寬（Doppler broadening），即

$$\mathscr{D}(v, v_0) = \frac{c}{v_0}\left(\frac{m}{2\pi k_B T}\right)^{\frac{1}{2}} \exp\left[\frac{-mc^2}{2k_B T v_0^2}(v - v_0)^2\right]。$$

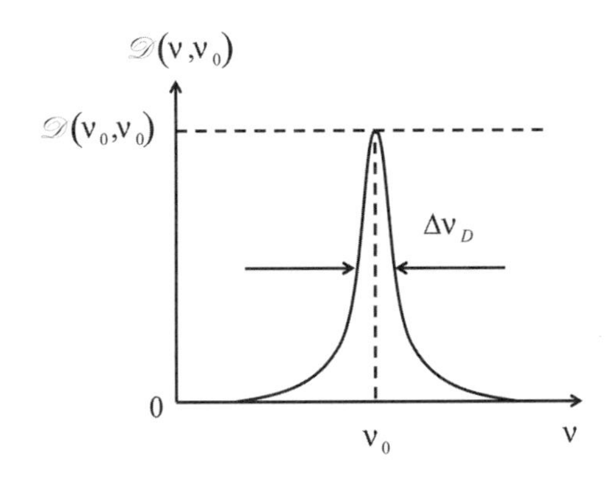

如圖所示，有關 Doppler 展寬的幾個參數如下：

$$\mathscr{D}(v, v_0) = \frac{c}{v_0}\left(\frac{m}{2\pi k_B T}\right)^{\frac{1}{2}} \exp\left[\frac{-mc^2}{2k_B T v_0^2}(v - v_0)^2\right]，$$

最大值為 $\mathscr{D}(v_0, v_0) = \frac{c}{v_0}\left(\frac{m}{2\pi k_B T}\right)^{\frac{1}{2}}$；

Doppler線寬（Doppler width）為 $\Delta v_D = 2v_o\left(\frac{2k_B T}{mc^2}\ln 2\right)^{\frac{1}{2}} = 7.16 \times 10^{-7} v_0\sqrt{\frac{T}{m}}$。

若 $\mathscr{D}(v, v_0)$ 以 Doppler 線寬 Δv_D 表示為

$$\mathscr{D}(v, v_0) = \sqrt{\frac{4\ln 2}{\pi(\Delta v_D)^2}} \exp\left[-\frac{4\ln 2}{(\Delta v_D)^2}(v - v_o)^2\right]。$$

2-4　試由自由粒子的相對論 Hamiltonian（Relativistic Hamiltonian）導出 Klein-Gordon 相對論方程式（Klein-Gordon relativistic equation） $\left(\nabla^2-\frac{1}{c^2}\frac{\partial^2}{\partial t^2}\right)\psi(\vec{r},t)=\frac{m_0^2c^2}{\hbar^2}\psi(\vec{r},t)$，其中 $\nabla^2=\frac{\partial^2}{\partial x^2}+\frac{\partial^2}{\partial y^2}+\frac{\partial^2}{\partial z^2}$，並以協變形式（Covariant form），即 $\Box\psi(x_\nu)=\frac{m_0^2c^2}{\hbar^2}\psi(x_\nu)$，表示之。其中 $\Box=\frac{\partial^2}{\partial x_1^2}+\frac{\partial^2}{\partial x_2^2}+\frac{\partial^2}{\partial x_3^2}+\frac{\partial^2}{\partial x_4^2}=\frac{\partial}{\partial x_\nu}\frac{\partial}{\partial x_\nu}=\partial_\nu\partial_\nu$，且 $\partial_\nu=\frac{\partial}{\partial x_\nu}$；$\nu=1, 2, 3, 4$，$x_1=x$；$x_2=y$；$x_3=z$；$x_4=ict$。

解：因為自由粒子的相對論能量為 $E^2=c^2p^2+m_0^2c^4$，又 $E=i\hbar\frac{\partial}{\partial t}$ 且 $p=-i\hbar\nabla$，所以可以把相對論能量以算符表示，即相對論 Hamiltonian 為 $(i\hbar)^2\frac{\partial}{\partial t}\frac{\partial}{\partial t}=c^2(-i\hbar)^2\nabla\cdot\nabla+m_0^2c^4$。兩側同除 $\hbar^2c^2$，得 $\nabla^2-\frac{1}{c^2}\frac{\partial^2}{\partial t^2}=\frac{m_0^2c^4}{\hbar^2}$。再引入波函數 $\psi(\vec{r},t)$，則 $\left(\nabla^2-\frac{1}{c^2}\frac{\partial^2}{\partial t^2}\right)\psi(\vec{r},t)=\frac{m_0^2c^4}{\hbar^2}\psi(\vec{r},t)$。

這就是 Klein-Gordon 相對論方程式或 Schrödinger-Fock 方程式（Schrödinger-Fock equation）。

我們可以把 Klein-Gordon 相對論方程式表示成協變形式。引入四維座標（Four-dimensional coordinates）：$x_1=x$；$x_2=y$；$x_3=z$；$x_4=ict$，則 $\left(\frac{\partial^2}{\partial x_1^2}+\frac{\partial^2}{\partial x_2^2}+\frac{\partial^2}{\partial x_3^2}+\frac{\partial^2}{\partial x_4^2}\right)\psi(x_1,x_2,x_3,x_4)=\frac{m_0^2c^4}{\hbar^2}\psi(x_1,x_2,x_3,x_4)$。

若以 D'Alembertian 算符（D'Alembertian operator）$\Box$ 來表示四維的 Laplace 算符（Laplacian operator）∇^2，即 $\Box=\frac{\partial^2}{\partial x_1^2}+\frac{\partial^2}{\partial x_2^2}+\frac{\partial^2}{\partial x_3^2}+\frac{\partial^2}{\partial x_4^2}=\frac{\partial}{\partial x_\nu}\frac{\partial}{\partial x_\nu}=\partial_\nu\partial_\nu$，則 Klein-Gordon 相對論方程式的協變形式為 $\Box\psi(x_\nu)=\frac{m_0^2c^4}{\hbar^2}\psi(x_\nu)$。

2-5 試由 Schrödinger 方程式導出 Dirac 相對論方程式（Dirac relativistic equation）$i\hbar\frac{\partial}{\partial t}\psi(\vec{r},t)=(-i\hbar c\vec{\alpha}\cdot\nabla+\beta m_0c^2)\psi(\vec{r},t)$，其中

$\nabla=\hat{x}\frac{\partial}{\partial x}+\hat{y}\frac{\partial}{\partial y}+\hat{z}\frac{\partial}{\partial z}$；$\vec{\alpha}=\hat{x}\alpha_x+\hat{y}\alpha_y+\hat{z}\alpha_z=\begin{bmatrix}0&\vec{\sigma}\\\vec{\sigma}&0\end{bmatrix}$；$\vec{\sigma}=\hat{x}\sigma_x+\hat{y}\sigma_y+\hat{z}\sigma_z$；

或 $\alpha_x=\begin{bmatrix}0&\sigma_x\\\sigma_x&0\end{bmatrix}$、$\alpha_y=\begin{bmatrix}0&\sigma_y\\\sigma_y&0\end{bmatrix}$、$\alpha_z=\begin{bmatrix}0&\sigma_z\\\sigma_z&0\end{bmatrix}$， 而 $\sigma_x=\begin{bmatrix}0&1\\1&0\end{bmatrix}$、

$\sigma_y=\begin{bmatrix}0&-i\\i&0\end{bmatrix}$、$\sigma_z=\begin{bmatrix}1&0\\0&-1\end{bmatrix}$；$\beta=\begin{bmatrix}I&0\\0&-I\end{bmatrix}=\begin{bmatrix}1&0&0&0\\0&1&0&0\\0&0&-1&0\\0&0&0&-1\end{bmatrix}$、

$I=\begin{bmatrix}1&0\\0&1\end{bmatrix}$，並以協變形式或$\gamma$矩陣形式（$\gamma$-matrix form），即

$\left(\gamma_\mu\frac{\partial}{\partial x_\mu}+m_0\frac{c}{\hbar}\right)\psi(x_\mu)=0$，表示之，其中 x_μ 為 $x_1=x$；$x_2=y$；$x_3=z$；

$x_4=ict$　　而 $\mu=1,\quad 2,\quad 3,\quad 4$，且 $\gamma_1=-i\beta\alpha_x=\begin{bmatrix}0&-i\sigma_x\\i\sigma_x&0\end{bmatrix}$；

$\gamma_2=-i\beta\alpha_y=\begin{bmatrix}0&-i\sigma_y\\i\sigma_y&0\end{bmatrix}$；$\gamma_3=-i\beta\alpha_z=\begin{bmatrix}0&-i\sigma_z\\i\sigma_z&0\end{bmatrix}$；$\gamma_4=\beta=\begin{bmatrix}I&0\\0&-I\end{bmatrix}$。

解：Schrödinger 方程式爲 $i\hbar\frac{\partial}{\partial t}\psi(\vec{r},t)=\hat{H}\psi(\vec{r},t)$，則 Hamiltonian $\hat{H}$爲

$\hat{H}=(c^2p^2+m_0^2c^4)^{\frac{1}{2}}=(-c^2\hbar^2\nabla^2+m_0^2c^4)^{\frac{1}{2}}$，

上式中$\hat{p}=-i\hbar\nabla$。

因爲在實數系統中，$(c^2p^2+m_0^2c^4)^{\frac{1}{2}}$是不可能化成線性微分算符（Linear differential operator）的，所以Dirac把Hamiltonian表示爲$\hat{H}=c\vec{\alpha}\cdot\vec{p}+\beta m_0c^2$，

則$c^2p^2+m_0^2c^4=(c\vec{\alpha}\cdot\vec{p}+\beta m_0c^2)^2$，其中$\vec{p}=\hat{x}p_x+\hat{y}p_y+\hat{z}p_z$；$\vec{\alpha}=\hat{x}\alpha_x+\hat{y}\alpha_y+\hat{z}\alpha_z$。

展開得 $c^2(p_x^2+p_y^2+p_z^2)+m_0^2c^4=[c(\alpha_xp_x+\alpha_yp_y+\alpha_zp_z)+\beta m_0c^2]^2$

$$=c^2\alpha_x^2p_x^2+c^2\alpha_y^2p_y^2+c^2\alpha_z^2p_z^2$$

$$+c^2(\alpha_x\alpha_y+\alpha_y\alpha_x)p_xp_y$$
$$+c^2(\alpha_y\alpha_z+\alpha_z\alpha_y)p_yp_z$$
$$+c^2(\alpha_x\alpha_z+\alpha_z\alpha_x)p_zp_x$$
$$+m_0c^3(\alpha_x\beta+\beta\alpha_x)p_x$$
$$+m_0c^3(\alpha_y\beta+\beta\alpha_y)p_y$$
$$+m_0c^3(\alpha_z\beta+\beta\alpha_z)p_z$$
$$+\beta^2m_0^2c^4,$$

比較p_x^2、p_y^2、p_z^2的係數得$\alpha_x^2=1$、$\alpha_y^2=1$、$\alpha_z^2=1$；

比較$m_0^2c^4$的係數得$\beta^2=1$；

比較p_xp_y、p_yp_z、p_zp_x的係數得$\alpha_x\alpha_y+\alpha_y\alpha_x=0$、$\alpha_y\alpha_z+\alpha_z\alpha_y=0$、$\alpha_x\alpha_z+\alpha_z\alpha_x=0$；

比較p_x、p_y、p_z的係數得$\alpha_x\beta+\beta\alpha_x=0$、$\alpha_y\beta+\beta\alpha_y=0$、$\alpha_z\beta+\beta\alpha_z=0$。

由以上這些關係式，藉由代數運算可以求出$\vec{\alpha}$和β。因爲$\vec{\alpha}$和β是反交換的（Anticommute），所以$\vec{\alpha}$和β不會是數字，而是矩陣，而且因爲 Hamiltonian $\hat{H}=-i\hbar c\vec{\alpha}\cdot\nabla+\beta m_0c^2$是 Hermitian，所以$\vec{\alpha}$和$\beta$也都是 Hermitian，也就是說$\vec{\alpha}$和$\beta$必須是方陣（Square matrix）。

其實經過代數運算可得

$$\beta=\begin{bmatrix} I & 0 \\ 0 & -I \end{bmatrix}=\begin{bmatrix} 1 & 0 & 0 & 0 \\ 0 & 1 & 0 & 0 \\ 0 & 0 & -1 & 0 \\ 0 & 0 & 0 & -1 \end{bmatrix};$$

$$\alpha_x=\begin{bmatrix} 0 & \sigma_x \\ \sigma_x & 0 \end{bmatrix}=\begin{bmatrix} 0 & 0 & 0 & 1 \\ 0 & 0 & 1 & 0 \\ 0 & 1 & 0 & 0 \\ 1 & 0 & 0 & 0 \end{bmatrix};$$

$$\alpha_y=\begin{bmatrix}0 & \sigma_y\\ \sigma_y & 0\end{bmatrix}=\begin{bmatrix}0&0&0&-i\\0&0&i&0\\0&-i&0&0\\i&0&0&0\end{bmatrix};$$

$$\alpha_z=\begin{bmatrix}0 & \sigma_z\\ \sigma_z & 0\end{bmatrix}=\begin{bmatrix}0&0&1&0\\0&0&0&-1\\1&0&0&0\\0&-1&0&0\end{bmatrix},$$

其中 Pauli 矩陣（Pauli matrix）σ_x、σ_y、σ_z爲

$$\sigma_x=\begin{bmatrix}0&1\\1&0\end{bmatrix};\ \sigma_y=\begin{bmatrix}0&-i\\i&0\end{bmatrix};\ \sigma_z=\begin{bmatrix}1&0\\0&-1\end{bmatrix}。$$

所以 Dirac 相對論方程式可以表示爲

$$i\hbar\frac{\partial}{\partial t}\psi(\vec{r},t)$$
$$=\left(c\alpha_x\frac{\hbar}{i}\frac{\partial}{\partial x}+c\alpha_y\frac{\hbar}{i}\frac{\partial}{\partial y}+c\alpha_z\frac{\hbar}{i}\frac{\partial}{\partial z}+\beta m_0c^2\right)\psi(\vec{r},t)。$$

因爲上式在對時間微分的部份是乘了一個常數；而對空間微分的部份是乘了一個矩陣，所以我們會說這個方程式相對於空間和時間的微分是不對稱的。爲了使這個方程式具有對稱的形式，且由$\beta^2=1$的性質，所以方程式二側同乘β，

則$i\hbar\beta\frac{\partial}{\partial t}\psi(\vec{r},t)=\left(c\beta\alpha_x\frac{\hbar}{i}\frac{\partial}{\partial x}+c\beta\alpha_y\frac{\hbar}{i}\frac{\partial}{\partial y}+c\beta\alpha_z\frac{\hbar}{i}\frac{\partial}{\partial z}+m_0c^2\right)\psi(\vec{r},t)$，

二側再同除ic，且令$x_1=x$；$x_2=y$；$x_3=z$；$x_4=ict$，整理可得

$$\left(-i\beta\alpha_x\frac{\hbar}{i}\frac{\partial}{\partial x_1}-i\beta\alpha_y\frac{\hbar}{i}\frac{\partial}{\partial x_2}-i\beta\alpha_z\frac{\hbar}{i}\frac{\partial}{\partial x_3}+\beta\frac{\hbar}{i}\frac{\partial}{\partial x_4}-im_0c\right)$$
$$\psi(x_1,x_2,x_3,x_4)=0。$$

引入新參數γ_1；γ_2；γ_3；γ_4，且其分別爲

$$\gamma_1 = -i\beta\alpha_x = \begin{bmatrix} 0 & -i\sigma_x \\ i\sigma_x & 0 \end{bmatrix} = \begin{bmatrix} 0 & 0 & 0 & -i \\ 0 & 0 & -i & 0 \\ 0 & i & 0 & 0 \\ i & 0 & 0 & 0 \end{bmatrix};$$

$$\gamma_2 = -i\beta\alpha_y = \begin{bmatrix} 0 & -i\sigma_y \\ i\sigma_y & 0 \end{bmatrix} = \begin{bmatrix} 0 & 0 & 0 & -1 \\ 0 & 0 & 1 & 0 \\ 0 & 1 & 0 & 0 \\ -1 & 0 & 0 & 0 \end{bmatrix};$$

$$\gamma_3 = -i\beta\alpha_z = \begin{bmatrix} 0 & -i\sigma_z \\ i\sigma_z & 0 \end{bmatrix} = \begin{bmatrix} 0 & 0 & -i & 0 \\ 0 & 0 & 0 & i \\ i & 0 & 0 & 0 \\ 0 & -i & 0 & 0 \end{bmatrix};$$

$$\gamma_4 = \beta = \begin{bmatrix} I & 0 \\ 0 & -I \end{bmatrix} = \begin{bmatrix} 1 & 0 & 0 & 0 \\ 0 & 1 & 0 & 0 \\ 0 & 0 & -1 & 0 \\ 0 & 0 & 0 & -1 \end{bmatrix},$$

可得

$$\left(\gamma_1 \frac{\hbar}{i}\frac{\partial}{\partial x_1} + \gamma_2 \frac{\hbar}{i}\frac{\partial}{\partial x_2} + \gamma_3 \frac{\hbar}{i}\frac{\partial}{\partial x_3} + \gamma_4 \frac{\hbar}{i}\frac{\partial}{\partial x_4} - im_0 c\right)\psi(x_1, x_2, x_3, x_4) = 0。$$

這個形式在空間時間的微分都是對稱的，也可以表示爲

$$\left(\gamma_\mu \frac{\hbar}{i}\frac{\partial}{\partial x_\mu} - im_0\frac{c}{\hbar}\right)\psi(x_\mu) = 0 \text{ 或 } \left(\gamma_\mu \frac{\partial}{\partial x_\mu} + m_0\frac{c}{\hbar}\right)\psi(x_\mu) = 0。$$

這就是 Dirac 相對論方程式的協變形式或 γ 矩陣形式。

2-6 試說明自由電子無法吸收光子，也無法輻射出光子。

解：電子雙極 Hamiltonian（Electric dipole Hamiltonian）爲 $H' = -\vec{d} \cdot \vec{\mathscr{E}}$，

其中電場爲 $\vec{\mathscr{E}}(t) = \hat{e}\mathscr{E}_0$；$\hat{e}$ 爲電場的偏極化的單位向量。

在電子雙極近似（Electric dipole approximation）中，簡諧微擾（Harmonic perturbation）為 $V=H'=-\vec{d}\cdot\overrightarrow{\mathscr{E}}$，其中 $\vec{d}=-q\vec{r}=-qr_0\hat{r}e^{i\vec{k}\cdot\vec{r}}$。所以 $V=H'=-\vec{d}\cdot\overrightarrow{\mathscr{E}}=q\mathscr{E}_0\hat{r}\cdot\hat{e}=qr_0\mathscr{E}_0\hat{r}\cdot\hat{e}$，則由Fermi黃金規則（Fermi golden rule），可得吸收躍遷率（Absorption transition rate）$\Gamma_{absorption}$為

$$\Gamma_{absorption}=\frac{2\pi}{\hbar}|\langle\psi_f|\hat{V}^*|\psi_i\rangle|^2\delta(E_f-E_i-\hbar\omega)\text{；}$$

而輻射躍遷率（Emission transition rate）$\Gamma_{emission}$為

$$\Gamma_{emission}=\frac{2\pi}{\hbar}|\langle\psi_f|\hat{V}^*|\psi_i\rangle|^2\delta(E_f-E_i+\hbar\omega)\text{，}$$

其中 $\hbar\omega$ 為光子的能量。

因為電子在和光子作交互作用前後都是自由的，所以電子的初始波函數（Initial wave function）和終了波函數（Final wave function）可用平面波來描述，分別為 $|\psi_i\rangle=\frac{1}{\sqrt{(2\pi)^3}}e^{i\vec{k}_i\cdot\vec{r}}$ 及 $|\psi_f\rangle=\frac{1}{\sqrt{(2\pi)^3}}e^{i\vec{k}_f\cdot\vec{r}}$。

代入吸收躍遷率，則為

$$\begin{aligned}\Gamma_{absorption}&=\frac{2\pi}{\hbar}|\langle\psi_f|\hat{V}^*|\psi_i\rangle|^2\delta(E_f-E_i-\hbar\omega)\\&=\frac{2\pi}{\hbar}\frac{1}{(2\pi)^3}\left|qr_0\mathscr{E}_0\int e^{i(\vec{k}_i-\vec{k}_f+\vec{k})\cdot\vec{r}}d\vec{r}^3\right|^2\delta(E_f-E_i-\hbar\omega)\\&=\frac{2\pi}{\hbar}\frac{1}{(2\pi)^3}q^2r_0^2\mathscr{E}_0^2\left|\int e^{i(\vec{k}_i-\vec{k}_f+\vec{k})\cdot\vec{r}}d\vec{r}^3\right|^2\delta(E_f-E_i-\hbar\omega)\\&=\frac{2\pi}{\hbar}\frac{1}{(2\pi)^3}q^2r_0^2\mathscr{E}_0^2\left|\delta\left(\vec{k}_i-\vec{k}_f+\vec{k}\right)\right|^2\delta(E_f-E_i-\hbar\omega)\text{。}\end{aligned}$$

同理輻射躍遷率為

$$\Gamma_{emission}=\frac{2\pi}{\hbar}\frac{1}{(2\pi)^3}q^2r_0^2\mathscr{E}_0^2\left|\delta\left(\vec{k}_i-\vec{k}_f-\vec{k}\right)\right|^2\delta(E_f-E_i-\hbar\omega)\text{。}$$

首先，我們來看看自由電子為什麼不能吸收一個光子，我們要證明的

是動量守恆$\delta\left(\vec{k}_i-\vec{k}_f+\vec{k}\right)$和能量守恆$\delta(E_f-E_i-\hbar\omega)$兩個條件是無法同時滿足的。

由動量守恆$\delta\left(\vec{k}_i-\vec{k}_f+\vec{k}\right)$，則$\hbar\vec{k}_i-\hbar\vec{k}_f+\hbar\vec{k}=0$，所以$\vec{p}_i-\vec{p}_f+\vec{p}_{photon}=0$；由$\delta(E_f-E_i-\hbar\omega)$ 得 能 量 守 恆 條 件 爲$E_f-E_i-\hbar\omega=0$，則$E_f-E_i-E_{photon}=0$。

因 爲$E^2=c^2p^2+m^2c^4$，但 光 子 的 靜 止 質 量 爲 零 所 以$E^2=c^2p^2$，則$E_f-E_i-cp_{photon}=0$，其 中 電 子 的E_i；$\vec{p}_i=\hbar\vec{k}_i$；E_f；$\vec{p}_f=\hbar\vec{k}_f$；光 子 的E_{photon}；$\vec{p}_{photon}=\hbar\vec{k}$；$cp_{photon}$，分別代表能量和動量。

如果我們站在那個初始的電子（Initial electron）上，即在相對於初始的電子是靜止的座標上，則$\vec{p}_i=0$，所以$\vec{p}_f=\vec{p}_{photon}$且$E_f=\dfrac{p_f^2}{2m_e}=cp_{photon}$，

則 $$\frac{p_f^2}{2m_e}-cp_f=0,$$

則 $$p_f\left(\frac{p_f}{2m_e}-c\right)=0,$$

則 $$m_e\upsilon_f\left(\frac{m_e\upsilon_f}{2m_e}-p\right)=0,$$

則$\upsilon_f=0$或$\upsilon_f=2c$。

無論哪一種情況都是不成立的，因爲若$\upsilon_f=0$，則$\vec{p}_{photon}=\vec{p}_f=m\vec{\upsilon}_f$光子的動量爲零是無意義的。若$\upsilon_f=2c$，電子的速度不可能爲$2c$。所以動量守恆和能量守恆兩個條件是互相矛盾的，也就是自由電子不可吸收光子，同理，也可證得自由電子不可能發射光子。

第三章　古典量子理論習題與解答

> **3-1**　試証明空腔輻射（Cavity radiation）的能量流率（Energy flux rate）$M_\lambda(T)$和能量密度（Energy density）$u_\lambda(T)$的關係爲$M_\lambda(T)=\frac{1}{4}cu_\lambda(T)$。

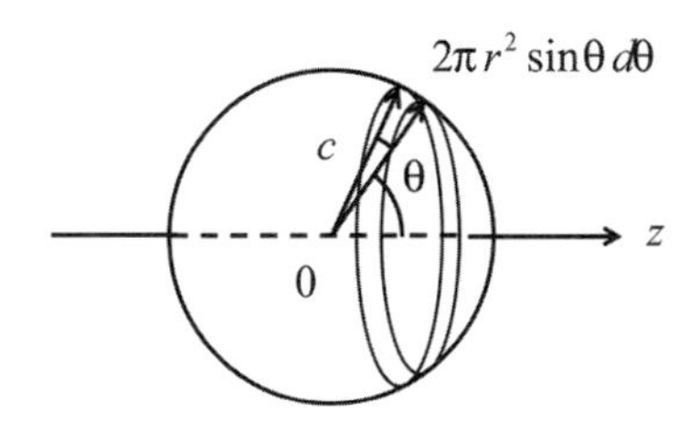

解：其實能量流率$M_\lambda(T)$和能量密度$u_\lambda(T)$的比例因子$\frac{1}{4}$是由二個部分構成的，如上圖所示，[1]空腔的電磁輻射在z方向上的分量只有$\frac{1}{2}$。[2]電磁輻射的速度在z方向上的分量爲$c_z=c\cos\theta$，而其平均值則爲$c_z=\frac{c}{2}$，

因爲 $\langle c_z\rangle=\dfrac{\int_0^{\frac{\pi}{2}} c_z 2\pi r^2\sin\theta d\theta}{\int_0^{\frac{\pi}{2}} 2\pi r^2\sin\theta d\theta}=\dfrac{\int_0^{\frac{\pi}{2}} (c\cos\theta)2\pi r^2\sin\theta d\theta}{\int_0^{\frac{\pi}{2}} 2\pi r^2\sin\theta d\theta}=\dfrac{c\int_0^1 xdx}{\int_0^1 dx}=\dfrac{c}{2}$，其中我們做了變數轉換$x=\cos\theta$，則$dx=\sin\theta d\theta$。

綜合[1][2]的結果，能量流率$M_\lambda(T)$和能量密度$u_\lambda(T)$的關係爲

$M_\lambda(T)=\frac{1}{2}\langle c_z\rangle u_\lambda(T)=\frac{c}{4}u_\lambda(T)$。

3-2 若 $f(\varepsilon)=\sum_{n=0}^{\infty} e^{-\frac{n\varepsilon}{k_BT}}$，則試以 $\frac{df(\varepsilon)}{d\varepsilon}$ 表示 $g(\varepsilon)=\sum_{n=1}^{\infty} n\varepsilon e^{-\frac{n\varepsilon}{k_BT}}$，且 $g(\varepsilon)=\frac{\varepsilon e^{-\frac{\varepsilon}{k_BT}}}{\left(1-e^{-\frac{\varepsilon}{k_BT}}\right)^2}$。

解：由 $f(\varepsilon)=\sum_{n=0}^{\infty} e^{-\frac{n\varepsilon}{k_BT}}=\frac{1}{1-e^{-\frac{\varepsilon}{k_BT}}}$，則 $\frac{df(\varepsilon)}{d\varepsilon}=\sum_{n=1}^{\infty}\left(-\frac{n}{k_BT}\right)e^{-\frac{n\varepsilon}{k_BT}}=\sum_{n=0}^{\infty}\left(-\frac{n}{k_BT}\right)e^{-\frac{n\varepsilon}{k_BT}}$，

所以

$$
\begin{aligned}
g(\varepsilon) &= \sum_{n=1}^{\infty} n\varepsilon e^{-\frac{n\varepsilon}{k_BT}} \\
&= \varepsilon \sum_{n=1}^{\infty} n e^{-\frac{n\varepsilon}{k_BT}} \\
&= -k_BT\varepsilon \sum_{n=1}^{\infty}\left(-\frac{n}{k_BT}\right)e^{-\frac{n\varepsilon}{k_BT}} \\
&= -k_BT\varepsilon \frac{df(\varepsilon)}{d\varepsilon} \\
&= -k_BT\varepsilon \frac{d}{d\varepsilon}\left(\frac{1}{1-e^{-\frac{\varepsilon}{k_BT}}}\right) \\
&= -k_BT\varepsilon \left[\left(-\frac{1}{k_BT}\right)\frac{e^{-\frac{\varepsilon}{k_BT}}}{\left(1-e^{-\frac{\varepsilon}{k_BT}}\right)^2}\right] \\
&= \frac{\varepsilon e^{-\frac{\varepsilon}{k_BT}}}{\left(1-e^{-\frac{\varepsilon}{k_BT}}\right)^2}
\end{aligned}
$$

。

3-3 狀態密度的概念在科學研究分析上，佔有非常重要的地位，因為所有的狀態改變只要涉及能量變化，就不可能毫無止境的持續進行，也就是說，無論是初始態（Initial state）或最終態（Final state）的狀態數目都是有限的，其限制的條件之一就是狀態密

度。其實，狀態密度是一個能量的函數，其定義爲單位體積中具有這個能量的狀態有多少數目。一般常見的決定狀態密度的因素或影響狀態密度的因素有粒子自由度、色散關係、外場干擾…等等。

課文中在討論黑體輻射的問題時，就提到了狀態密度，其實，當粒子或準粒子的自由度（Freedom）受到限制時，因為粒子的被侷限性將造成特殊的能量函數關係，就會產生系統結構與能量特殊的關係。一般說來，和材料結構系統相關的，有四種典型的狀態密度：[1]塊狀結構（Bulk）：因為粒子的運動沒有受限，所以具有三維自由度（Three-dimensional freedom）；[2]量子井結構（Quantum well）：因為粒子的運動在一度空間中受限，所以具有二維自由度（Two-dimensional freedom）；[3]量子線結構（Quantum wire）：因為粒子的運動在二度空間中受限，所以具有一維自由度（One-dimensional freedom）；[4]量子點結構（Quantum dot）：因為粒子的運動在三度空間中全都受限，所以具有零維自由度（Zero-dimensional freedom）。

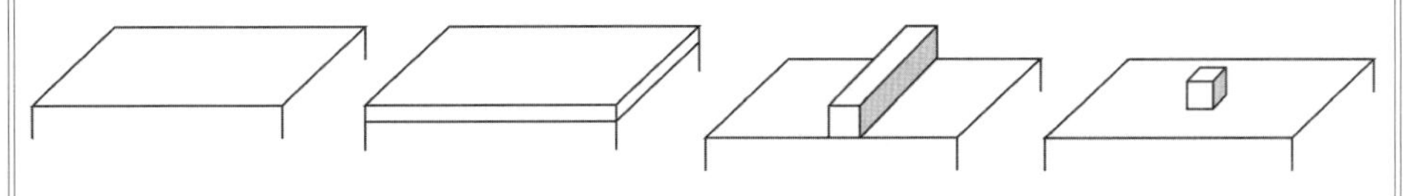

粒子有三維、二維、一維、零維自由度的結構

我們把結構、狀態密度與能量的關係列表如下，

Structures		$N(E)$ v.s. E	Schematic
Bulk	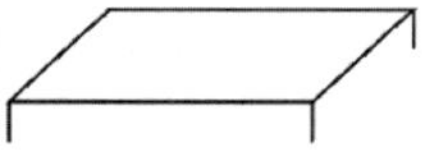	$N(E) \propto \sqrt{E}$	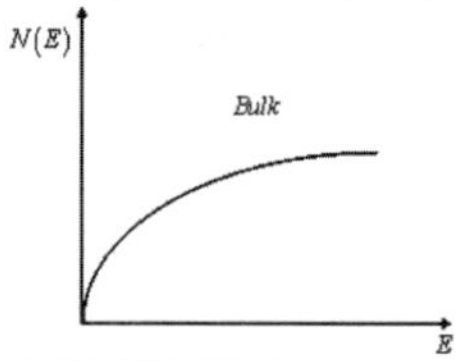
Quantum Well	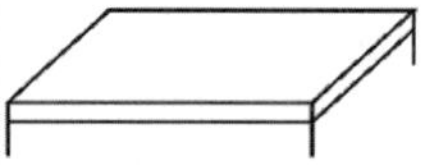	$N(E) \propto E^0$	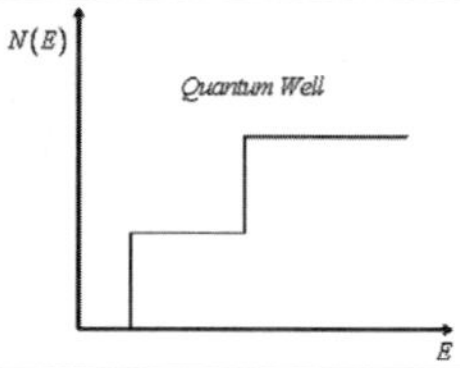
Quantum Wire	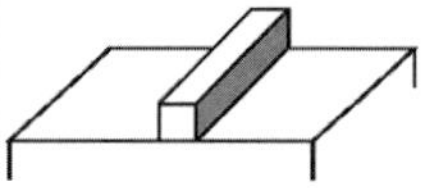	$N(E) \propto \dfrac{1}{\sqrt{E}}$	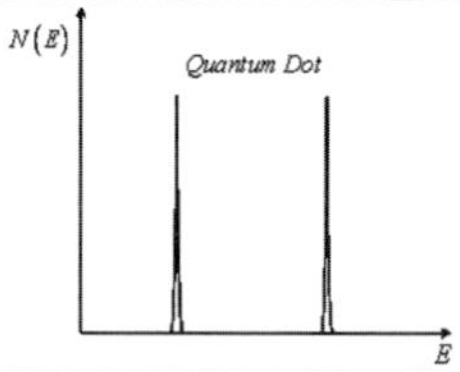
Quantum Dot	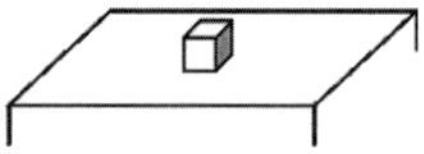	$N(E) \propto \delta(E)$	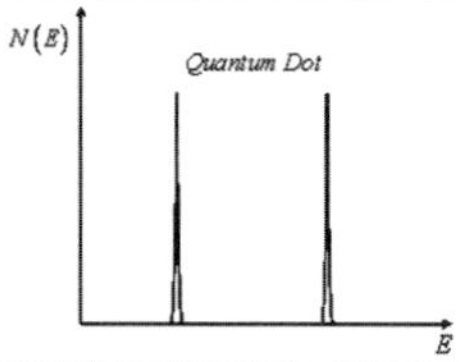

因為半導體科技的發展，所以三維、二維、一維、零維粒子自由度的結構已經被運用在各種元件設計中，這些結構分別也被稱為塊狀系統（Bulk system）、量子井系統（Quantum well system）、量子線系統（Quantum wire system）、量子點系統（Quantum dot system），如圖所示，我們把四種結構的狀態密度結果綜合在一起。

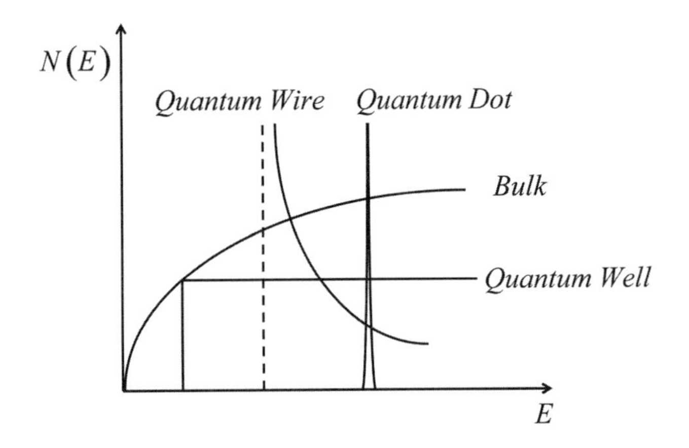

要討論狀態密度和粒子自由度的相依性，基本上可以有兩種方式：由低侷限性至高侷限性或由高侷限性至低侷限性，第一種方式是由狀態密度的定義，從零維自由度的δ函數（δ-function）開始，藉由每一次積分的運算來增加一個自由維度，過程中可以幾乎不需要有太多的物理意義考慮在內；第二種方式是以一般我們比較熟悉的三維自由度結構為物理基礎，依相似的步驟可得二維和一維的結果，但是零維自由度的函數結果，還是得以狀態密度的定義來求得。

試以課文中所介紹的方法為物理基礎，由塊狀系統開始，依相似的步驟求得量子井系統、量子線系統和量子點系統的狀態密度。

解：本題將把三維、二維、一維自由度結構放在一起討論，零維自由度結構則單獨說明。

[1]　三維、二維、一維自由度的粒子之狀態密度

如圖所示爲粒子有三維、二維、一維自由度的結構，則在$\vec{k}$空間中，因爲波數（Wavenumber）$k=\dfrac{2\pi}{L}$中，含有一個狀態，所以單

位波數Δk中，就含有$\frac{L}{2\pi}$個狀態，其中L為結構的單一維度之長度。則在三維、二維、一維粒子自由度的情況下，每個狀態所佔的體積分別為：三維粒子自由度$\left(\frac{2\pi}{L}\right)^3$；二維粒子自由度$\left(\frac{2\pi}{L}\right)^2$；一維粒子自由度$\left(\frac{2\pi}{L}\right)$，

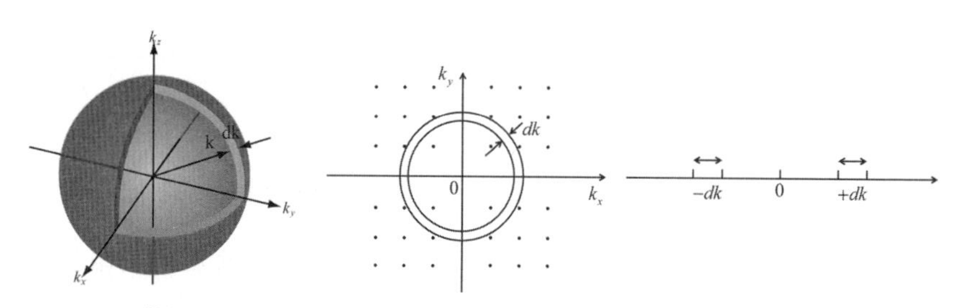

三維、二維、一維粒子自由度結構的狀態數

所以如圖所示，對三維粒子自由度結構來說，在$4\pi k^2 dk$的體積共有$\frac{4\pi k^2 dk}{\left(\frac{2\pi}{L}\right)^3}$個狀態；對二維粒子自由度結構來說，在$2\pi k dk$的體積共有$\frac{2\pi k dk}{\left(\frac{2\pi}{L}\right)^2}$個狀態；對一維粒子自由度結構來說，在$2dk$的體積共有$\frac{2dk}{\left(\frac{2\pi}{L}\right)}$個狀態。

然而，狀態密度$N(E)$的意義是：在E和$E+dE$之間有$N(E)\,dE$個狀態，所以綜合以上兩種表達方式，得三維粒子自由度為$N(E)\,dE = \frac{4\pi k^2 dk}{\left(\frac{2\pi}{L}\right)^3}$；二維粒子自由度為$N(E)\,dE = \frac{2\pi k dk}{\left(\frac{2\pi}{L}\right)^2}$；一維粒子自由度為$N(E)\,dE = \frac{2dk}{\left(\frac{2\pi}{L}\right)}$。

又$E=\frac{\hbar^2k^2}{2m}$，則$dE=\frac{\hbar^2kdk}{m}$，所以，如圖所示，可得三種粒子自由度的狀態密度$N(E)$，如圖所示三種粒子自由度的狀態密度，分別可得：三維粒子自由度的狀態密度爲$N(E)=\frac{\sqrt{2}m^{\frac{3}{2}}\sqrt{E}}{\pi^2\hbar^3}$；二維粒子自由度的狀態密度爲$N(E)=\frac{m}{\pi\hbar^2}$；一維粒子自由度的狀態密度爲$N(E)=\frac{\sqrt{2m}}{\pi\hbar}\frac{1}{\sqrt{E}}$。

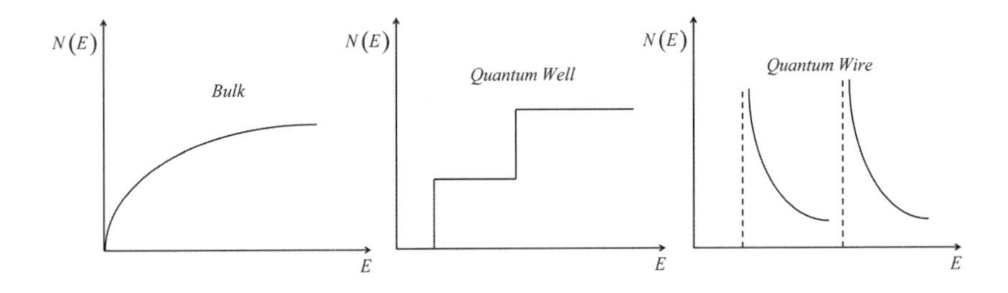

[2]　零維自由度的粒子之狀態密度

對於粒子具有零維自由度的量子點系統而言，我們可以用另一種很簡單的演算就可瞭解爲什麼零維自由度的狀態密度是δ函數，如圖所示。

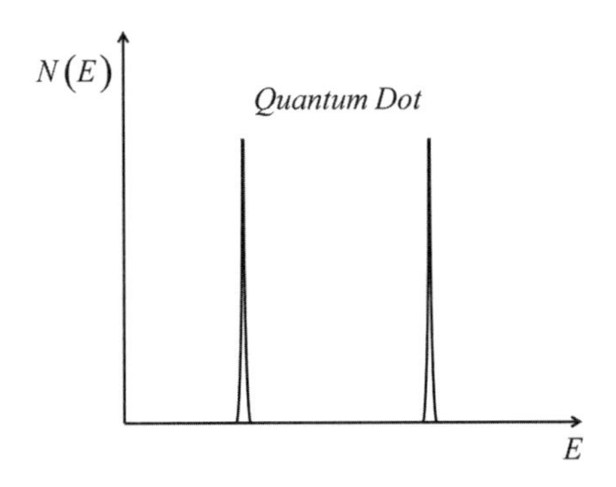

我們仔細看看狀態密度的數學定義，$N(E)=\dfrac{d\text{（單位體積內存在的 }state\text{ 數）}}{dE}$，所以，我們只要知道單位體積內所存在的狀態數就可以求得$N(E)$，這也是前面所介紹的步驟。

因爲所謂的三維自由度、二維自由度、一維自由度，是表示載子在三維、二維、或甚至一維空間有自由移動的能力，所以載子的總能量是連續的值，並非完全是分立的能量（Discrete energy），現在，若以$L\times L\times L$的量子點爲例，其所存在的能量可表示爲$E=\dfrac{\hbar^2k^2}{2m}(n_x^2+n_y^2+n_z^2)$，

滿足$E_1=3\dfrac{\hbar^2k^2}{2m}$的量子數只有(1, 1, 1)；

滿足$E_2=6\dfrac{\hbar^2k^2}{2m}$的量子數則有(1, 1, 2)、(1, 2, 1)、(2, 1, 1)；

滿足$E_1=9\dfrac{\hbar^2k^2}{2m}$的量子數則有(1, 2, 2)、(2, 2, 1)、(2, 1, 2)，

所以「存在的狀態數」對「能量」的關係可以繪圖如下：

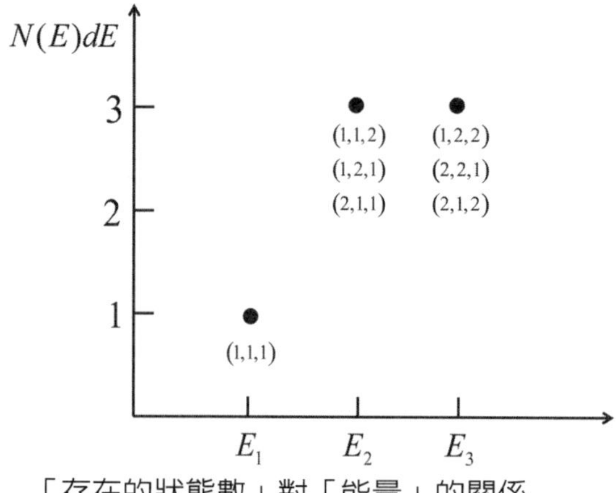

「存在的狀態數」對「能量」的關係

對能量微分 dE 得零維自由度的狀態密度是 δ 函數的結果，如圖所示。

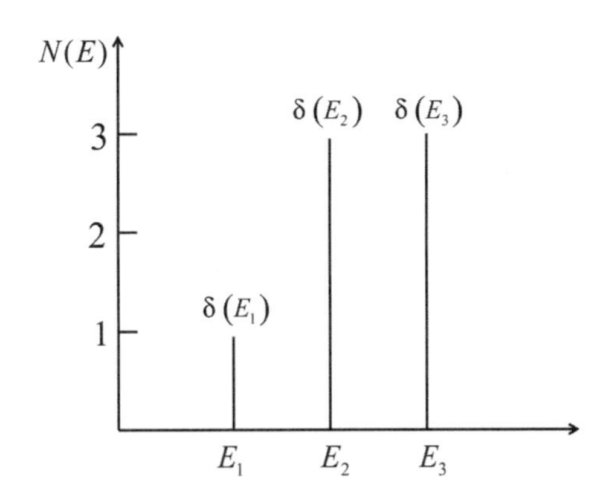

3-4 請簡述[1]如何證明波動具有粒子性。[2]如何證明粒子具有波動性。

解：[1] 證明電磁波具有粒子性的實驗

[1.1] 能量守恆：Einstein 電光效應：$E_K = h\nu - W$。

[1.2] 動量守恆：Compton 效應：

$$\Delta\lambda = \lambda' - \lambda = \frac{h}{m_e c}(1 - \cos\theta) = 0.0242\text{Å}$$ 。

[2] 證明粒子具有波動性

[2.1] 物質波的假設：de Broglie 假設：$\lambda = \frac{h}{p}$。

[2.2] 觀察到電子的波動性：Davisson-Germer 實驗：符合 Bragg 繞射條件 $2d\sin\theta = n\lambda$。

3-5 在十九世紀末晶格比熱（Lattice specific heat）的現象和黑體輻射的現象一樣難解，請試就古典或量子的觀點，分別說明：

[1] Dulong-Petit 定律（Dulong-Petit law）。

[2] Einstein 比熱理論（Einstein's theory of specific heat）。

[3] Debye 比熱理論（Debye's theory of specific heat）。

[4] 綜合以上所討論的結果，試簡要的說明三種不同的比熱對溫度的變化關係。

解：我們將先分別由古典與量子兩個觀點求出晶格振動的總能量，再導出晶格比熱，其中古典的觀點得到的是 Dulong-Petit 定律；量子的觀點則會得到兩個結果，即 Einstein 比熱和 Debye 比熱，Einstein 模型和 Debye 模型在一開始所採用的不同狀態密度將導致最後兩個模型結果的差異。

Einstein 模型採用的狀態密度是一個 Kronecker delta 函數（Kronecker delta function），即$D(\omega) \propto \delta(\omega)$，如圖所示：

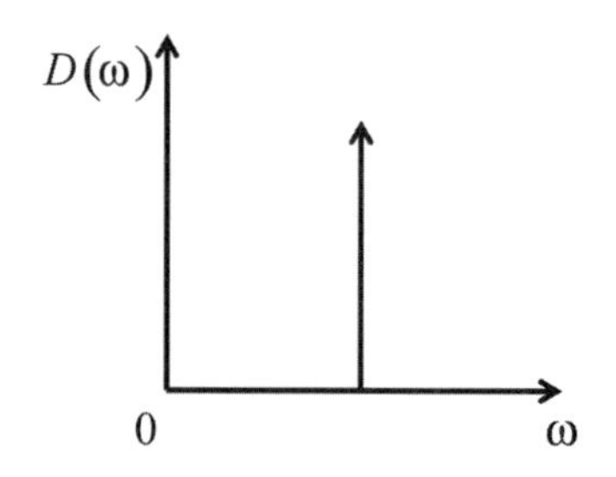

Einstein 模型的物理意義是假設晶格中所有的原子振動頻率都相同；也都很高，所對應的是光模聲子（Optical phonons），或是在高溫的情況下的晶格振動。

Debye 模型採用的狀態密度的形式爲 $D(\omega)\propto\omega^2$，如圖所示：

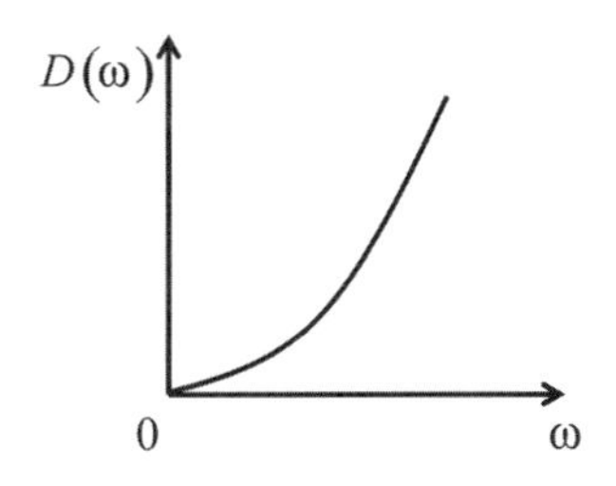

Debye 模型的物理意義是假設晶格中的原子振動頻率分布函數是連續的，其振動頻率相對於 Einstein 模型是低的，所對應的是聲模聲子（Acoustical phonons），或是在低溫的情況下的晶格振動。

[1] 晶格比熱的古典模型-Dulong-Petit 定律

我們用 Hooke 定律（Hooke's law）和 Newton 定律（Newtonian law）來描述晶格原子振動的受力狀態：

由 $\vec{F}\propto\vec{x}$，則 $\vec{F}=-k\vec{x}$，且 $\vec{F}=m\dfrac{d^2\vec{x}}{dt^2}=-k\vec{x}$，則 $\dfrac{d^2\vec{x}}{dt^2}+\left(\dfrac{k}{m}\right)\vec{x}=0$，

其中 $\omega^2=\dfrac{k}{m}$ 或 $2\pi v=\sqrt{\dfrac{k}{m}}$ 或 $v=\dfrac{1}{2\pi}\sqrt{\dfrac{k}{m}}$。

所以總能量 E 爲

$$
\begin{aligned}
E &= Kinetic\ Energy+Potential\ Energy\\
&=\frac{p_x^2}{2m}+\int_x^0\vec{F}\cdot d\vec{x}\\
&=\frac{p_x^2}{2m}+\int_x^0(-kx)\,dx\\
&=\frac{p_x^2}{2m}+m\omega^2\int_x^0 xdx\\
&=\frac{p_x^2}{2m}+\frac{m\omega^2x^2}{2},
\end{aligned}
$$

則平均能量$\langle E\rangle$爲$\langle E\rangle=\dfrac{\sum_0^\infty EdN}{\sum_0^\infty dN}=\dfrac{\sum_0^\infty \exp\left(\frac{E}{k_BT}\right)}{\sum_0^\infty \exp\left(\frac{-E}{k_BT}\right)}$，將$E=\dfrac{p_x^2}{2m}+\dfrac{m\omega^2x^2}{2}$

代入，則

$$\langle E\rangle=\frac{\sum_{p_x\,or\,x=0}^{p_x\,or\,x=\infty}\left(\frac{p_x^2}{2m}+\frac{m\omega^2x^2}{2}\right)\exp\left[\frac{-\left(\frac{p_x^2}{2m}+\frac{m\omega^2x^2}{2}\right)}{k_BT}\right]}{\sum_{p_x\,or\,x=0}^{p_x\,or\,x=\infty}\exp\left[\frac{-\left(\frac{p_x^2}{2m}+\frac{m\omega^2x^2}{2}\right)}{k_BT}\right]}$$

$$=\frac{\sum_{p_x=0}^{p_x=\infty}\frac{p_x^2}{2m}\exp\left(\frac{-\frac{p_x^2}{2m}}{k_BT}\right)\exp\left(\frac{-\frac{m\omega^2x^2}{2}}{k_BT}\right)}{\sum_{p_x=0}^{p_x=\infty}\exp\left(\frac{-\frac{p_x^2}{2m}}{k_BT}\right)\exp\left(\frac{-\frac{m\omega^2x^2}{2}}{k_BT}\right)}$$

$$+\frac{\sum_{x=0}^{x=\infty}\frac{m\omega^2x^2}{2}\exp\left(\frac{-\frac{m\omega^2x^2}{2}}{k_BT}\right)\exp\left(\frac{-\frac{p_x^2}{2m}}{k_BT}\right)}{\sum_{x=0}^{x=\infty}\exp\left(\frac{-\frac{m\omega^2x^2}{2}}{k_BT}\right)\exp\left(\frac{-\frac{p_x^2}{2m}}{k_BT}\right)}$$

$$=\frac{\sum_{p_x=0}^{p_x=\infty}\frac{p_x^2}{2m}\exp\left(\frac{-\frac{p_x^2}{2m}}{k_BT}\right)}{\sum_{p_x=0}^{p_x=\infty}\exp\left(\frac{-\frac{p_x^2}{2m}}{k_BT}\right)}+\frac{\sum_{x=0}^{x=\infty}\frac{m\omega^2x^2}{2}\exp\left(\frac{-\frac{m\omega^2x^2}{2}}{k_BT}\right)}{\sum_{x=0}^{x=\infty}\exp\left(\frac{-\frac{m\omega^2x^2}{2}}{k_BT}\right)}。$$

現在以積分取代連續加法來表示，即$\sum_p\to\int dp$；而$\sum_x\to\int dx$，

則 $$\langle E\rangle=\frac{\int_0^{+\infty}\frac{p_x^2}{2m}\exp\left(-\frac{p_x^2}{2mk_BT}\right)dp_x}{\int_0^{+\infty}\left(-\frac{p_x^2}{2mk_BT}\right)dp_x}+\frac{\int_0^{+\infty}\frac{m\omega^2x^2}{2}\exp\left(-\frac{m\omega^2x^2}{2k_BT}\right)dx}{\int_0^{+\infty}\exp\left(-\frac{m\omega^2x^2}{2k_BT}\right)dx}。$$

令 $u=p_x$，$v=x$，$\alpha=\dfrac{1}{2mk_BT}$，$\beta=\dfrac{m\omega^2}{2k_BT}$，則 $\langle E\rangle=\dfrac{\dfrac{2}{2m}\int_0^\infty u^2\exp(-\alpha u^2)\,du}{2\int_0^\infty \exp(-\alpha u^2)\,du}$

$+\dfrac{\dfrac{2m\omega^2}{2}\int_0^\infty v^2\exp(-\beta v^2)\,dv}{2\int_0^\infty \exp(-\beta v^2)\,dv}=(1)+(2)$，其中(1)的項結果計算細節如下：

$$\int_0^\infty u^2\exp(-\alpha u^2)\,du=\frac{\int_0^\infty ud[\exp(-\alpha u^2)]}{-2\alpha}$$

$$=\frac{-1}{2\alpha}\left[u\exp(-\alpha u^2)\Big|_0^\infty-\int_0^\infty \exp(-\alpha u^2)\,du\right]$$

$$=\frac{1}{2\alpha}\int_0^\infty \exp(-\alpha u^2)\,du，$$

所以$\dfrac{\dfrac{1}{2\alpha m}\int_0^\infty \exp(-\alpha u^2)\,du}{2\int_0^\infty \exp(-\alpha u^2)\,du}=\dfrac{1}{4\alpha m}$。

(2)項結果計算細節如下：

$$\int_0^\infty v^2\exp(-\beta u^2)\,dv=\int_0^\infty \frac{vd(e^{-\beta v^2})}{-2\beta}$$

$$=\frac{-1}{2\beta}\left[v\exp(-\beta v^2)\Big|_0^\infty-\int_0^\infty \exp(-\beta v^2)\,dv\right]$$

$$=\frac{1}{2\beta}\int_0^\infty \exp(-\beta v^2)\,dv，$$

所以$\dfrac{\dfrac{m\omega^2}{2\beta}\displaystyle\int_0^\infty \exp(-\beta v^2)\,dv}{2\displaystyle\int_0^\infty \exp(-\beta v^2)\,dv}=\dfrac{m\omega^2}{4\beta}$。

綜合以上(1)和(2)的結果，

則 $\langle E\rangle=(1)+(2)$

$$=\frac{1}{4\alpha m}+\frac{m\omega^2}{4\beta}$$

$$=\frac{k_BT}{2}+\frac{k_BT}{2}$$

$$=k_BT$$ 。

如果每一個振盪子（Oscillator）有 3 個自由度（Freedom），則具有N個原子的晶體的振動能量（Vibrational energy）的古典平均值爲 $U=3N\langle E\rangle=3Nk_BT$，則 $C_V^{Dulong\text{-}Petit}=\dfrac{dU}{dT}=3NK_B=3R$，即 $C_V^{Dulong\text{-}Petit}$ 和溫度無關，所以$C_V^{Dulong\text{-}Petit}$ 的溫度函數關係可示意如圖：

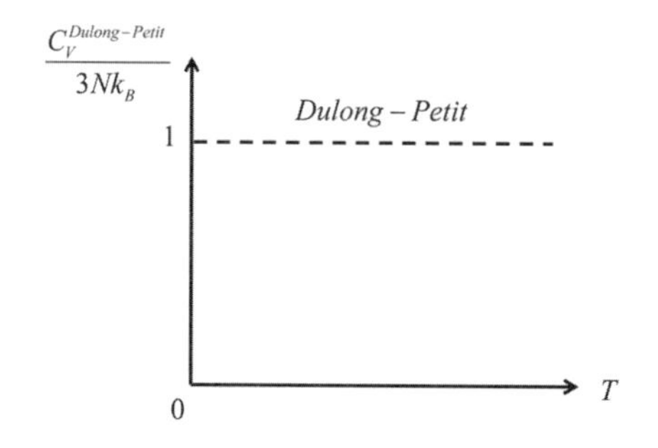

[2] Einstein 比熱理論

晶格振動的總能量（Total energy）U爲 $U=\int E(\omega)d\omega=\int\langle E\rangle D(\omega)d\omega$，然而因爲 Einstein 比熱理論所採用的狀態密度是 Kronecker delta

函數，且如果每一個原子都有3個自由度以ω的頻率震盪，則具有N個原子的晶格的狀態密度爲$D(\omega)=N\delta(\omega)$，所以$U=\int E(\omega)d\omega=\int\langle E\rangle D(\omega)d\omega=\int\langle E\rangle 3N\delta(\omega)d\omega=3N(E)$。

接下來要求出$\langle E\rangle$，由$E_n=nh\nu=n\hbar\omega$，則

$$\langle E\rangle=\frac{\Sigma EdN}{\Sigma dN}$$

$$=\frac{\sum_{n=0}^{\infty} n\hbar\omega\exp\left(\frac{-n\hbar\omega}{k_BT}\right)}{\sum_{n=0}^{\infty}\exp\left(\frac{-n\hbar\omega}{k_BT}\right)}$$

$$=\frac{\hbar\omega\left[e^{-\frac{\hbar\omega}{k_BT}}+2e^{-\frac{2\hbar\omega}{k_BT}}+3e^{-\frac{3\hbar\omega}{k_BT}}+\cdots\right]}{1+e^{-\frac{\hbar\omega}{k_BT}}+e^{-\frac{2\hbar\omega}{k_BT}}+e^{-\frac{3\hbar\omega}{k_BT}}+\cdots}。$$

令$x=-\frac{\hbar\omega}{k_BT}$，

則　$$\langle E\rangle=\frac{\hbar\omega\left[e^x+2e^{2x}+3e^{3x}+\cdots\right]}{1+e^x+e^{2x}+\cdots}$$

$$=\hbar\omega\left[\frac{d}{dx}\log\left(1+e^x+e^{2x}+e^{3x}+\cdots\right)\right]$$

$$=\hbar\omega\left[\frac{d}{dx}\log\left(\frac{1}{1-e^x}\right)\right]$$

$$=\hbar\omega\left[\frac{d}{dx}\left(\log 1-\log\left(1-e^x\right)\right)\right]$$

$$=-\frac{\hbar\omega\left(-e^x\right)}{1-e^x}$$

$$=\frac{\hbar\omega e^x}{1-e^x}$$

$$=\frac{\hbar\omega}{e^{-x}-1}$$

$$=\frac{\hbar\omega}{e^{\frac{\hbar\omega}{k^BT}}-1}，$$

所以總能量U爲

$$U=3N\langle E\rangle=3N\frac{\hbar\omega}{e^{\hbar\omega/k_BT}-1}，$$

$$C_V^{Einstein}=\frac{dU}{dT}$$

$$=-\frac{3N\hbar\omega e^{\hbar\omega/k_BT}\left[\frac{-\hbar\omega}{k_BT^2}\right]}{(e^{\hbar\omega/k_BT}-1)^2}$$

$$=3Nk_B\left(\frac{\hbar\omega}{k_BT}\right)^2\frac{e^{\hbar\omega/k_BT}}{e^{\hbar\omega/k_BT}-1}。$$

令 $\hbar\omega=k_B\theta_E$，其中 θ_E 被稱為 Einstein 溫度（Einstein temperature），

則 $$\frac{C_V^{Einstein}}{3Nk_B}=\left(\frac{\hbar\omega}{k_BT}\right)^2\frac{e^{\hbar\omega/k_BT}}{(e^{\hbar\omega/k_BT}-1)^2}$$

$$=\left(\frac{\theta_E}{T}\right)^3\frac{e^{\theta_E/T}}{[e^{\theta_E/T}-1]^2}=F_E\left(\frac{\theta_E}{T}\right)，$$

其中 $F_E\left(\frac{\theta_E}{T}\right)$ 稱為 Einstein 函數（Einstein function）。

現在要討論 $C_V^{Einstein}$ 在高溫和低溫的行為：

在高溫的情況下，即 $\hbar\omega\ll k_BT$ 或 $x=\frac{\hbar\omega}{k_BT}\ll 1$，

則 $$\langle E\rangle=\frac{\hbar\omega}{e^x-1}\cong\frac{\hbar\omega}{x}，$$

其中 $e^x=1+x+\frac{x^2}{2!}+\frac{x^3}{3!}+\cdots\cong 1+x$，

所以 $\langle E\rangle=\frac{\hbar\omega}{\hbar\omega/k_BT}=k_BT$，

則 $U=3N\langle E\rangle=3Nk_BT=3RT$，

所以比熱的高溫近似為 $C_V^{Einstein}=\frac{dU}{dT}=3R=C_V^{Dulong\text{-}Petit}$，也就是在高溫的情況下，Einstein模型的比熱結果回到Dulong-Petit定律的規範。

在低溫的情況下，即$\hbar\omega \gg k_B T$，

則　$\langle E\rangle = \dfrac{\hbar\omega}{e^x - 1} \cong \dfrac{\hbar\omega}{e^{\hbar\omega/k_B T}}$，

得　$U = 3N\langle E\rangle$

$$= 3N\hbar\omega \exp\left(-\frac{\hbar\omega}{k_B T}\right),$$

所以比熱的低溫近似爲

$$C_V^{Einstein} = \frac{dU}{dT} = -3N\hbar\omega\left[-\frac{\hbar\omega}{k_B T^2}\exp\left(-\frac{\hbar\omega}{k_B T}\right)\right]$$

$$= 3Nk_B\left(\frac{\hbar\omega}{k_B T}\right)^2 \exp\left(-\frac{\hbar\omega}{k_B T}\right)$$

$$= 3R\left(\frac{\hbar\omega}{k_B T}\right)^2 \exp\left(-\frac{\hbar\omega}{k_B T}\right),$$

所以在低溫的情況下，Einstein 模型的比熱將隨溫度的下降呈指數下降。

綜合$C_V^{Einstein}$在高溫和低溫的溫度函數關係，繪圖示意如圖：

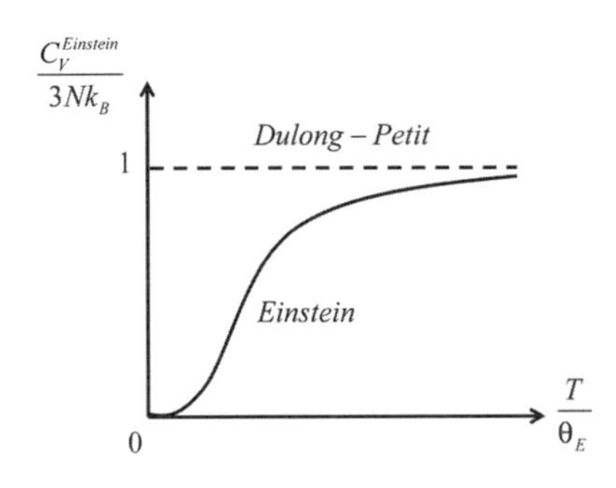

[3]　Debye 比熱理論

由總能量$U = \int_0^{\omega_D} E(\omega)d\omega = \int_0^{\omega_D} \langle E\rangle D(\omega)d\omega$，又$D(\omega)d\omega = \dfrac{V\omega^2}{2\pi^2 \upsilon^3}d\omega$，

且$\langle E\rangle = \dfrac{\hbar\omega}{e^{\hbar\omega/k_B T} - 1}$，所以$U = \left(\dfrac{V}{2\pi^2\upsilon^3}\right)\int_0^{\omega_D}\dfrac{\hbar\omega\omega^2}{e^{\hbar\omega/k_B T} - 1}d\omega$。

令$x=\dfrac{\hbar\omega}{k_BT}$，且$k_B\theta_D=\hbar\omega_D$，其中$\theta_D$被稱爲Debye溫度（Debye temperature），則$x_D=\dfrac{\hbar\omega_D}{k_BT}=\dfrac{k_B\theta_D}{k_BT}=\dfrac{\theta_D}{T}$，所以$U=9Nk_BT\left(\dfrac{T}{\theta_D}\right)^3\int_0^{x_D}\dfrac{x^3}{e^x-1}dx$，

則$C_V^{Debye}=\dfrac{dU}{dT}=9Nk_B\left[\dfrac{T}{\theta_D}\right]^3\int_0^{x_D}\dfrac{x^4e^x\,dx}{(e^x-1)^2}$，

或$\dfrac{C_V^{Debye}}{3Nk_B}=3\left(\dfrac{T}{\theta_D}\right)^3\int_0^{x_D}\dfrac{x^4e^x}{(e^x-1)^2}dx=3F_D\left(\dfrac{\theta_D}{T}\right)$，其中$F_D\left(\dfrac{\theta_D}{T}\right)$被稱爲Debye 函數（Debye function）。

要特別說明的是，Debye 溫度是最常用來表示物質比熱特性的參數，一般而言，可以藉由分析[1]彈性力學特性（Elastic properties）、[2]電阻值特性（Electrical resistivity）、[3]熱膨脹特性（Thermal expansion）、[4]γ射線（γ-rays）、X 射線（X-rays）以及中子射線（Neutrons）等量測結果獲得物質系統的 Debye 溫度值。

現在要討論C_V^{Debye}在高溫和低溫的行爲：

在高溫的情況下，即$\hbar\omega\ll k_BT$則$x=\dfrac{\hbar\omega}{k_BT}\ll 1$，所以$e^x\cong 1+x$，

得$U=9Nk_BT\left(\dfrac{T}{\theta_D}\right)^3\int_0^{x_D}x^2dx=3Nk_BT=3RT$。

當$T\gg\theta_D$，則$C_V^{Debye}=\dfrac{dU}{dT}=3Nk_B=3R=C_V^{Dulong\text{-}Petit}$。

所以在高溫的條件下，Debye 模型的比熱結果回到 Dulong-Petit 定律的規範。在低溫的情況下，即$T\to 0$，則$\dfrac{\theta_D}{T}\to\infty$，所以$\int_0^{\infty}\dfrac{x^3}{e^x-1}dx=\dfrac{\pi^4}{15}$，則$U=9Nk_BT\left(\dfrac{T}{\theta_D}\right)^3\dfrac{\pi^4}{15}=\dfrac{9\pi^4}{15}\dfrac{Nk_BT^4}{\theta_D^3}$。

當 $T \ll \theta_D$，則 $C_V^{Debye} = \dfrac{dU}{dT} = \dfrac{12\pi^4}{5} Nk_B \left(\dfrac{T}{\theta_D}\right)^3$。

這就是 Debye T^3 定律（Debye T^3 law）。

綜合 C_V^{Debye} 在高溫和低溫的溫度函數關係，繪圖示意如圖：

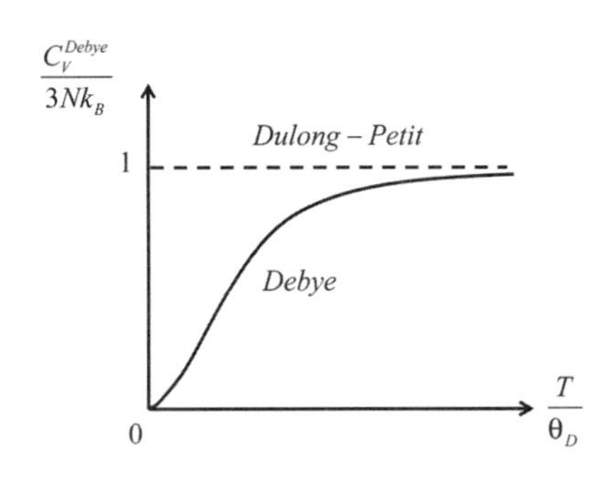

[4]　晶格比熱的簡要說明

綜合以上所討論的結果，我們把三種不同的比熱對溫度的變化關係畫在一起，如圖所示，在絕對零度時，無論是 Einstein 模型的比熱或是Debye模型的比熱都爲零，但是隨著溫度的升高，兩種比熱也都隨之增加，當溫度很高時，如前面所討論的，Einstein 模型和 Debye 模型都回到 Dulong-Petit 定律的結果。

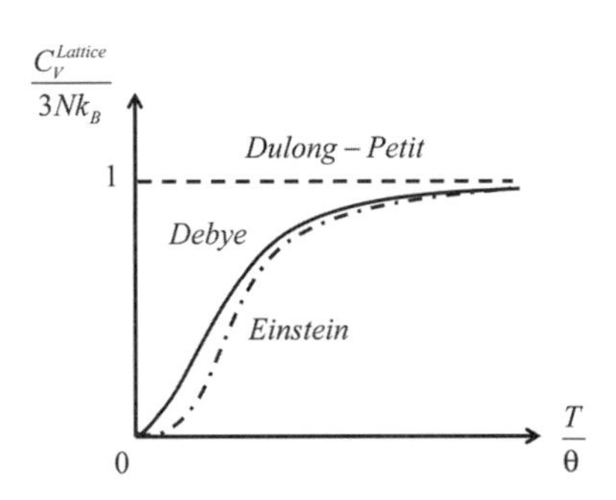

此外，一般認爲，Einstein 比熱較適用於高溫範圍的行爲；在低溫時，Debye 比熱較適用於低溫範圍的行爲，但是在實際的分析

上，我們可以把兩種比熱加在一起，即 $C_V^{Debye} = aC_V^{Debye} + bC_V^{Einstein}$，其中 a 和 b 爲常數，且 $a \geq 0$，$b \geq 0$，$a + b = 1$，的比熱形式來作應用，這樣的晶格比熱表示也可應用在高分子的比熱分析上。

3-6 Yukawa（湯川秀樹）所提出的介子論中提到原子核內以交換介子能量以束縛各粒子。試以測不準原理求介子的能量。

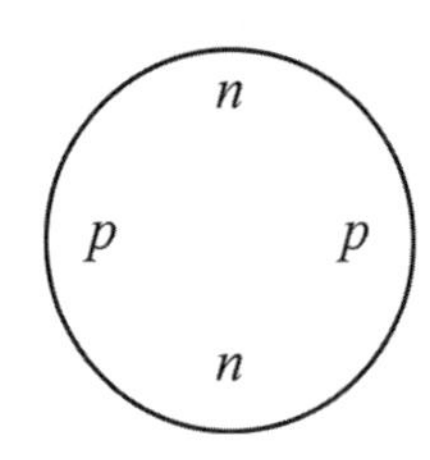

解：由相對論可知 $\Delta E \cong \mu c^2$ 且 $\Delta E \Delta t \geq \hbar$，則 $\Delta t \sim \dfrac{\hbar}{\mu c^2}$，所以 $r_0 = c\Delta t \cong \dfrac{\hbar c}{\mu c^2}$，其中 r_0 爲原子核大小約爲 1 Fermi $= 1.4 \times 10^{-13}$cm，代入得 $\Delta E \cong \dfrac{\hbar c}{r_0} \cong 180$M.e.V。這個數值很接近實驗値的 $\mu C^2 = 140$M.e.V。

3-7 由熱統計學的能量均分定理可知，當系統在 TK 時系統處於熱平衡狀態時，每個狀態之平均動能爲 $\dfrac{1}{2}k_B T$，其中 Boltzmann 常數 $k_B = 1.38 \times 10^{-23}$ Joule/K。若簡諧振子的振幅爲 $x = A\sin(\omega t)$；其中 $\omega^2 = \dfrac{k}{m}$ 且 $T = \dfrac{2\pi}{\omega}$，則試說明簡諧振子的平均總動能等於 2 倍的平均動能。

解：簡諧振子的振幅為 $x=A\sin(\omega t)$；其中 $\omega^2=\dfrac{k}{m}$ 且 $T=\dfrac{2\pi}{\omega}$，則總能量為

$$E_{Total}=\frac{1}{2}kx^2+\frac{1}{2}mv^2=\frac{1}{2}kA^2\sin^2(\omega t)+\frac{1}{2}m\omega^2A^2\cos^2(\omega t)=\frac{1}{2}m\omega^2A^2,$$

而平均動能為 $\langle E_k\rangle=\dfrac{1}{T}\displaystyle\int_0^T\frac{1}{2}m\omega^2A^2\cos^2(\omega t)\,dt=\frac{1}{4}mA^2\omega^2=\frac{1}{2}E_{Total}$。

所以平均總動能等於 2 倍的平均動能。

3-8　在課文中，有時我們會說波動方程式的解是波函數；有時我們會說波動方程式的解是本徵函數，試簡單的說明波函數和本徵函數的差別。

解：一般說來，所謂的波函數 $\psi(\vec{r},t)$ 應該要包含空間 $\vec{r}$ 和時間 t，所以和時間相依的 Schrödinger 方程式 $i\hbar\dfrac{\partial}{\partial t}\psi(\vec{r},t)=\left[-\dfrac{\hbar^2}{2m}\nabla^2+V(\vec{r})\right]\psi(\vec{r},t)$ 的解 $\psi(\vec{r},t)$ 就是波函數。然而和時間相依的 Schrödinger 方程式 $\left[-\dfrac{\hbar^2}{2m}\nabla^2+V(\vec{r})\right]\phi(\vec{r})=E\phi(\vec{r})$ 的解 $\phi(\vec{r})$，就會沿用代數的用詞，稱為本徵函數 $\phi(\vec{r})$。因為本徵函數 $\phi(\vec{r})$ 只有空間的部份，所以在穩定狀態下，即能量固定為 E，波函數 $\psi(\vec{r},t)$ 和本徵函數 $\phi(\vec{r})$ 的關係為 $\psi(\vec{r},t)=\phi(\vec{r})e^{-\frac{iEt}{\hbar}}$。

3-9　Schrödinger 基於兩項理論，即連續方程式（Continuity equation）和電荷守恆（Conservation of charge），對於他自己所提出的 Schrödinger 方程式，作出了解釋。

[1] 試由 Maxwell 方程式推導出連續方程式，即 $\frac{\partial\rho}{\partial t}+\nabla\cdot\overrightarrow{\mathscr{J}}=0$，其中 ρ 為電荷密度（Charge density）；$\overrightarrow{\mathscr{J}}$ 為電流密度（Current density）。

[2] 請簡述連續方程式的涵義。

[3] 試推導電荷守恆，即 $\frac{d}{dt}\int_{-\infty}^{\infty}\psi^*\psi dV=0$，其中 $\psi(x,t)$ 為電荷密度（Charge density）。

解：[1] 連續方程式的推導

由 Maxwell 方程式 $\begin{cases}\nabla\times\overrightarrow{\mathscr{E}}=-\frac{\partial\overrightarrow{\mathscr{B}}}{\partial t}\\ \nabla\times\overrightarrow{\mathscr{H}}=\overrightarrow{\mathscr{J}}+\frac{\partial\overrightarrow{\mathscr{D}}}{\partial t}\\ \nabla\cdot\overrightarrow{\mathscr{D}}=\rho\\ \nabla\cdot\overrightarrow{\mathscr{B}}=0\end{cases}$，

又零等式（Null identity）爲 $\nabla\times(\nabla A)=0\nabla\cdot(\nabla\times\vec{A})=0$，

所以 $\frac{\partial\rho}{\partial t}=\nabla\cdot\frac{\partial\overrightarrow{\mathscr{D}}}{\partial t}$，

則 $\nabla\cdot\overrightarrow{\mathscr{J}}=\nabla\cdot(\nabla\times\overrightarrow{\mathscr{H}})-\nabla\cdot\frac{\partial\overrightarrow{\mathscr{D}}}{\partial t}=-\frac{\partial\rho}{\partial t}$，

可求得連續方程式 $\frac{\partial\rho}{\partial t}+\nabla\cdot\overrightarrow{\mathscr{J}}=0$。

[2] 連續方程式的涵義

因爲對一個自由粒子而言，若 S 爲單位時間通過的質量；v 爲速度；ρ 爲密度，則有 $S=v\cdot\rho$，所以 $S_1-S_2=(v\rho)_{x=x_1}-(v\rho)_{x=x_2}=\frac{\partial}{\partial t}\int\rho dx$，

其中流量（Flux）S_1 是表示每單位時間 Δt 通過位置 x_1 的質量；流量 S_2 是表示每單位時間 Δt 通過位置 x_2 的質量；$\frac{\partial}{\partial t}\int \rho dx$ 爲在 x_1 與 x_2 之間的質量對時間的變化率。

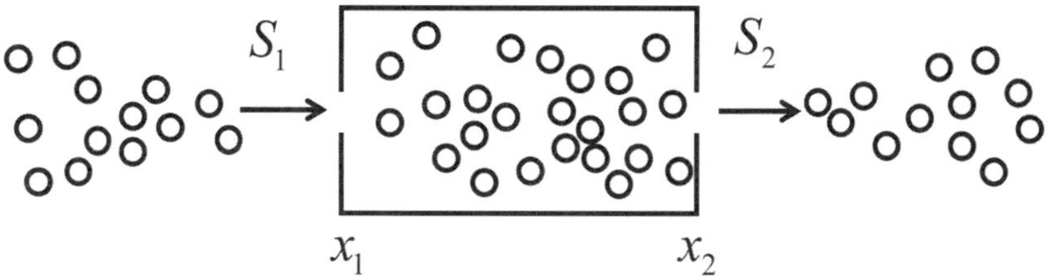

S_1 S_2 x_1 x_2

所以在 Δt 時間內，流入 x_1 端有 S_1，在 x_2 端流出 S_2，則在時間 Δt 內，在 x_1 與 x_2 之間，積滯或流失的流量差 $S_1 - S_2$ 等於在時間 Δt 內流量對時間的變化率或流失率。

如果將電荷密度定義爲 $\rho = \psi^* \psi$；電子流密度定義爲 $\vec{\mathscr{J}} = \frac{-i\hbar}{2m}\left(\psi^* \frac{d}{dx}\psi - \psi \frac{d}{dx}\psi^*\right)$，代入連續方程式可得Schrödinger方程式。當然，後來我們在Schrödinger方程式中，稱 ρ 爲機率分布（Probability distribution）；$\vec{\mathscr{J}}$ 爲機率流（Probability flux）；$\psi^*\psi = |\psi^2|$ 爲機率分布；$\psi(x,t)$ 爲機率振幅；$|\psi(r,t)|^2$ 爲在時間 t 在 x 的小區域空間中發現粒子的機率。

[3]　電荷守恆的推導

由 Gauss 定律，$\int \nabla \cdot \vec{A} dV = \int \vec{A} \cdot d\vec{S}$，

所以 $\frac{d}{dt}\int_{-\infty}^{\infty} \psi^* \psi dV = \int_{-\infty}^{\infty} \frac{\partial \psi^* \psi}{\partial t} dV$

$$= -\frac{i\hbar}{2m}\int_{-\infty}^{\infty} \nabla \cdot \left(\psi^* \frac{d}{dx}\psi - \psi \frac{d}{dx}\psi^*\right) dV$$

$$= -\frac{i\hbar}{2m}\int_{-\infty}^{\infty} \left(\psi^* \frac{d}{dx}\psi - \psi \frac{d}{dx}\psi^*\right) dS$$

$$=-\frac{i\hbar}{2m}\lim_{s\to\infty}\int_{-\infty}^{\infty}\left(\psi^*\frac{d}{dx}\psi-\psi\frac{d}{dx}\psi^*\right)dS=0$$ 。得証。

整個宇宙的電荷保持一定，即總電荷量不會隨時間變化，也就是電荷守恆。

3-10 請比較群速度 $v_{Group}=\frac{d\omega}{dk}$ 和相速度（Phase velocity）$v_{Phase}=\frac{\omega}{k}$ 的差異。

解：我們可以在色散曲線（Dispersion curve）上，即 $\omega(\vec{k})-\vec{k}$ 圖，由群速度 $v_{Group}=\frac{d\omega}{dk}$ 和相速度 $v_{Phase}=\frac{\omega}{k}$ 的定義，可示意如圖。

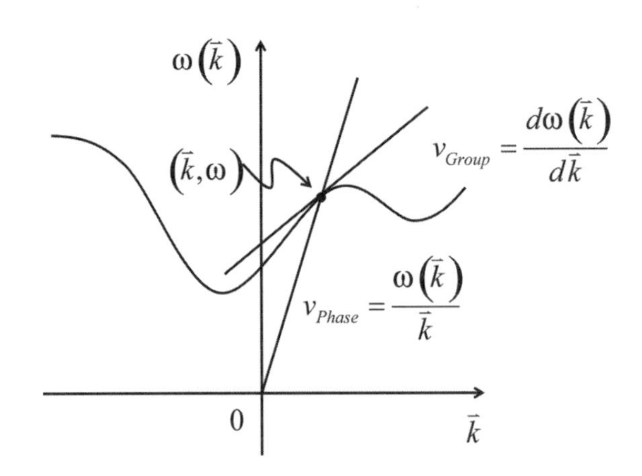

在色散曲線的某一個點 $(\vec{k},\omega)$ 上，群速度爲色散曲線上點 $(\vec{k},\omega)$ 的切線斜率，即 $v_{Group}=\frac{d\omega}{dk}$；相速度爲點 $(\vec{k},\omega)$ 到原點連線的斜率，即 $v_{Phase}=\frac{\omega}{k}$ 。

群速度 v_{Group} 可傳遞訊號，傳遞能量；相速度 v_{Phase} 雖然無法傳遞訊號與能量，但是光學折射率$n=\frac{c}{v}$中的v其實是相速度v_{Phase}，即$n=\frac{c}{v_{Phase}}$。而且一般而言，群速度v_{Group}和v_{Phase}相速度的關係為$v_{Group}v_{Phase}=c^2$，其中c為光速。

3-11　試由$\Delta xp \geq \hbar/2$的關係，簡單的求得能量與時間的測不準的關係$\Delta E\Delta t \geq \hbar/2$。

解：因為能量E和動量p的關係為$E=\frac{p^2}{2m}$，所以$\Delta E=\frac{p}{m}\Delta p$，則得$\Delta E\Delta t=\Delta p\frac{p}{m}\Delta t=\Delta p\Delta x \geq \frac{\hbar}{2}$。這個測不準的關係表示要測得精確的能量值，需要作長時間的量測。

3-12　若在$-a \leq x \leq a$的範圍內，粒子在位置空間中的本徵函數可以表示為$\psi(x)=\frac{1}{\sqrt{a}}$，則試求在動量空間中的本徵函數的表示為$\phi(p)=\sqrt{\frac{2a}{\pi\hbar}}\sin\left(\frac{pa}{\hbar}\right)$。

解：作 Fourier 轉換，

$$\phi(p)=\sqrt{\frac{1}{2\pi\hbar}}\int_{-\infty}^{+\infty}\psi(x)\,e^{-\frac{ipx}{\hbar}}dx$$

$$=\sqrt{\frac{1}{2\pi\hbar}}\int_{-\infty}^{+\infty}\frac{1}{\sqrt{a}}e^{-\frac{ipx}{\hbar}}dx$$

$$=\sqrt{\frac{1}{2\pi\hbar}}\int_{-a}^{+a}\frac{1}{\sqrt{a}}e^{-\frac{ipx}{\hbar}}dx$$

$$= \sqrt{\frac{1}{2\pi\hbar a}} \frac{\hbar}{-ip} e^{-\frac{ipx}{\hbar}} \Big|_{-a}^{+a}$$

$$= \sqrt{\frac{1}{2\pi\hbar a}} \frac{2\hbar}{p} \left(\frac{e^{+\frac{ipx}{\hbar}} - e^{-\frac{ipx}{\hbar}}}{i2} \right)$$

$$= \sqrt{\frac{2a}{\pi\hbar}} \frac{\sin\left(\frac{pa}{\hbar}\right)}{\frac{pa}{\hbar}}$$

$$= \sqrt{\frac{2a}{\pi\hbar}} \sin c\left(\frac{pa}{\hbar}\right)。$$

3-13 在量子理論發展的初期，除了課文中所介紹的 Bohr 理論之外還有很多和量子相關的理論，其中 Bohr-Sommerfeld 量子化規則（Bohr-Sommerfeld quantization rules）所提出的量子化條件爲：「任何物理系統中，若座標對時間有週期性，則該座標必有一個量子化條件」。以數學表示則爲：若座標具有 $q(t)=q(t+T)$，其中 T 爲時間週期，則 $\oint p_q \, dq = n_q h$，其中 $\oint$ 爲環積分運算；p_q 是與座標 q 對應之動量；n_q 爲正整數。

[1] 說明 Planck 量子論符合 Bohr-Sommerfeld 量子化規則。

[2] 說明 Bohr 假設原子穩定的條件為 $L=\vec{r}\times\vec{p}=rmv=\frac{nh}{2\pi}$，其實是 Bohr-Sommerfeld 量子化規則的特例。

[3] 試將轉動慣量為 $\vec{I}$ 之物體能量量子化。

[4] 若質量為之粒子在兩面牆壁之間以動量 $\vec{p}=m\vec{v}$ 作彈性碰撞，其量子化的能量。

[5] 若質量為 m 之粒子做橢圓運動，其量子化的能量。

[6] 若質量為 m 之粒子自高度為 l 處自由落下，並假設與地面完

全碰撞，其量子化的能量。

[7] 若類氫原子（Hydrogen-like atom）在長寬高為 a、b、c 之硬箱子內作自由運動，其量子化的能量。

解：[1] 由 Planck 定律可得一維簡諧運動的量子化總能量為 $E_n = n\hbar\omega$。

又因為一維簡諧運動中，位移對時間有週期性 $x = a\sin(\omega t)$，所以動量為 $p_x = m\dfrac{dx}{dt} = ma\omega\cos(\omega t)$。

由 Bohr-Sommerfeld 量子化規則，

因為 $\oint p_x dx = \int_0^T ma^2\omega^2\cos(\omega t)\,dt$

$$= ma^2\omega^2\frac{T}{2}$$

$$= ma^2\omega\pi = nh，$$

其中 $T = \dfrac{2\pi}{\omega}$ 表示簡諧運動之週期，

所以簡諧運動的總能量：

$$E_n = \frac{m}{2}a^2\omega^2\left(\frac{1}{2}mv^2\right)$$

$$= \frac{1}{2}kx^2 + \frac{1}{2}mv^2$$

$$= \frac{m}{2}\omega^2a^2\sin^2(\omega t) + \frac{m}{2}[a\omega\cos(\omega t)]^2 = \frac{m}{2}a^2\omega^2，$$

代入 $ma^2\omega\pi = nh$，則一維簡諧運動的總能量量子化之結果和 Planck 定律之結果相同，即 $E_n = n\dfrac{h}{2\pi}\omega = n\hbar\omega$。

[2] 座標為角度 θ，則相對於角度座標的是角動量 $\vec{L} \equiv \vec{r} \times \vec{p}$，即 $L = mvr$，

由 Bohr-Sommerfeld 量子化規則，則 $\oint L d\theta = nh$，$L\oint d\theta = nh$，$L2\pi = nh$，

可得角動量量子化為 $L_n=\frac{nh}{2\pi}$。所以 Bohr 假設原子穩定的條件是 Bohr-Sommerfeld 量子化規則的特例。

[3] 古典物理對轉動慣量為 $\vec{I}$ 之物體的分析為：總能量 E 為 $E=\frac{L^2}{2I}$；角動量 L 為 $L=I\omega$，其中 $I=|\vec{I}|$ 為轉動慣量；ω 為轉動的角頻率。由 Bohr-Sommerfeld 量子化規則，$\oint Ld\theta=\oint I\omega^2dt=I\omega^2T=I\omega2\pi=nh$，所以 $I\omega=nh$，可得轉動慣量的量子化能量為 $E_n=\frac{L^2}{2I}=\frac{n^2h^2}{2I}$。

[4]

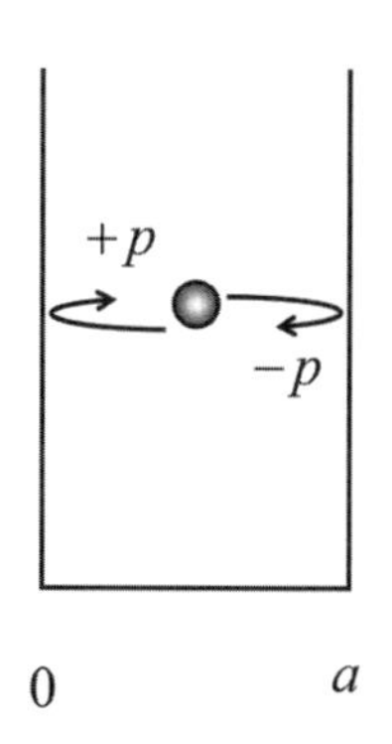

若質量為 m 之粒子在兩面牆壁之間以動量 $\vec{p}=m\vec{v}$ 作彈性碰撞，如圖所示，則由 Bohr-Sommerfeld 量子化規則，$\oint pdx=p(2a)=nh$，則 $p=\frac{nh}{2a}$，所以可得量子化的能量為 $E_n=\frac{p^2}{2m}=\frac{h^2}{2m}\left(\frac{n}{2a}\right)^2=\frac{h^2}{8ma^2}n^2$。

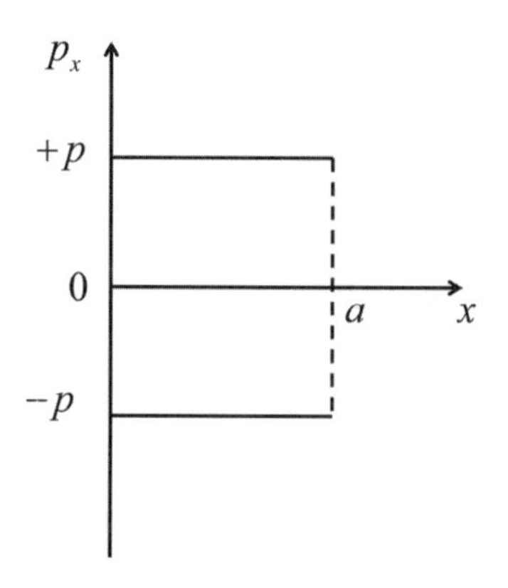

動量量子化的求法也可以用面積法，如圖所示，矩形面積爲 $2ap=nh$。

[5] 因爲質量爲之粒子做橢圓運動，其軌跡爲 $\begin{cases} x=a\cos(\omega t) \\ y=b\sin(\omega t) \end{cases}$，所以對應的動量爲 $\begin{cases} p_x=m\dfrac{dx}{dt}=-ma\omega\sin(\omega t) \\ p_y=m\dfrac{dy}{dt}=mb\omega\cos(\omega t) \end{cases}$。

由 Bohr-Sommerfeld 量子化規則，x 方向的量子化動量爲

$$\oint p_x dx=\oint ma^2\omega^2\sin^2(\omega t)dt=ma^2\omega^2\frac{T}{2}=ma^2\omega\pi=n_x h\text{；}$$

同理，y 方向的量子化動量爲 $\oint p_y dy=nb^2\omega\pi=n_y h$，

所以量子化的總能量爲 $E_n=\dfrac{p_x^2}{2m}+\dfrac{p_y^2}{2m}=\dfrac{1}{2}m(a^2+b^2)\omega^2$

$$=(n_x+n_y)\hbar\omega$$

$=n\hbar\omega$，其中 $n=n_x+n_y$。

很明顯的，粒子做橢圓運動量子化的能量發生能量簡併，即 (n_x-1,n_y+1) 和 (n_x,n_y) 二者不同的橢圓運動，但能量相等。

[6] 若質量爲 m 之粒子自高度爲 l 處自由落下，則由 $x=\dfrac{1}{2}gt^2$，所以動量爲 $p_x=m\dfrac{dx}{dt}=mgt$，且因 $l=\dfrac{1}{2}gt^2$，可得落下的時間 t 爲 $t=\left(\dfrac{2l}{g}\right)^{\frac{1}{2}}$，

由 Bohr-Sommerfeld 量子化規則，則

$$\oint p_x dx=\oint mg^2t^2dt=\int_0^{2(2l/g)^{1/2}}mg^2t^2dt=\frac{8}{3}mg^2\left(\frac{2l}{g}\right)^{3/2}=nh\text{，}$$

所以 $l=\left(\dfrac{3}{512}\dfrac{n^2h^2}{m^2g}\right)^{1/3}$，

可得量子化的能量爲$E=mgl=\left(\frac{3n^2h^2mg^2}{512}\right)^{1/3}$。

特別的是，l是連續的，但是n則是不連續的。

[7]

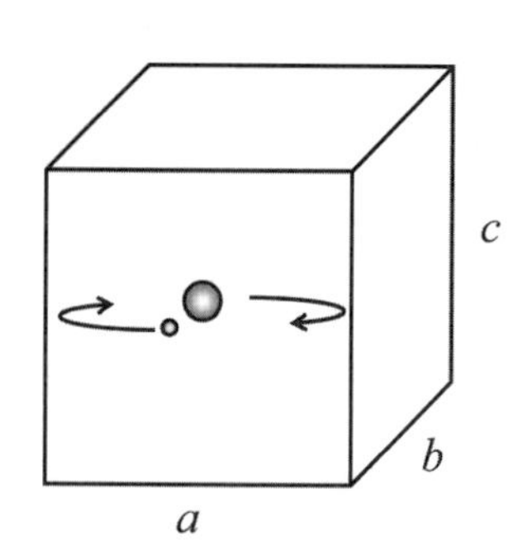

題目所述的類氫原子在箱子內作自由運動，如圖所示，表示在分析時，只要考慮動能，不用考慮位能，所以類氫原子的能量爲

$$E=\frac{p_x^2}{2m}+\frac{p_y^2}{2m}+\frac{p_z^2}{2m}+\frac{p_{Reduced}^2}{2\mu}-\frac{Ze^2}{r},$$

其中m爲原子核的質量m_N加上電子的質量m_e，即$m=m_N+m_e$；而質量中心座標的質量（Reduced mass）μ爲$\mu=\frac{m_N m_e}{m_N+m_e}$，所以前三項$\frac{p_x^2}{2m}+\frac{p_y^2}{2m}+\frac{p_z^2}{2m}$是實驗室座標所得的動能；而後兩項$\frac{p_{Reduced}^2}{2\mu}$和$-\frac{Ze^2}{r}$，則可以直接用 Bohr 模型作能量量子化，即$\frac{p_{Reduced}^2}{2\mu}-\frac{Ze^2}{r}=-\frac{\mu Z^2e^4}{2n^2\hbar^2}$，其中$Z$爲原子核所帶的正電荷。

由Bohr-Sommerfeld量子化規則，則x方向的量子化動量爲$\oint p_x dx=n_x h$，可得$p_x=\frac{n_x h}{2a}$，同理，y和z方向的量子化動量分別爲$p_x=\frac{n_x h}{2a}$和$p_z=\frac{n_z h}{2a}$。

所以可得量子化的能量爲$E=\frac{h^2}{2m}\left(\frac{n_x^2}{a^2}+\frac{n_y^2}{b^2}+\frac{n_z^2}{c^2}\right)-\frac{\mu Z^2e^4}{2n^2\hbar^2}$。

3-14 如果需要作量子化的處理，則基本上可以有三種常用的量子化表現方式：[1]能量E和動量$\vec{p}$被確定。[2]矩陣的可對角化。[3]化成生成算符和湮滅算符。試說明之。

解：[1] 如果需要作量子化的處理，則基本上可以有三種常用的量子化表現方式：能量E和動量$\vec{p}(=\hbar\vec{k})$被確定

因為古典力學的運動方程式，即$\vec{F}=m\dfrac{d^2\vec{r}(t)}{dt^2}$，和量子力學的波動方程式，即$\dfrac{-\hbar^2}{2m}\nabla^2\phi(\vec{r})+V(r)\phi(\vec{r})=E\phi(\vec{r})$，都是二階偏微分方程式，所以如果要精確求解，必須要有二個初始條件或邊界條件。

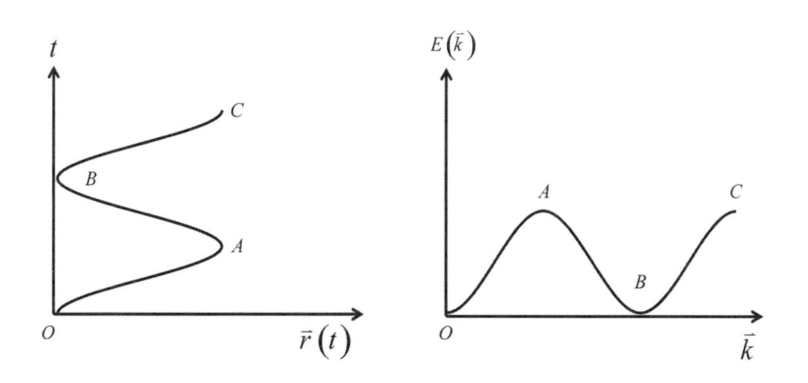

如圖所示，因為古典力學要知道的是位置$\vec{r}(t)$與時間t，也就是所得的是$\vec{r}(t)-t$的關係圖；而量子力學要知道的是能量$E(\vec{k})$與動量$\hbar\vec{k}$，即所對應的是$E(\vec{k})-\vec{k}$的關係圖。

也許有一個簡單的記憶法，因為 Fourier 轉換常用的平面波型式為$e^{j(\omega t-\vec{k}\cdot\vec{r})}=e^{j\frac{1}{\hbar}(Et-\hbar\vec{k}\cdot\vec{r})}$，在指數部份的$\vec{r}$和$t$是對應於古典力學的；而$E$和$\vec{k}$則是對應於量子力學的。

[2] 矩陣可對角化

基本上，一個波或一個現象可以用 Fourier 級數描述，也就可以用矩陣型式表示，當這個矩陣可以被對角化，其物理意義就是被量子化了，即

$$\begin{bmatrix} W_{11} & W_{12} & W_{13} \\ W_{21} & W_{22} & W_{23} \\ W_{31} & W_{32} & W_{33} \end{bmatrix} = \begin{bmatrix} Q_{11} & 0 & 0 \\ 0 & Q_{22} & 0 \\ 0 & 0 & Q_{33} \end{bmatrix} = Q_{11}\begin{bmatrix} 1 \\ 0 \\ 0 \end{bmatrix} + Q_{22}\begin{bmatrix} 0 \\ 1 \\ 0 \end{bmatrix} + Q_{33}\begin{bmatrix} 0 \\ 0 \\ 1 \end{bmatrix} 。$$

矩陣 $[W]$ 被對角化之後，可以找出本徵模態（Eigen-mode）或本徵向量（Eigenvector），就變成 Q_{11} 個 $\begin{bmatrix} 1 \\ 0 \\ 0 \end{bmatrix}$、$Q_{22}$ 個 $\begin{bmatrix} 0 \\ 1 \\ 0 \end{bmatrix}$、$Q_{33}$ 個 $\begin{bmatrix} 0 \\ 0 \\ 1 \end{bmatrix}$。

[3] 化成生成算符和湮滅算符

如果可以把算符化成生成算符 $a^\dagger$ 和湮滅算符 a 之後，就可以使「粒子」在各能態之間躍遷，如圖所示，即 $a^\dagger|N\rangle = \sqrt{N+1}\,|N+1;$ $a|N\rangle = \sqrt{N}\,|N-1\rangle$ 。

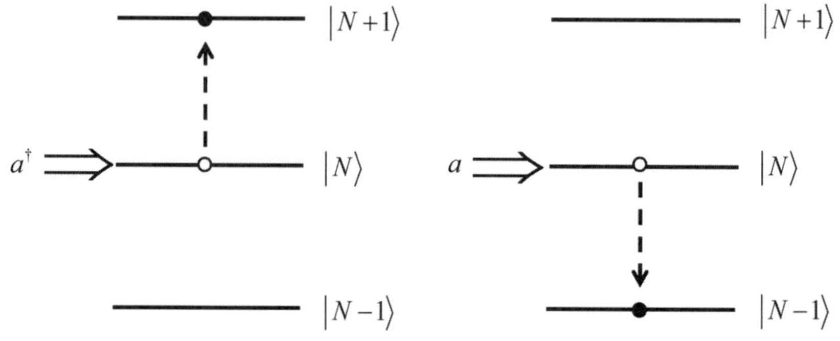

$|N+1\rangle$ $|N+1\rangle$

$a^\dagger$ $|N\rangle$ a $|N\rangle$

$|N-1\rangle$ $|N-1\rangle$

3-15 如果我們定義三個有關波動現象的速度量：平面波的相速度（The phase velocity of a plane wave）$\vec{v}_p=\frac{\omega}{|\vec{k}|}\vec{S}$；波包的群速度（The group velocity of a wave packet）$\vec{v}_g=\nabla_{\vec{k}}\omega(\vec{k})$；能量流的速度（The velocity of energy flow）$\vec{v}_e=\frac{\vec{S}}{U}$，其中 $\vec{S}$ 爲 Poynting 向量（Poynting vector）或能量流（Energy flow），即 $\vec{S}=\overrightarrow{\mathscr{E}}\times\overrightarrow{\mathscr{H}}$，單位爲 $\frac{\text{Joule}}{\text{m}^2\cdot\text{S}}$；$U$ 爲能量密度（Energy density）$U=\frac{1}{2}(\overrightarrow{\mathscr{E}}\cdot\overrightarrow{\mathscr{D}}+\overrightarrow{\mathscr{B}}\cdot\overrightarrow{\mathscr{H}})$，單位爲 $\frac{\text{Joule}}{\text{m}^3}$。

電磁理論告訴我們，波包（Wave packet）的群速等於傳遞能量的速度，即 $\vec{v}_g=\vec{v}_e$，請證明這個說法。

解：我們可以簡單的由量子力學可知粒子的動能爲 $E=\hbar\omega$，則 $\omega=\frac{p^2}{m\hbar}$，所以 $\frac{d\omega}{dk}=\frac{p}{m\hbar}\frac{dp}{dk}=\frac{p}{m\hbar}\hbar=\frac{p}{m}=v$ 爲粒子的速度，而群速的定義爲 $v_g=\frac{d\omega}{dk}$，則因爲 $p=\hbar k$ 和 de Broglie 相符合，即粒子運動的速度等於物質波的群速度。

由電動力學（Electrodynamics）的觀點而言，一個波包可看成許多單色平面波（Monochromatic plane waves）所線性合成的，而每一個平面波都有確定的頻率和波向量（Wave vector）$\vec{k}$，而每一個平面波都滿足動量空間中的 Maxwell 方程式，即 $\vec{k}\times\overrightarrow{\mathscr{E}}=\omega\mu\overrightarrow{\mathscr{H}}$；$\vec{k}\times\overrightarrow{\mathscr{H}}=-\omega\varepsilon\overrightarrow{\mathscr{E}}$，其中 ε 和 μ 爲張量（Tensor）。

假設波向量 $\vec{k}$ 變化了一點點，即 $\delta\vec{k}$，則頻率 ω、電場 $\overrightarrow{\mathscr{E}}$、磁場 $\overrightarrow{\mathscr{H}}$ 相

對應的變化量爲 $\delta\omega$、$\delta\overrightarrow{\mathscr{E}}$、$\delta\overrightarrow{\mathscr{H}}$，

所以 $$\frac{\delta(\vec{k}\times\overrightarrow{\mathscr{E}})}{\delta\vec{k}}=\frac{\delta(\omega\mu\times\overrightarrow{\mathscr{H}})}{\delta\vec{k}}\ ;\ \frac{\delta(\vec{k}\times\overrightarrow{\mathscr{H}})}{\delta\vec{k}}=-\frac{\delta(\omega\varepsilon\times\overrightarrow{\mathscr{E}})}{\delta\vec{k}}\ ,$$

即 $$\frac{\delta(\vec{k})}{\delta\vec{k}}\times\overrightarrow{\mathscr{E}}+\vec{k}\times\frac{\delta\overrightarrow{\mathscr{E}}}{\delta\vec{k}}=\frac{\delta\omega}{\delta\vec{k}}\mu\overrightarrow{\mathscr{H}}+\omega\mu\frac{\delta\overrightarrow{\mathscr{H}}}{\delta\vec{k}}\ ;$$

$$\frac{\delta(\vec{k})}{\delta\vec{k}}\times\overrightarrow{\mathscr{H}}+\vec{k}\times\frac{\delta\overrightarrow{\mathscr{H}}}{\delta\vec{k}}=-\frac{\delta\omega}{\delta\vec{k}}\varepsilon\overrightarrow{\mathscr{E}}-\omega\varepsilon\frac{\delta\overrightarrow{\mathscr{E}}}{\delta\vec{k}}\ ,$$

得 $$\delta(\vec{k})\times\overrightarrow{\mathscr{E}}+\vec{k}\times\delta\overrightarrow{\mathscr{E}}=(\delta\omega)\mu\overrightarrow{\mathscr{H}} \tag{1}$$

$$\delta(\vec{k})\times\overrightarrow{\mathscr{H}}+\vec{k}\times\delta\overrightarrow{\mathscr{H}}=-(\delta\omega)\varepsilon\overrightarrow{\mathscr{E}}-\omega\varepsilon\overrightarrow{\mathscr{E}} \tag{2}$$

又 $\overrightarrow{\mathscr{H}}\cdot(1)$ 且 $\overrightarrow{\mathscr{E}}\cdot(2)$，得

$$\overrightarrow{\mathscr{H}}\cdot(\delta\vec{k}\times\overrightarrow{\mathscr{E}}+\vec{k}\times\delta\overrightarrow{\mathscr{E}})=\overrightarrow{\mathscr{H}}\cdot(\delta\omega\mu\overrightarrow{\mathscr{H}}+\omega\mu\delta\overrightarrow{\mathscr{H}})\ ;$$

$$\overrightarrow{\mathscr{E}}\cdot(\delta\vec{k}\times\overrightarrow{\mathscr{H}}+\vec{k}\times\delta\overrightarrow{\mathscr{H}})=-\overrightarrow{\mathscr{E}}\cdot(\delta\omega\varepsilon\overrightarrow{\mathscr{E}}+\omega\varepsilon\delta\overrightarrow{\mathscr{E}})\ ,$$

由 $\vec{A}\cdot(\vec{B}\times\vec{C})=\vec{B}\cdot(\vec{C}\times\vec{A})=\vec{C}\cdot(\vec{A}\times\vec{B})$ 得：

$$\delta(\vec{k})\cdot(\overrightarrow{\mathscr{E}}\times\overrightarrow{\mathscr{H}})+\vec{k}\cdot(\delta\overrightarrow{\mathscr{E}}\times\overrightarrow{\mathscr{H}})$$

$$=\delta\omega(\overrightarrow{\mathscr{H}}\cdot\mu\overrightarrow{\mathscr{H}})+\omega(\overrightarrow{\mathscr{H}}\cdot\mu\delta\overrightarrow{\mathscr{H}}) \tag{3}$$

$$-\delta(\vec{k})\cdot(\overrightarrow{\mathscr{E}}\times\overrightarrow{\mathscr{H}})+\vec{k}\cdot(\delta\overrightarrow{\mathscr{H}}\times\overrightarrow{\mathscr{E}})$$

$$=-\delta\omega(\overrightarrow{\mathscr{E}}\cdot\varepsilon\overrightarrow{\mathscr{E}})-\omega(\overrightarrow{\mathscr{E}}\cdot\varepsilon\delta\overrightarrow{\mathscr{E}}) \tag{4}$$

(3) − (4)得：$2\delta(\vec{k})\cdot(\overrightarrow{\mathscr{E}}\times\overrightarrow{\mathscr{H}})-\delta\omega(\overrightarrow{\mathscr{E}}\cdot\varepsilon\overrightarrow{\mathscr{E}}+\overrightarrow{\mathscr{H}}\cdot\mu\overrightarrow{\mathscr{H}})$

$$=\delta\overrightarrow{\mathscr{H}}\cdot(\omega\mu\overrightarrow{\mathscr{H}}-\vec{k}\times\overrightarrow{\mathscr{E}})+\delta\overrightarrow{\mathscr{E}}\cdot(\omega\varepsilon\overrightarrow{\mathscr{E}}+\vec{k}\times\overrightarrow{\mathscr{H}})\ ,$$

其中我們要利用張量 ε 和 μ 的對稱特性，

即 $$\begin{cases}\overrightarrow{\mathscr{H}}\cdot\mu\delta\overrightarrow{\mathscr{H}}=\delta\overrightarrow{\mathscr{E}}\cdot\mu\overrightarrow{\mathscr{H}}\\ \overrightarrow{\mathscr{E}}\cdot\varepsilon\delta\overrightarrow{\mathscr{E}}=\delta\overrightarrow{\mathscr{E}}\cdot\varepsilon\overrightarrow{\mathscr{E}}\end{cases} 且 \begin{cases}\vec{k}\times\overrightarrow{\mathscr{E}}=\omega\mu\overrightarrow{\mathscr{H}}\\ \vec{k}\times\overrightarrow{\mathscr{H}}=-\omega\varepsilon\overrightarrow{\mathscr{E}}\end{cases}\ ,$$

則由 $$2\delta(\vec{k})\cdot(\overrightarrow{\mathscr{E}}\times\overrightarrow{\mathscr{H}})-\delta\omega(\overrightarrow{\mathscr{E}}\cdot\varepsilon\overrightarrow{\mathscr{E}}+\overrightarrow{\mathscr{H}}\cdot\mu\overrightarrow{\mathscr{H}})$$

$$=\delta\overrightarrow{\mathscr{H}}\cdot(\omega\mu\overrightarrow{\mathscr{H}}-\vec{k}\times\overrightarrow{\mathscr{E}})+\delta\overrightarrow{\mathscr{E}}\,(\omega\varepsilon\overrightarrow{\mathscr{E}}+\vec{k}\times\overrightarrow{\mathscr{H}})$$

$$=0,$$

所以　$\delta\vec{k}\cdot(\overrightarrow{\mathscr{E}}\times\overrightarrow{\mathscr{H}})=\delta\omega\left[\frac{1}{2}(\overrightarrow{\mathscr{E}}\cdot\varepsilon\overrightarrow{\mathscr{E}}+\overrightarrow{\mathscr{H}}\cdot\mu\overrightarrow{\mathscr{H}})\right]$。

由定義能量密度$U=\frac{1}{2}(\overrightarrow{\mathscr{E}}\cdot\varepsilon\overrightarrow{\mathscr{E}}+\overrightarrow{\mathscr{H}}\cdot\mu\overrightarrow{\mathscr{H}})$；且Poynting向量$\vec{S}=\overrightarrow{\mathscr{E}}\times\overrightarrow{\mathscr{H}}$，

則$\delta\omega=\delta\vec{k}\cdot\frac{\vec{S}}{U}=\delta\vec{k}\cdot\vec{v}_e$。

又由群速$\vec{v}_g$的定義：$\vec{v}_g=\nabla_{\vec{k}}\omega\,(\vec{k})=\frac{\delta\omega}{\delta\vec{k}}$，則$\delta\omega=\delta\vec{k}\cdot\vec{v}_g$。

比較以上兩式可得$\vec{v}_g=\vec{v}_e$。

第四章　量子力學的基本原理習題與解答

4-1　試就定義粒子的狀態空間、粒子的動力學變量、量測粒子的狀態、粒子隨時間的狀態變化，來比較古典力學與量子力學的差異。

解：古典力學與量子力學對定義粒子的狀態空間、粒子的動力學變量、量測粒子的狀態、粒子隨時間的的狀態變化的差異列表如下：

古典力學	量子力學
粒子在任何時間的狀態都可以在相位空間中來描述，即用位置$x(t)$和動量$p(t)$兩個變數來描述。	粒子在任何時間的狀態是定義在 Hilbert 空間中的狀態向量$\|\psi(t)\rangle$。
粒子的任何動力學變量ω都是$x(t)$和$p(t)$的函數，即$\omega=\omega(x,p)$。	若$\|x\rangle$和$\|x'\rangle$為算符$\hat{x}$的本徵態，則古典力學中的獨立變量位置x和動量p可以用位置算符$\hat{x}$和動量算符$\hat{p}$分別表示為$\langle x\|\hat{x}\|x'\rangle=x\delta(x-x')$及$\langle x\|\hat{p}\|x'\rangle=-i\hbar\delta(x-x')$。
量測並不會影響粒子位置$x(t)$和動量$p(t)$的狀態。	若粒子的狀態為$\|\psi\rangle$，則經過量測後，粒子的狀態會變為$\|\omega\rangle$。
粒子的狀態位置$x(t)$和動量$p(t)$隨時間的變化可以 Hamilton 方程式（Hamilton equation），即$\dfrac{\partial x(t)}{\partial t}=\dfrac{\partial H}{\partial p}$和$\dfrac{\partial p(t)}{\partial t}=\dfrac{\partial H}{\partial x}$。	狀態向量$\|\psi(t)\rangle$隨時間的變化必須遵守 Schrödinger 方程式，即$i\hbar\dfrac{d}{dt}\|\psi(t)\rangle=\hat{H}\|\psi(t)\rangle$。

4-2 試証 Cauchy-Schwartz 不等式，

$|\langle \phi|\psi\rangle|^2 \le \langle \phi|\phi\rangle\langle \psi|\psi\rangle$。

解：因爲對於任何一個向量 $|f\rangle$ 一定會滿足 $\langle f|f\rangle \ge 0$ 的關係。根據這個結果我們就可以證明 Cauchy-Schwartz 不等式。

令 $$|f\rangle = |\phi\rangle - \frac{\langle\psi|\phi\rangle}{\langle\psi|\psi\rangle}|\psi\rangle，$$

則 $$\langle f|f\rangle = \langle\phi|\phi\rangle - \frac{\langle\psi|\phi\rangle}{\langle\psi|\psi\rangle}\langle\phi|\psi\rangle - \frac{\langle\phi|\psi\rangle}{\langle\psi|\psi\rangle}\langle\psi|\phi\rangle + \frac{\langle\phi|\psi\rangle}{\langle\psi|\psi\rangle}\frac{\langle\phi|\psi\rangle}{\langle\psi|\psi\rangle}\langle\psi|\psi\rangle，$$

又 $$|\langle\phi|\psi\rangle|^2 = \langle\phi|\psi\rangle\langle\phi|\psi\rangle，$$

則 $$\langle f|f\rangle = \langle\phi|\phi\rangle - \frac{|\langle\phi|\psi\rangle|^2}{\langle\psi|\psi\rangle} + \frac{|\langle\phi|\psi\rangle|^2}{\langle\psi|\psi\rangle} = \langle\phi|\phi\rangle - \frac{|\langle\phi|\psi\rangle|^2}{\langle\psi|\psi\rangle}。$$

因爲 $$\langle f|f\rangle = \langle\phi|\phi\rangle - \frac{|\langle\phi|\psi\rangle|^2}{\langle\psi|\psi\rangle} \ge 0，$$

所以 $$\frac{|\langle\phi|\psi\rangle|^2}{\langle\psi|\psi\rangle} \le \langle\phi|\phi\rangle，$$

得証 $$|\langle\phi|\psi\rangle|^2 \le \langle\phi|\phi\rangle\langle\psi|\psi\rangle。$$

4-3 試簡單說明說明零點能量（Zero energy）$E_0 = \frac{1}{2}\hbar\omega$ 來自測不準原理。

解：由測不準原理的關係 $\Delta x \Delta p = \frac{\hbar}{2}$，

代入 $E=\frac{1}{2}kx^2+\frac{p^2}{pm}$，

所以 $E=\frac{1}{2}k(\Delta x)^2+\frac{(\Delta p)^2}{2m}=\frac{1}{2}\left[\frac{k\hbar^2}{4(\Delta p)^2}+\frac{(\Delta p)^2}{m}\right]$。

位找出能量的極小值 E_{Min}，所以一次微分為 0，即 $\frac{dE}{dp}=0$，

得 $(\Delta p)^2=\sqrt{\frac{mk\hbar^2}{4}}$，

所以 $E_{Min}=\frac{1}{2}\hbar\omega$。

4-4 試証 $\langle x|p\rangle=\frac{1}{\sqrt{2\pi\hbar}}e^{i\frac{px}{\hbar}}$。

解：$\hat{p}\,\langle x|p\rangle=\hat{p}\,\langle(x|)|p\rangle+\langle x|\hat{p}|p\rangle$

$$=\langle x|\hat{p}|p\rangle$$

$$=\int dx'\,\langle x|\hat{p}|x'\rangle\langle x'|p\rangle$$

$$=\int dx'(-i\hbar)\frac{\partial}{\partial x}\delta(x-x')\,\langle x'|p\rangle$$

$$=-i\hbar\frac{\partial}{\partial x}\int dx'\,\delta(x-x')\,\langle x'|p\rangle$$

$$=-i\hbar\frac{\partial}{\partial x}\langle x|p\rangle\text{，}$$

得 $\langle x|p\rangle=\frac{1}{\sqrt{2\pi\hbar}}e^{i\frac{px}{\hbar}}$，得証。

4-5 試證

[1] $[H,\hat{a}]=-\hbar\omega\hat{a}$。

[2] $[H,\hat{a}^+]=\hbar\omega\hat{a}^+$。

解：[1] $[H,\hat{a}]=H\hat{a}-\hat{a}H$

$$=\hbar\omega\left(\hat{a}^{+}\hat{a}+\frac{1}{2}\right)\hat{a}-\hat{a}\hbar\omega\left(\hat{a}^{+}\hat{a}+\frac{1}{2}\right)$$

$$=\hbar\omega(\hat{a}^{+}\hat{a}\hat{a}-\hat{a}\hat{a}^{+}\hat{a})，$$

又 $[\hat{a},\hat{a}^{+}]=\hat{a}\hat{a}^{+}-\hat{a}^{+}\hat{a}=1$，

即 $\hat{a}\hat{a}^{+}=\hat{a}^{+}\hat{a}+1$，

則 $[H,\hat{a}]=\hbar\omega[\hat{a}^{+}\hat{a}\hat{a}-(\hat{a}^{+}\hat{a}+1)a]$

$$=-\hbar\omega\hat{a}。$$

[2] $[H,\hat{a}^{+}]=H\hat{a}^{+}-\hat{a}^{+}H$

$$=\hbar\omega\left(\hat{a}^{+}\hat{a}+\frac{1}{2}\right)\hat{a}^{+}-\hat{a}^{+}\hbar\omega\left(\hat{a}^{+}\hat{a}+\frac{1}{2}\right)$$

$$=\hbar\omega(\hat{a}^{+}\hat{a}\hat{a}^{+}-\hat{a}^{+}\hat{a}^{+}\hat{a})，$$

由 $\hat{a}^{+}\hat{a}=\hat{a}\hat{a}^{+}-1$，

所以$[H,\hat{a}^{+}]=[\hat{a}^{+}\hat{a}\hat{a}^{+}-\hat{a}^{+}(\hat{a}\hat{a}^{+}-1)]=\hbar\omega\hat{a}^{+}$。

4-6 試由 $\hat{H}=\hbar\omega\left(\hat{a}^{+}\hat{a}+\frac{1}{2}\right)$，且 $\hat{H}|\psi\rangle=E|\psi\rangle$，又$[\hat{a},\hat{a}^{+}]=\hat{a}\hat{a}^{+}-\hat{a}^{+}\hat{a}=1$，

證明

[1] $\hat{H}[\hat{a}^{+}|\psi\rangle]=(E+\hbar\omega)[\hat{a}^{+}|\psi\rangle]$。

[2] $\hat{H}[\hat{a}|\psi\rangle]=(E-\hbar\omega)[\hat{a}|\psi\rangle]$。

解：[1] 因爲 $\hat{H}=\hbar\omega\left(\hat{a}^{+}\hat{a}+\frac{1}{2}\right)$，且 $[\hat{a},\hat{a}^{+}]=\hat{a}\hat{a}^{+}-\hat{a}^{+}\hat{a}=1$，

所以 $\hat{H}[\hat{a}^{+}|\psi\rangle]=\hbar\omega\left(\hat{a}^{+}\hat{a}+\frac{1}{2}\right)[\hat{a}^{+}|\psi\rangle]$

$$=\hbar\omega\left(\hat{a}^{+}\hat{a}\hat{a}^{+}+\frac{1}{2}\hat{a}^{+}\right)|\psi\rangle$$

$$=\hbar\omega\hat{a}^{+}\left(\hat{a}\hat{a}^{+}+\frac{1}{2}\right)|\psi\rangle$$

$$=\hbar\omega\hat{a}^{+}\left(\hat{a}^{+}\hat{a}+\frac{1}{2}+1\right)|\psi\rangle$$

$$=\hat{a}^{+}\left[\hbar\omega\left(\hat{a}^{+}\hat{a}+\frac{1}{2}\right)+\hbar\omega\right]|\psi\rangle$$

$$=\hat{a}^{+}[\hat{H}+\hbar\omega]|\psi\rangle$$

$$=\hat{a}^{+}[E+\hbar\omega]|\psi\rangle$$

$=(E+\hbar\omega)[\hat{a}^{+}|\psi\rangle]$。得証。

[2] $\hat{H}=[\hat{a}|\psi\rangle]=\hbar\omega\left(\hat{a}^{+}\hat{a}+\frac{1}{2}\right)[\hat{a}|\psi\rangle]$

$$=\hbar\omega\left(\hat{a}\hat{a}^{+}-1+\frac{1}{2}\right)[\hat{a}|\psi\rangle]$$

$$=\hbar\omega\left(\hat{a}\hat{a}^{+}\hat{a}-\frac{1}{2}\hat{a}\right)|\psi\rangle$$

$$=\hbar\omega\hat{a}\left(\hat{a}^{+}\hat{a}-\frac{1}{2}\right)|\psi\rangle$$

$$=\hbar\omega\hat{a}\left(\hat{a}^{+}\hat{a}+\frac{1}{2}-1\right)|\psi\rangle$$

$$=\hat{a}\left[\hbar\omega\left(\hat{a}^{+}\hat{a}+\frac{1}{2}\right)-\hbar\omega\right]|\psi\rangle$$

$$=\hat{a}(\hat{H}-\hbar\omega)|\psi\rangle$$

$$=\hat{a}(E-\hbar\omega)|\psi\rangle$$

$=(E-\hbar\omega)[\hat{a}|\psi\rangle]$。得証。

4-7　已知諧振子的位置算符$\hat{x}$和動量算符$\hat{p}$分別為

$$\hat{x}|\psi_n\rangle=\sqrt{\frac{\hbar}{2m\omega}}[\sqrt{n}|\psi_{n-1}\rangle+\sqrt{n+1}|\psi_{n+1}\rangle]；$$

$$\hat{p}|\psi_n\rangle=-i\hbar\sqrt{\frac{m\omega}{2\hbar}}[\sqrt{n}|\psi_{n-1}\rangle-\sqrt{n-1}|\psi_{n+1}\rangle]，$$

其中$|\psi_n\rangle$為諧振子的穩定態本徵函數；m為諧振子的質量；ω為

諧振子的角頻率；$n=0, 1, 2, 3, 4, \cdots$。現在我們只考慮諧振子的4個穩定態，即$|\psi_0\rangle$、$|\psi_1\rangle$、$|\psi_2\rangle$、$|\psi_3\rangle$，則試分別求出[1]位置算符的矩陣表示和[2]動量算符的矩陣表示。

解：[1] 先列出位置算符和本徵函數的四個關係，其中爲了說明方便，我們引入了$|\psi_{-1}\rangle$的穩定態。

$$\hat{x}\,|\psi_0\rangle = \sqrt{\frac{\hbar}{2m\omega}}\left[\sqrt{0}|\psi_{-1}\rangle + \sqrt{1}|\psi_1\rangle\right];$$

$$\hat{x}\,|\psi_1\rangle = \sqrt{\frac{\hbar}{2m\omega}}\left[\sqrt{1}|\psi_0\rangle + \sqrt{2}|\psi_2\rangle\right];$$

$$\hat{x}\,|\psi_2\rangle = \sqrt{\frac{\hbar}{2m\omega}}\left[\sqrt{2}|\psi_1\rangle + \sqrt{3}|\psi_3\rangle\right];$$

$$\hat{x}\,|\psi_3\rangle = \sqrt{\frac{\hbar}{2m\omega}}\left[\sqrt{3}|\psi_2\rangle + \sqrt{4}|\psi_4\rangle\right],$$

則得位置算符的矩陣表示爲

$$\hat{x} = \begin{bmatrix} \langle\psi_0|\hat{x}|\psi_0\rangle & \langle\psi_0|\hat{x}|\psi_1\rangle & \langle\psi_0|\hat{x}|\psi_2\rangle & \langle\psi_0|\hat{x}|\psi_3\rangle \\ \langle\psi_1|\hat{x}|\psi_0\rangle & \langle\psi_1|\hat{x}|\psi_1\rangle & \langle\psi_1|\hat{x}|\psi_2\rangle & \langle\psi_1|\hat{x}|\psi_3\rangle \\ \langle\psi_2|\hat{x}|\psi_0\rangle & \langle\psi_2|\hat{x}|\psi_1\rangle & \langle\psi_2|\hat{x}|\psi_2\rangle & \langle\psi_2|\hat{x}|\psi_3\rangle \\ \langle\psi_3|\hat{x}|\psi_0\rangle & \langle\psi_3|\hat{x}|\psi_1\rangle & \langle\psi_3|\hat{x}|\psi_2\rangle & \langle\psi_3|\hat{x}|\psi_3\rangle \end{bmatrix}$$

$$= \sqrt{\frac{\hbar}{2m\omega}}\begin{bmatrix} 0 & \sqrt{1} & 0 & 0 \\ \sqrt{1} & 0 & \sqrt{2} & 0 \\ 0 & \sqrt{2} & 0 & \sqrt{3} \\ 0 & 0 & \sqrt{3} & 0 \end{bmatrix}。$$

[2] 列出四個動量算符$\hat{p}$和本徵函數的關係

$$\hat{p}\,|\psi_0\rangle = -i\hbar\sqrt{\frac{m\omega}{2\hbar}}\left[\sqrt{0}|\psi_{-1}\rangle - \sqrt{1}|\psi_1\rangle\right];$$

$$\hat{p}\,|\psi_1\rangle = -i\hbar\sqrt{\frac{m\omega}{2\hbar}}\left[\sqrt{1}|\psi_0\rangle - \sqrt{2}|\psi_2\rangle\right];$$

$$\hat{p}\,|\psi_2\rangle = -i\hbar\sqrt{\frac{m\omega}{2\hbar}}\left[\sqrt{2}|\psi_1\rangle - \sqrt{3}|\psi_3\rangle\right];$$

$$\hat{p}\,|\psi_3\rangle = -i\hbar\sqrt{\frac{m\omega}{2\hbar}}\left[\sqrt{3}|\psi_2\rangle - \sqrt{4}|\psi_4\rangle\right],$$

則得動量算符的矩陣表示爲

$$\hat{p} = \begin{bmatrix} \langle\psi_0|\hat{p}|\psi_0\rangle & \langle\psi_0|\hat{p}|\psi_1\rangle & \langle\psi_0|\hat{p}|\psi_2\rangle & \langle\psi_0|\hat{p}|\psi_3\rangle \\ \langle\psi_1|\hat{p}|\psi_0\rangle & \langle\psi_1|\hat{p}|\psi_1\rangle & \langle\psi_1|\hat{p}|\psi_2\rangle & \langle\psi_1|\hat{p}|\psi_3\rangle \\ \langle\psi_2|\hat{p}|\psi_0\rangle & \langle\psi_2|\hat{p}|\psi_1\rangle & \langle\psi_2|\hat{p}|\psi_2\rangle & \langle\psi_2|\hat{p}|\psi_3\rangle \\ \langle\psi_3|\hat{p}|\psi_0\rangle & \langle\psi_3|\hat{p}|\psi_1\rangle & \langle\psi_3|\hat{p}|\psi_2\rangle & \langle\psi_3|\hat{p}|\psi_3\rangle \end{bmatrix}$$

$$= -i\hbar\sqrt{\frac{m\omega}{2\hbar}}\begin{bmatrix} 0 & \sqrt{1} & 0 & 0 \\ -\sqrt{1} & 0 & \sqrt{2} & 0 \\ 0 & -\sqrt{2} & 0 & \sqrt{3} \\ 0 & 0 & -\sqrt{3} & 0 \end{bmatrix}。$$

4-8　已知簡諧振盪的 Schrödinger 方程式可以表示為 $\hat{H}|E\rangle = E|E\rangle$，其中 $\hat{H} = \hbar\omega\left(\hat{a}^+\hat{a} + \frac{1}{2}\right)$。試證簡諧振盪的本徵能量 E 不能是負值。

解：由 $\hat{H}|E\rangle = E|E\rangle$，則方程式的左側用 $|E\rangle$ 去夾，

即
$$\langle E|\hat{H}|E\rangle = \langle E|\hbar\omega\left(\hat{a}^+\hat{a} + \frac{1}{2}\right)|E\rangle$$

$$= \hbar\omega\,\langle E|\hat{a}^+\hat{a}|E\rangle + \frac{1}{2}\hbar\omega\,\langle E|E\rangle$$

$$= E\langle E|E\rangle,$$

再重寫一次 $\hbar\omega\,\langle E|\hat{a}^+\hat{a}|E\rangle + \frac{1}{2}\hbar\omega\,\langle E|E\rangle = E\,\langle E|E\rangle$，

左側的 $\hbar\omega$ 當然是正值，但是 E 是正值還是負值呢？上式的左側的 $\langle E|\hat{a}^+\hat{a}|E\rangle$ 是 $\hat{a}|E\rangle$ 向量長度的平方；上式左右側的 $\langle E|E\rangle$ 是向量

$|E\rangle$ 長度的平方，向量長度的平方當然不是負值，於是等號都必須不能爲負，所以E也就不能爲負，即$E \geq 0$。

要說明 $\langle E|E\rangle$ 是正値的，也可以用Hilbert空間的向量完備性來證明。

由　　$\Sigma|q\rangle\langle q|=1$ 或 $\int|q\rangle\langle q|dq=1$，

代入　　$\langle E|E\rangle = \int \langle E|q\rangle\langle q|E\rangle\, dq = \int |\langle q|E\rangle|^2 dq \geq 0$。

綜合以上所述，所以本徵能量E是正的。

4-9　**定義一個算符$\hat{A}$為**

$\hat{A}=2|\phi_1\rangle\langle\phi_1|-i|\phi_1\rangle\langle\phi_2|+i|\phi_2\rangle\langle\phi_1|+2|\phi_2\rangle\langle\phi_2|$，

其中$|\phi_1\rangle$和$|\phi_2\rangle$是一組正交歸一且完備的基底（Orthonormal and complete basis）。**試證明$\hat{A}$是** Hermitian。

解：只要證明$A_{ij}=A_{ji}^*$，因爲$|\phi_1\rangle$ 和$|\phi_2\rangle$ 是一組正交歸一且完備的基底，

所以 $\langle\phi_1|\phi_1\rangle=1$、$\langle\phi_2|\phi_2\rangle=1$、$\langle\phi_1|\phi_2\rangle=0$，

則$A_{11}=\langle\phi_1|\hat{A}|\phi_1\rangle$

$= \langle\phi_1|(2|\phi_1\rangle\langle\phi_1|-i|\phi_1\rangle\langle\phi_2|+i|\phi_2\rangle\langle\phi_1|+2|\phi_2\rangle\langle\phi_2|)|\phi_1\rangle=2$;

$A_{12}=\langle\phi_1|\hat{A}|\phi_2\rangle$

$= \langle\phi_1|(2|\phi_1\rangle\langle\phi_1|-i|\phi_1\rangle\langle\phi_2|+i|\phi_2\rangle\langle\phi_1|+2|\phi_2\rangle\langle\phi_2|)|\phi_2\rangle=-i$；

$A_{21}=\langle\phi_2|\hat{A}|\phi_1\rangle$

$= \langle\phi_2|(2|\phi_1\rangle\langle\phi_1|-i|\phi_1\rangle\langle\phi_2|+i|\phi_2\rangle\langle\phi_1|+2|\phi_2\rangle\langle\phi_2|)|\phi_1\rangle=i$；

$A_{22}=\langle\phi_2|\hat{A}|\phi_2\rangle$

$= \langle\phi_2|(2|\phi_1\rangle\langle\phi_1|-i|\phi_1\rangle\langle\phi_2|+i|\phi_2\rangle\langle\phi_1|+2|\phi_2\rangle\langle\phi_2|)|\phi_2\rangle=2$；，

很明顯的，滿足$A_{ij}=A_{ji}^*$，算符$\hat{A}$是 Hermitian。

4-10　已知一簡諧振子的本徵函數為$|\psi\rangle=\frac{\sqrt{a}}{\pi^{\frac{1}{4}}}\exp\left(-\frac{1}{2}a^2x^2\right)$。若 $\Delta x=\sqrt{\langle x^2\rangle-\langle x\rangle^2}$且$\Delta p=\sqrt{\langle p^2\rangle-\langle p\rangle^2}$，則試證$\Delta x\Delta p=\frac{\hbar}{2}$。

解：先分別求出$\langle x^2\rangle$，$\langle x\rangle$，$\langle p^2\rangle$，$\langle p\rangle$，

$$\langle x^2\rangle=\langle\psi|x^2|\psi\rangle$$

$$=\int_{-\infty}^{t\infty}\frac{\sqrt{a}}{\pi^{\frac{1}{4}}}\exp\left(-\frac{1}{2}a^2x^2\right)x^2\frac{\sqrt{a}}{\pi^{\frac{1}{4}}}\exp\left(-\frac{1}{2}a^2x^2\right)dx$$

$$=\frac{a}{\pi}\int_{-\infty}^{t\infty}x^2e^{-a^2x^2}dx$$

$$=\frac{a}{\sqrt{\pi}}\frac{\partial}{\partial(-a^2)}\left[\int_{-\infty}^{\infty}e^{-a^2x^2}dx\right]$$

$$=\frac{a}{\sqrt{\pi}}\frac{\partial}{\partial(-a^2)}\left[\sqrt{\frac{\pi}{a^2}}\right]$$

$$=\frac{-a}{\sqrt{\pi}}\frac{\partial}{\partial(a^2)}\left[\sqrt{\pi}(a^2)^{-\frac{1}{2}}\right]$$

$$=\frac{-a}{\sqrt{\pi}}\sqrt{\pi}\left(-\frac{1}{2}\right)(a^2)^{-\frac{3}{2}}$$

$$=\frac{1}{2a^2}\text{；}$$

$$\langle x\rangle=\langle\psi|\hat{x}|\psi\rangle$$

$$=\int_{-\infty}^{t\infty}\frac{\sqrt{a}}{\pi^{\frac{1}{4}}}\exp\left(-\frac{1}{2}a^2x^2\right)x\frac{\sqrt{a}}{\pi^{\frac{1}{4}}}\exp\left(-\frac{1}{2}a^2x^2\right)dx$$

$$=\frac{a}{\sqrt{\pi}}\int_{-\infty}^{+\infty}x\exp(-a^2x^2)\,dx$$

$$=0\text{，}$$

所以 $\Delta x=\sqrt{\langle x^2\rangle-\langle x\rangle^2}=\sqrt{\frac{1}{2a^2}}$。

$$\begin{aligned}\langle p^2\rangle &= \langle\psi|\hat{p}^2|\psi\rangle \\ &=\int_{-\infty}^{+\infty}\frac{\sqrt{a}}{\pi^{\frac{1}{4}}}\exp\left(-\frac{1}{2}a^2x^2\right)\left[-\hbar^2\frac{\partial}{\partial x^2}\right]\frac{\sqrt{a}}{\pi^{\frac{1}{4}}}\exp\left(-\frac{1}{2}a^2x^2\right)dx \\ &=\frac{a^3\hbar^2}{\sqrt{\pi}}\int_{-\infty}^{+\infty}(1-a^2x^2)\,e^{-a^2x^2}\,dx \\ &=\frac{a^3\hbar^2}{\sqrt{\pi}}\left[\sqrt{\frac{\pi}{a^2}}-\frac{1}{2}\sqrt{\frac{\pi}{a^2}}\right] \\ &=\frac{a^2\hbar^2}{2}\ ;\end{aligned}$$

$$\begin{aligned}\langle p\rangle &= \langle\psi|\hat{p}|\psi\rangle \\ &=\int_{-\infty}^{+\infty}\frac{\sqrt{a}}{\pi^{\frac{1}{4}}}\exp\left(-\frac{1}{2}a^2x^2\right)\left(\frac{\hbar}{i}\frac{\partial}{\partial x}\right)\frac{\sqrt{a}}{\pi^{\frac{1}{4}}}\exp\left(-\frac{1}{2}a^2x^2\right)dx \\ &=\frac{\hbar}{i}\frac{a}{\sqrt{\pi}}\int_{-\infty}^{+\infty}\exp\left(-\frac{1}{2}a^2x^2\right)(-a^2x)\exp\left(-\frac{1}{2}a^2x^2\right)dx \\ &=\frac{-\hbar}{i}\frac{a}{\sqrt{\pi}}\int_{-\infty}^{+\infty}x\exp(-a^2x^2)\,dx \\ &=0\ ,\end{aligned}$$

所以 $\Delta p=\sqrt{\langle p^2\rangle-\langle p\rangle^2}=\sqrt{\frac{a^2\hbar^2}{2}}$。

綜合以上的結果可得 $\Delta x\Delta p=\sqrt{\frac{1}{2a^2}}\sqrt{\frac{a^2\hbar^2}{2}}=\sqrt{\frac{\hbar^2}{4}}=\frac{\hbar}{2}$。

4-11 若電子在圖所示的無限位能井中，則試採取 Bohr 駐波方法求平均能量 $\langle E\rangle=\frac{\hbar^2}{2}\left(\frac{n\pi}{a}\right)^2$。

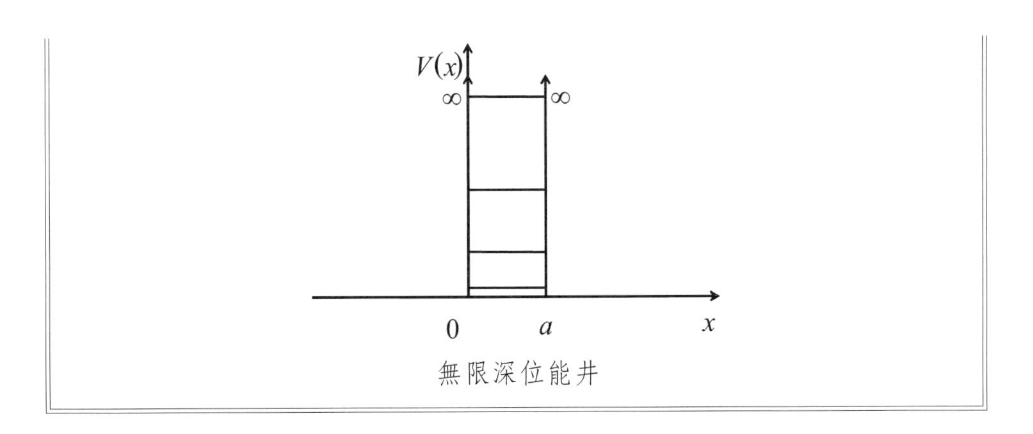

無限深位能井

解：由平均能量為 $\langle E\rangle=\left\langle \frac{p^2}{2m}\right\rangle=\frac{\hbar^2k^2}{2m}$，

則因為 $p=\hbar k$ 且 $k=\frac{2\pi}{\lambda}$，

又 Bohr 駐波方法可知 $a=n\frac{\lambda}{2}$，

所以將 $k=\frac{n\pi}{a}$ 代入得 $\langle E\rangle=\frac{\hbar^2}{2m}\left(\frac{n\pi}{a}\right)^2$。

4-12　已知描述簡諧振子的 Schrödinger 方程式為

$$\hat{H}|\psi\rangle=\left[\frac{-\hbar^2}{2m}\frac{d^2}{dx^2}+\frac{1}{2}m\omega x^2\right]|\psi\rangle=E|\psi\rangle\text{。}$$

[1]　試引入一個新的參數 $\xi=\sqrt{\frac{m\omega}{\hbar}}x$，將上昇算符 $\hat{a}^{+}\triangleq\sqrt{\frac{m\omega}{2\hbar}}\left(\hat{x}-i\frac{\hat{p}}{m\omega}\right)$ 化成 $\hat{a}^{+}=\frac{1}{\sqrt{2}}\left(-\frac{d}{d\xi}+\xi\right)$；下降算符 $\hat{a}\triangleq\sqrt{\frac{m\omega}{2\hbar}}\left(\hat{x}+i\frac{\hat{p}}{m\omega}\right)$ 化成 $\hat{a}=\frac{1}{\sqrt{2}}\left(\frac{d}{d\xi}+\xi\right)$。

[2]　試證上昇算符 $\hat{a}^{+}$ 和下降算符 $\hat{a}$ 是不可交換的，即 $[\hat{a},\hat{a}^{+}]=1$。

[3]　若定義數量算符為 $N\triangleq\hat{a}^{+}\hat{a}$，則試證 $H|\psi_n\rangle=\left(n+\frac{1}{2}\right)\hbar\omega|\psi_n\rangle$，其中 $\hat{a}^{+}\hat{a}|\psi_n\rangle=n|\psi_n\rangle$。

解：[1] 令$\xi=\alpha x$，其中$\alpha=\frac{m\omega}{\hbar}$，則$d\xi=\alpha dx$，

則上昇算符爲$\hat{a}^{+}\triangleq\sqrt{\frac{m\omega}{2\hbar}}\left(\hat{x}-i\frac{\hat{p}}{m\omega}\right)$

$$=\frac{\alpha}{\sqrt{2}}\hat{x}-i\frac{1}{\sqrt{2}\hbar\alpha}\hat{p}$$

$$=\frac{\alpha}{\sqrt{2}}\hat{x}-\frac{1}{\sqrt{2}\alpha}\frac{\partial}{\partial x}$$

$$=\frac{1}{\sqrt{2}}\left(\xi-\frac{\partial}{\partial\xi}\right)\;;$$

下降算符爲$\hat{a}\triangleq\sqrt{\frac{m\omega}{2\hbar}}\left(\hat{x}+i\frac{\hat{p}}{m\omega}\right)$

$$=\frac{\alpha}{\sqrt{2}}\hat{x}+i\frac{1}{\sqrt{2}\hbar\alpha}\hat{p}$$

$$=\frac{\alpha}{\sqrt{2}}\hat{x}+\frac{1}{\sqrt{2}\alpha}\frac{\partial}{\partial x}$$

$$=\frac{1}{\sqrt{2}}\left(\xi+\frac{\partial}{\partial\xi}\right)\text{。}$$

如果再多一點幾何計算就可得到$\hat{a}^{+}\psi_n=\sqrt{n+1}\psi_{n+1}$和$\hat{a}\psi_n=\sqrt{n}\psi_{n-1}$。

[2] $[\hat{a},\hat{a}^{+}]=\hat{a}\hat{a}^{+}-\hat{a}^{+}\hat{a}$

$$=\left(\frac{\alpha}{\sqrt{2}}\hat{x}+i\frac{1}{\sqrt{2}\hbar\alpha}\hat{p}\right)\left(\frac{\alpha}{\sqrt{2}}\hat{x}-i\frac{1}{\sqrt{2}\hbar\alpha}\hat{p}\right)$$

$$-\left(\frac{\alpha}{\sqrt{2}}\hat{x}-i\frac{1}{\sqrt{2}\hbar\alpha}\hat{p}\right)\left(\frac{\alpha}{\sqrt{2}}\hat{x}+i\frac{1}{\sqrt{2}\hbar\alpha}\hat{p}\right)$$

$$=\frac{1}{2}\left[\left(\alpha^2\hat{x}^2-\frac{i}{\hbar}\hat{x}\hat{p}+\frac{i}{\hbar}\hat{p}\hat{x}+\frac{1}{\hbar^2\alpha^2}\hat{p}^2\right)-\left(\alpha^2\hat{x}^2+\frac{i}{\hbar}\hat{x}\hat{p}-\frac{i}{\hbar}\hat{p}\hat{x}+\frac{1}{\hbar^2\alpha^2}\hat{p}^2\right)\right]$$

$$=\frac{1}{2}\left[-2\frac{i}{\hbar}\hat{x}\hat{p}+2\frac{i}{\hbar}\hat{p}\hat{x}\right]$$

$$=\frac{i}{\hbar}(\hat{p}\hat{x}-\hat{x}\hat{p})$$

$=\frac{i}{\hbar}(-i\hbar)$

$=1$。

得證上昇算符 $\hat{a}^+$ 和下降算符 $\hat{a}$ 是不可交換的。

[3] 位置算符和動量算符可以分別用上昇算符 $\hat{a}^+$ 和下降算符 $\hat{a}$ 來表示，即 $\hat{x}=\frac{1}{\sqrt{2}\alpha}(\hat{a}^+ + \hat{a})$；$\hat{x}=\frac{i\hbar\alpha}{\sqrt{2}}(\hat{a}^+ - \hat{a})$，且 $[\hat{a}, \hat{a}^+]=1$，則

$$H=\frac{p^2}{2m}+\frac{m\omega^2}{2}x^2=\hbar\omega\left(\hat{a}^+\hat{a}+\frac{1}{2}\right),$$

且數量算符爲 $N \triangleq \hat{a}^+\hat{a}$，

可得 $H|\psi_n\rangle=\left(n+\frac{1}{2}\right)\hbar\omega|\psi_n\rangle$，其中 $\hat{a}^+\hat{a}|\psi_n\rangle=n|\psi_n\rangle$。得証。

4-13 量子力學預測簡諧振盪的能量是由 $\hat{H}|\psi_n\rangle=E_n|\psi_n\rangle=\left(n+\frac{1}{2}\right)\hbar\omega|\psi_n\rangle$，即本徵能量為 $E_n=\left(n+\frac{1}{2}\right)\hbar\omega$，其中 n 為量子數，也就是即在狀態 n 的平均能量為 $\langle E_n\rangle=\left(n+\frac{1}{2}\right)\hbar\omega$，或

$\langle E_n\rangle=\langle\psi_n|\hat{H}|\psi_n\rangle=\langle\psi_n|E_n|\psi_n\rangle=\left(n+\frac{1}{2}\right)\hbar\omega$。其實我們可以藉由 Schrödinger 方程式得知簡諧振盪在任何一個狀態的平均動能為 $\langle T\rangle=\left\langle\frac{p^2}{2m}\right\rangle=\frac{\langle E_n\rangle}{2}$；平均位能為 $\langle V\rangle=\left\langle\frac{m\omega^2x^2}{2}\right\rangle=\frac{\langle E_n\rangle}{2}$。

[1] 若在基態的波函數 $\psi_0(x,t)$ 為 $\psi_0(x,t)=\psi_0(x)\,e^{-iE_0t/\hbar}=\left(\frac{m\omega}{\pi\hbar}\right)^{\frac{1}{4}}e^{\frac{-m\omega x^2}{2\hbar}}e^{-iE_0t/\hbar}$，即本徵函數為 $\psi_0(x)=\left(\frac{m\omega}{\pi\hbar}\right)^{\frac{1}{4}}e^{\frac{-m\omega x^2}{2\hbar}}$，其中 E_0 為基態能量。試證 $\psi_0(x)$ 是歸一化的。

[2] 試求基態 ψ_0 的平均位能為 $\left\langle \frac{m\omega^2 x^2}{2} \right\rangle = \frac{\hbar\omega}{4}$；基態 ψ_0 的平均動能為 $\left\langle \frac{p^2}{2m} \right\rangle = \frac{\hbar\omega}{4}$，即動能和位能的本徵值均為 $\frac{1}{4}\hbar\omega$；基態 ψ_0 的平均總能量為 $\langle E \rangle = \frac{\hbar\omega}{2}$，即 $\hat{H}|\psi_0\rangle = \frac{1}{2}\hbar\omega|\psi_0\rangle$。

[3] 試由零點能量 $E_0 = \frac{1}{2}\hbar\omega$，且 $(\Delta x)^2 = \langle x^2 \rangle - \langle x \rangle^2$；$(\Delta p)^2 = \langle p^2 \rangle - \langle p \rangle^2$ 的統計定義，得到測不準原理的關係 $\Delta x \Delta p \geq \frac{\hbar}{2}$。

解：[1] 令 $\xi = \alpha x = \sqrt{\frac{m\omega}{\hbar}}x$，則在基態的本徵函數 $\psi_0(\xi)$ 爲 $\psi_0(\xi) = \left(\frac{\alpha}{\sqrt{\pi}}\right)^{\frac{1}{2}} e^{\frac{-\xi^2}{2}}$，所以

$$\langle \psi_0 | \psi_0 \rangle = \frac{\alpha}{\sqrt{\pi}} \int_{-\infty}^{\infty} e^{-\xi^2} dx = \frac{\alpha}{\sqrt{\pi}} \int_{-\infty}^{\infty} e^{-\alpha^2 x^2} dx$$

$$= \frac{\alpha}{\sqrt{\pi}} \sqrt{\frac{\pi}{\alpha^2}} = 1 \text{。}$$

得証 $\psi_0(x)$ 是歸一化的。

[2] 令 $\beta = \alpha^2 = \frac{m\omega}{\hbar}$，將本徵函數爲 $\psi_0(x) = \left(\frac{\alpha^2}{\pi}\right)^{\frac{1}{4}} e^{\frac{-\alpha x^2}{2}}$ 代入，

所以 $\langle x^2 \rangle = \langle \psi_0 | x^2 | \psi_0 \rangle = \frac{\alpha}{\sqrt{\pi}} \int_{-\infty}^{\infty} e^{-\alpha^2 x^2} dx$

$$= \frac{\alpha}{\sqrt{\pi}} \left(-\frac{d}{d\beta} \int_{-\infty}^{\infty} e^{-\beta x^2} dx \right)$$

$$= \frac{\alpha}{\sqrt{\pi}} \left(\frac{d}{d\beta} \sqrt{\frac{\pi}{\beta}} \right)$$

$$= \frac{\alpha}{\sqrt{\pi}} \frac{\sqrt{\pi}}{2\alpha^3}$$

$$= \frac{1}{2\alpha^2} \text{；}$$

且 $\langle p^2\rangle = \langle \psi_0|p^2|\psi_0\rangle = \dfrac{\alpha}{\sqrt{\pi}}\int_{-\infty}^{\infty} e^{\frac{-\alpha x^2}{2}}\left(-\hbar^2\dfrac{d^2}{dx^2}\right)e^{\frac{-\alpha x^2}{2}}dx = \dfrac{\hbar^2\alpha^2}{2}$，

則在基態的位能平均值爲 $\langle \psi_0|\dfrac{m\omega^2x^2}{2}|\psi_0\rangle = \dfrac{m\omega^2}{4\alpha^2} = \dfrac{\hbar\omega}{4}$；

動能平均值爲 $\langle \psi_0|\dfrac{p^2}{2m}|\psi_0\rangle = \dfrac{\hbar^2\alpha^2}{2} = \dfrac{1}{4}\hbar\omega$，

而基態 ψ_0 的平均總能量爲

$$\langle E\rangle = \langle \psi_0|\hat{H}|\psi_0\rangle = \langle \psi_0|\frac{p^2}{2m}|\psi_0\rangle + \langle \psi_0|\frac{m\omega^2x^2}{2}|\psi_0\rangle$$

$$= \frac{\hbar\omega}{4} + \frac{\hbar\omega}{4} = \frac{\hbar\omega}{2}，$$

其中當然 $\hat{H}|\psi_0\rangle = \dfrac{1}{2}\hbar\omega|\psi_0\rangle$。

[3]　承接[2]的結果，現在只要求出 $\langle x\rangle$ 和 $\langle p\rangle$ 即可。

因爲 $xe^{-\alpha^2x^2}$ 爲奇函數，所以 $\langle x\rangle = \langle \psi_0|x|\psi_0\rangle = \dfrac{\alpha}{\sqrt{\pi}}\int_{-\infty}^{\infty} xe^{-\alpha^2x^2}dx = 0$，

$$\langle p\rangle = \langle \psi_0|p|\psi_0\rangle = \langle \psi_0|-i\hbar\frac{\partial}{\partial x}|\psi_0\rangle$$

$$= \frac{\alpha}{\sqrt{\pi}}\int_{-\infty}^{\infty} e^{\frac{-\alpha^2x^2}{2}}\left(-i\hbar\frac{\partial}{\partial x}\right)e^{\frac{-\alpha x^2}{2}}dx = 0，$$

綜合以上結果可得　$\Delta x = \sqrt{\langle x^2\rangle - \langle x\rangle^2} = \sqrt{\dfrac{1}{2\alpha^2}}$，

且　$\Delta p = \sqrt{\langle p^2\rangle - \langle p\rangle^2} = \sqrt{\dfrac{\hbar^2\alpha^2}{2}}$，

所以可得測不準原理的關係 $\Delta x\Delta p = \dfrac{\hbar}{2}$。

此意謂我們可以有一個簡單的結論，簡諧振盪不可能靜止不動，至少有 $\dfrac{1}{2}\hbar\omega$ 的能量。這是 Heisenberg 測不準原理的一個例子。

4-14 現在有一個向量狀態為$|\psi\rangle=\begin{bmatrix}1\\-7i\\2\end{bmatrix}$，請判斷這個向量狀態是正交歸一的嗎？如果不是，請將$|\psi\rangle$正交歸一。

解：由 $\langle\psi|\psi\rangle=[1\quad 7i\quad 2]\begin{bmatrix}1\\-7i\\2\end{bmatrix}=1+49+4=54$，所以這個向量狀態不是正交歸一的。

正交歸一後爲$\frac{1}{\sqrt{54}}|\psi\rangle=\frac{1}{\sqrt{54}}\begin{bmatrix}1\\-7i\\2\end{bmatrix}$。

4-15 現在有兩個狀態，分別為$|\psi\rangle=3i|\phi_1\rangle-7i|\phi_2\rangle$和$|\chi\rangle=-|\phi_1\rangle+2i|\phi_2\rangle$，其中是$|\phi_1\rangle$和$|\phi_2\rangle$互相正交歸一的。

[1] 試分別求出$|\psi+\chi\rangle$和$\langle\psi+\chi|$。

[2] 試分別求出$\langle\psi|\chi\rangle$和$\langle\chi|\psi\rangle$。

[3] Schwarz 不等式$|\langle\psi|\chi\rangle|^2\le\langle\psi|\psi\rangle\langle\chi|\chi\rangle$。

[4] 三角不等式$\sqrt{\langle\psi+\phi|\psi+\phi\rangle}\le\sqrt{\langle\psi|\psi\rangle}+\sqrt{\langle\phi|\phi\rangle}$。

解：[1] $|\psi+\chi\rangle=3i|\phi_1\rangle-7i|\phi_2\rangle+(-|\phi_1\rangle+2i|\phi_2\rangle)=(-1+3i)|\phi_1\rangle-5i|\phi_2\rangle$；

和 $\langle\chi+\psi|=(-|\phi_1\rangle+2i|\phi_2\rangle)^*+(3i|\phi_1\rangle-7i|\phi_2\rangle)^*$

$=(-1-3i)\langle\phi_1|+5i\langle\phi_2|=|\chi+\psi\rangle^*$。

[2] 因爲$|\phi_1\rangle$和$|\phi_2\rangle$互相正交歸一的，即$\langle\phi_1|\phi_1\rangle=1$和$\langle\phi_2|\phi_2\rangle=1$且$\langle\phi_1|\phi_2\rangle=0$，所以

$$\langle\psi|\chi\rangle=[(-|\phi_1\rangle+2i|\phi_2\rangle)^*][3i|\phi_1\rangle-7i|\phi_2\rangle]$$

$$=[-\langle\phi_1|-2i\langle\phi_2|][3i|\phi_1\rangle-7i|\phi_2\rangle]$$

$$=-14-3i\text{；}$$

和 $\langle\chi|\psi\rangle=[3i|\phi_1\rangle-7i|\phi_2\rangle]^*[-|\phi_1\rangle+2i|\phi_2\rangle]$

$$=+3i|\phi_1\rangle-14i|\phi_2\rangle=\langle\psi|\chi\rangle^*\text{。}$$

[3]　由 $|\langle\psi|\chi\rangle|^2=|-14-3i|^2=205$，且 $\langle\psi|\psi\rangle=58$；$\langle\chi|\chi\rangle=5$，即 $187<58\times5=290$，所以滿足Schwarz不等式 $|\langle\psi|\chi\rangle|^2\leq\langle\psi|\psi\rangle\langle\chi|\chi\rangle$。

[4]　由 $\sqrt{\langle\psi+\phi|\psi+\phi\rangle}=[(-1-3i)\langle\phi_1|+5i\langle\phi_2|][(-1+3i)|\phi_1\rangle-5i|\phi_2\rangle]$ $=10+25=35$，且 $\sqrt{\langle\psi|\psi\rangle}=\sqrt{58}$；$\sqrt{\langle\phi|\phi\rangle}=\sqrt{5}$，所以滿足三角不等式 $\sqrt{\langle\psi+\phi|\psi+\phi\rangle}=\sqrt{35}\leq\sqrt{\langle\psi|\psi\rangle}+\sqrt{\langle\phi|\phi\rangle}=\sqrt{58}+\sqrt{5}$。

4-16　現在有兩個 Ket 向量和 $|\psi\rangle=\begin{bmatrix}3i\\2-i\\4\end{bmatrix}$，則 $|\phi\rangle=\begin{bmatrix}2\\i\\2+3i\end{bmatrix}$

[1]　試分別求出 Bra 向量 $\langle\psi|$ 和 $\langle\phi|$。

[2]　試分別求出 $\langle\psi|\phi\rangle$ 和 $\langle\phi|\psi\rangle$。

[3]　試說明 $\langle\psi|\phi\rangle$ 的物理意義。

[4]　試說明為什麼 $\langle\psi|\langle\phi|$ 和 $|\phi\rangle|\psi\rangle$ 是不存在的。

解：[1]　由 $|\psi\rangle=\begin{bmatrix}3i\\2-i\\4\end{bmatrix}$ 和 $|\phi\rangle=\begin{bmatrix}2\\i\\2+3i\end{bmatrix}$，所以 $\langle\psi|=[-3i\quad 2+i\quad 4]$ 和 $\langle\phi|=[2\quad -i\quad 2-3i]$。

[2] 由 $|\psi\rangle=\begin{bmatrix}3i\\2-i\\4\end{bmatrix}$ 和 $|\phi\rangle=\begin{bmatrix}2\\i\\2+3i\end{bmatrix}$ 且 $\langle\psi|=[-3i \quad 2+i \quad 4]$ 和

$\langle\phi|=[2 \quad -i \quad 2-3i]$，所 以 $\langle\psi|\phi\rangle=[-3i \quad 2+i \quad 4]\begin{bmatrix}2\\i\\2+3i\end{bmatrix}$

$=-6i+2i-1+8+12i=7+8i$；

且 $\langle\phi|\psi\rangle=[2 \quad -i \quad 2-3i]\begin{bmatrix}3i\\2-i\\4\end{bmatrix}=6i-2i-1+8-12i=7-8i$

$=\langle\psi|\phi\rangle^*$。

[3] $\langle\psi|\phi\rangle$ 可以視爲向量狀態 $|\phi\rangle$ 在向量狀態 $\langle\psi|$ 的投影量。

[4] 從線性代數的觀點來說 $\langle\psi|\langle\phi|=[-3i \quad 2+i \quad 4][2 \quad -i \quad 2-3i]$

和 $|\phi\rangle|\psi\rangle=\begin{bmatrix}2\\i\\2+3i\end{bmatrix}\begin{bmatrix}3i\\2-i\\4\end{bmatrix}$ 是不存在的。

4-17 試求以下的算符互易關係。

[1] $[x^2, p]=$ ？。

[2] $[p_x, p_y]=$ ？

解：[1] 由 $[\hat{x},\hat{p}]=\hat{x}\hat{p}-\hat{p}\hat{x}=ih$，

所以 $[\hat{x}^2,\hat{p}]=\hat{x}^2\hat{p}-\hat{p}\hat{x}^2$

$=\hat{x}\hat{x}\hat{p}-\hat{p}\hat{x}^2$

$=\hat{x}(i\hbar+\hat{p}\hat{x})-\hat{p}\hat{x}^2$

$=i\hbar\hat{x}+(\hat{x}\hat{p}-\hat{p}\hat{x})\hat{x}$

$$=i\hbar\hat{x}+i\hbar\hat{x}$$

$$=i2\hbar\hat{x}$$ 。

[2] $[\hat{p}_x,\hat{p}_y]|\phi(x,y,z)\rangle=(\hat{p}_x\hat{p}_y-\hat{p}_y\hat{p}_x)|\phi(x,y,z)\rangle$

$$=\left(\frac{\hbar}{i}\frac{\partial}{\partial x}\frac{\hbar}{i}\frac{\partial}{\partial y}-\frac{\hbar}{i}\frac{\partial}{\partial y}\frac{\hbar}{i}\frac{\partial}{\partial x}\right)|\phi(x,y,z)\rangle$$

$$=\left(-\hbar^2\frac{\partial}{\partial x}\frac{\partial}{\partial y}+\hbar^2\frac{\partial}{\partial y}\frac{\partial}{\partial x}\right)|\phi(x,y,z)\rangle$$

$$=0|\phi(x,y,z)\rangle$$

$$=0$$ ，

即 $[\hat{p}_x,\hat{p}_y]=0$ 。

4-18　試以 $\hat{a}$ 和 $\hat{a}^+$ 分別表示 $\hat{x}$ 和 $\hat{p}$ 。

解：由 $\hat{a}=\sqrt{\frac{m\omega}{2\hbar}}\left(\hat{x}+i\frac{\hat{p}}{m\omega}\right)$；$\hat{a}^+=\sqrt{\frac{m\omega}{2\hbar}}\left(\hat{x}+i\frac{\hat{p}}{m\omega}\right)$，

可得　$\hat{x}=\sqrt{\frac{\hbar}{2m\omega}}(\hat{a}^++\hat{a})$；

$$\hat{p}=i\sqrt{\frac{m\hbar\omega}{2}}(\hat{a}^+-\hat{a})$$ 。

4-19　試證 $[\hat{a},\hat{a}^+]=1$ 。

解：由 $\hat{a}=\sqrt{\frac{m\omega}{2\hbar}}\left(\hat{x}+i\frac{\hat{p}}{m\omega}\right)$；$\hat{a}^+=\sqrt{\frac{m\omega}{2\hbar}}\left(\hat{x}-i\frac{\hat{p}}{m\omega}\right)$

則　$\hat{a}\hat{a}^+-\hat{a}^+\hat{a}=\frac{i}{\hbar}(\hat{p}\hat{x}-\hat{x}\hat{p})$

$$=\frac{i}{\hbar}(-i\hbar)$$

$$=1\text{。}$$

4-20 若基態簡諧振子的本徵態$|E_0\rangle$滿足歸一化的條件$\langle E_0|E_0\rangle=1$，則

[1] 試由 $[\hat{a},\ \hat{a}^+]=1$，求得 $\hat{a}\,\hat{a}^{+n}=\hat{a}^{+n}\hat{a}+n\hat{a}^{+n-1}$ 且 $\hat{a}^n\,\hat{a}^{+n}=\hat{a}^{n-1}\hat{a}^{+n}\hat{a}+n\hat{a}^{n-1}\hat{a}^{+n-1}$。

[2] 試求歸一化的本徵態為$|E_n\rangle=\frac{1}{\sqrt{n!}}\hat{a}^{+n}|E_0\rangle$。

[3] 試証$\hat{a}|E_n\rangle=\sqrt{n}|E_{n-1}\rangle$；$\hat{a}^+|E_n\rangle=\sqrt{n+1}|E_{n+1}\rangle$。

[4] 試分別求出上升算符$\hat{a}^+$和下降算符$\hat{a}$的矩陣元素，即$\langle E_m|\hat{a}^+|E_n\rangle=\sqrt{n+1}\,\delta_{m,n+1}$和$\langle E_m|\hat{a}|E_n\rangle=\sqrt{n}\,\delta_{m,n-1}$。

[5] 試分別求出位置算符$\hat{x}$和動量算符$\hat{p}$的矩陣元素，即$\langle E_m|\hat{x}|E_n\rangle=\sqrt{\frac{\hbar}{2m\omega}}(\sqrt{n}\,\delta_{m,n-1}+\sqrt{n+1}\,\delta_{m,n+1})$ 和 $\langle E_m|\hat{p}|E_n\rangle=-i\hbar\sqrt{\frac{m\omega}{2\hbar}}(\sqrt{n}\,\delta_{m,n-1}-\sqrt{n+1}\,\delta_{m,n+1})$。

解：[1] 由$[\hat{a},\hat{a}^+]=1$，所以 $\hat{a}\hat{a}^{+n}=\hat{a}^+\hat{a}\hat{a}^{+n-1}+\hat{a}^{+n-1}$

$$=\hat{a}^{+2}\hat{a}\hat{a}^{+n-2}+2\hat{a}^{+n-1}$$

$$=\hat{a}^{+n}\hat{a}+n\hat{a}^{+n-1}$$

$$=\hat{a}^{+n}\hat{a}+n\hat{a}^{+n-1}\text{。}$$

同理可得$\hat{a}^n\hat{a}^{+n}=\hat{a}^{n-1}\hat{a}^{+n}\hat{a}+n\hat{a}^{n-1}\hat{a}^{+n-1}$。

[2] 令歸一化的本徵態爲$|E_n\rangle=A_n\hat{a}^{+^n}|E_0\rangle$，其中$A_n$爲歸一化常數，則

$\langle E_n | E_n \rangle = A_n^2 \langle E_0 | \hat{a}^n \hat{a}^{+n} | E_0 \rangle = 1$。

又 $a | E_0 \rangle = 0$，且由[1]的結果，$\hat{a}\hat{a}^{+n} = \hat{a}^{+n}\hat{a} + n\hat{a}^{+n-1}$ 且

$\hat{a}^n \hat{a}^{+n} = \hat{a}^{n-1}\hat{a}^{+n}\hat{a} + n\hat{a}^{n-1}\hat{a}^{+n-1}$，

所以 $\langle E_0 | \hat{a}^n \hat{a}^{+n} | E_0 \rangle = n \langle E_0 | \hat{a}^{n-1}\hat{a}^{+n-1} | E_0 \rangle$

$= n(n-1) \langle E_0 | \hat{a}^{n-2}\hat{a}^{+n-2} | E_0 \rangle$

$= n(n-1)(n-2) \langle E_0 | \hat{a}^{n-3}\hat{a}^{+n-3} | E_0 \rangle$

$= \cdots$

$= n(n-1)(n-2)\cdots(n-(n-2)) \langle E_0 | \hat{a}^{n-(n-1)}\hat{a}^{+n-(n-1)} | E_0 \rangle$

$= n(n-1)(n-2)\cdots(n-(n-1)) \langle E_0 | \hat{a}^{n-n}\hat{a}^{+n-n} | E_0 \rangle$

$= n(n-1)(n-2)\cdots \langle E_0 | E_0 \rangle$

$= n! \langle E_0 | E_0 \rangle$。

代入 $\langle E_n | E_n \rangle = A_n^2 \langle E_0 | \hat{a}^n \hat{a}^{+n} | E_0 \rangle = A_n^2 n! \langle E_n | E_n \rangle = A_n^2 n! = 1$，

所以 $A_n = \dfrac{1}{\sqrt{n!}}$，得歸一化的本徵態爲 $| E_n \rangle = \dfrac{1}{\sqrt{n!}} a^{+n} | E_0 \rangle$。

[3]　因爲 $| E_n \rangle = \dfrac{1}{\sqrt{n!}} \hat{a}^{+n} | E_0 \rangle$，

則 $| E_{n-1} \rangle = \dfrac{1}{\sqrt{(n-1)!}} \hat{a}^{+n-1} | E_0 \rangle$ 且 $| E_{n+1} \rangle = \dfrac{1}{\sqrt{(n+1)!}} \hat{a}^{+(n+1)} | E_0 \rangle$，

所以 $a | E_n \rangle = \dfrac{1}{\sqrt{n!}} \hat{a}\hat{a}^{+n} | E_0 \rangle$

$= \dfrac{1}{\sqrt{n!}} (\hat{a}^{+n}\hat{a} + n\hat{a}^{+n-1}) | E_0 \rangle$

$= \dfrac{1}{\sqrt{n!}} (\hat{a}^{+n}\hat{a} | E_0 \rangle + n\hat{a}^{+n-1} | E_0 \rangle)$

$= \dfrac{1}{\sqrt{n!}} (0 + n\hat{a}^{+n-1} | E_0 \rangle)$

$= \dfrac{\sqrt{n}}{\sqrt{(n-1)!}} \hat{a}^{+n-1} | E_0 \rangle)$

$$=\sqrt{n}\frac{1}{\sqrt{(n-1)!}}\hat{a}^{+n-1}|E_0\rangle)$$

$$=\sqrt{n}|E_{n-1}\rangle \text{。}$$

$$\hat{a}^{+}|E_n\rangle=\frac{1}{\sqrt{n!}}\hat{a}^{+}\hat{a}^{+n}|E_0\rangle$$

$$=\frac{1}{\sqrt{n!}}\hat{a}^{+(n+1)}|E_0\rangle$$

$$=\frac{\sqrt{(n+1)}}{\sqrt{(n+1)!}}\hat{a}^{+(n+1)}|E_0\rangle$$

$$=\sqrt{(n+1)}\frac{1}{\sqrt{(n+1)!}}\hat{a}^{+(n+1)}|E_0\rangle$$

$$=\sqrt{(n+1)}|E_{n+1}\rangle \text{。}$$

[4] 由$\hat{a}^{+}|E_n\rangle=\sqrt{(n+1)}|E_{n+1}\rangle$，所以上升算符$\hat{a}^{+}$的矩陣元素為

$$\langle E_m|\hat{a}^{+}|E_n\rangle=\langle E_m|\hat{a}^{+}|E_n\rangle$$

$$=\langle E_m|\sqrt{n+1}|E_{n+1}\rangle$$

$$=\sqrt{n+1}\langle E_m|E_{n+1}\rangle$$

$$=\sqrt{n+1}\,\delta_{m,n+1} \text{。}$$

由$\hat{a}|E_n\rangle=\sqrt{n}|E_{n-1}\rangle$，所以下降算符$\hat{a}$的矩陣元素為

$$\langle E_m|\hat{a}|E_n\rangle=\langle E_m|\hat{a}|E_n\rangle$$

$$=\langle E_m|\sqrt{n}|E_{n-1}\rangle$$

$$=\sqrt{n}\langle E_m|E_{n-1}\rangle$$

$$=\sqrt{n}\,\delta_{m,n-1} \text{。}$$

[5] 已知$\hat{x}=\sqrt{\frac{\hbar}{2m\omega}}(\hat{a}^{+}+\hat{a})$；$\hat{p}=\sqrt{\frac{m\hbar\omega}{2}}(\hat{a}^{+}-\hat{a})$，且$\langle E_m|\hat{a}^{+}|E_n\rangle=\sqrt{n+1}\,\delta_{m,n+1}$和$\langle E_m|\hat{a}|E_n\rangle=\sqrt{n}\,\delta_{m,n-1}$，所以位置算符$\hat{x}$的矩陣元素為

$$\langle E_m|\hat{x}|E_n\rangle=\sqrt{\frac{\hbar}{2m\omega}}(\sqrt{n}\,\delta_{m,n-1}+\sqrt{n+1}\,\delta_{m,n+1})\text{；}$$

動量算符 $\hat{p}$ 的矩陣元素為

$$\langle E_m|\hat{p}|E_n\rangle = -i\hbar\sqrt{\frac{m\omega}{2\hbar}}(\sqrt{n}\,\delta_{m,n-1} - \sqrt{n+1}\,\delta_{m,n+1})。$$

4-21　[1]　試由下降算符 $\hat{a} \triangleq \sqrt{\frac{m\omega}{2\hbar}}\left(\hat{x}+i\frac{\hat{p}}{m\omega}\right)$，求出簡諧振子基態的本徵函數為 $\psi_0(x)=\left(\frac{m\omega}{\pi\hbar}\right)^{\frac{1}{4}}e^{-\frac{m\omega}{2\hbar}x^2}$。

[2]　若簡諧振子本徵函數為 $\psi_n(x)$，則試由 $\psi_n(x)=\frac{1}{\sqrt{n!}}a^{+n}\psi_0(x)$ 的關係，求出第一激發態的歸一化本徵函數為 $\psi_1(x)=\left(\frac{m\omega}{\pi\hbar}\right)^{\frac{1}{4}}\sqrt{\frac{2m\omega}{\hbar}}xe^{-\frac{m\omega}{2\hbar}x^2}$，其中上升算符為 $\hat{a}^{+} \triangleq \sqrt{\frac{m\omega}{2\hbar}}\left(\hat{x}-i\frac{\hat{p}}{m\omega}\right)$。

解：[1]　因為 $\hat{a}\psi_0(x)=0$，將下降算符 $\hat{a} \triangleq \sqrt{\frac{m\omega}{2\hbar}}\left(\hat{x}+i\frac{\hat{p}}{m\omega}\right)$ 代入，

則 $\sqrt{\frac{m\omega}{2\hbar}}\left(\hat{x}+i\frac{\hat{p}}{m\omega}\right)\psi_0(x)=0$，

又 $\hat{p}=\frac{\hbar}{i}\frac{\partial}{\partial x}$，

所以 $\sqrt{\frac{m\omega}{2\hbar}}\left(\hat{x}+\frac{\hbar}{m\omega}\frac{\partial}{\partial x}\right)\psi_0(x)=0$，

則 $\frac{\partial}{\partial x}\psi_0(x)=-\frac{m\omega}{\hbar}x\psi_0(x)$。

用分離變數法即可解出此微分方程式，

$$\int\frac{1}{\psi_0}d\psi_0=-\frac{m\omega}{\hbar}\int xdx，$$

則 $\ln\psi_0=-\frac{m\omega}{2\hbar}x^2+\text{constant}$，

得 $\psi_0(x)=Ae^{-\frac{m\omega}{2\hbar}x^2}$，其中 A 爲歸一化常數。

由 $\langle\psi_0(x)|\psi_0(x)\rangle=1=\int_{-\infty}^{+\infty}A^2e^{-\frac{m\omega}{2\hbar}x^2}dx=A^2\sqrt{\frac{\pi\hbar}{m\omega}}$，可得 $A=\left(\frac{m\omega}{\pi\hbar}\right)^{\frac{1}{4}}$，

所以簡諧振子基態的本徵函數爲 $\psi_0(x)=\left(\frac{m\omega}{\pi\hbar}\right)^{\frac{1}{4}}e^{-\frac{m\omega}{2\hbar}x^2}$。

[2] 已知簡諧振子基態的本徵函數爲 $\psi_0(x)=\left(\frac{m\omega}{\pi\hbar}\right)^{\frac{1}{4}}e^{-\frac{m\omega}{2\hbar}x^2}$，若簡諧振子本徵函數爲 $\psi_n(x)$，則由 $\psi_n(x)=\frac{1}{\sqrt{n!}}\hat{a}^{+n}\psi_0(x)$，

所以可得第一激發態的歸一化本徵函數爲

$$\psi_1(x)=\frac{1}{\sqrt{1!}}\hat{a}^{+}\psi_0(x)$$
$$=\sqrt{\frac{m\omega}{2\hbar}}\left(\hat{x}+\frac{\hbar}{m\omega}\frac{\partial}{\partial x}\right)\left(\frac{m\omega}{\pi\hbar}\right)^{\frac{1}{4}}e^{-\frac{m\omega}{2\hbar}x^2}\psi_0(x),$$
$$=\left(\frac{m\omega}{\pi\hbar}\right)^{\frac{1}{4}}\sqrt{\frac{2m\omega}{\hbar}}xe^{-\frac{m\omega}{2\hbar}x^2}。$$

4-22 有一向量 $|\psi\rangle=3i|\phi_1\rangle-4i|\phi_2\rangle+2|\phi_3\rangle$，其中 $|\phi_1\rangle$、$|\phi_2\rangle$、$|\phi_3\rangle$ 是一組正交歸一的基底，請把 $|\psi\rangle$ 歸一化。

解：因爲 $|\phi_1\rangle$、$|\phi_2\rangle$、$|\phi_3\rangle$ 是正交歸一的基底，所以 $\langle\phi_1|\phi_1\rangle=1$、$\langle\phi_2|\phi_2\rangle=1$、$\langle\phi_3|\phi_3\rangle=1$、$\langle\phi_1|\phi_2\rangle=0$、$\langle\phi_1|\phi_3\rangle=0$、$\langle\phi_2|\phi_1\rangle=0$、$\langle\phi_2|\phi_3\rangle=0$、$\langle\phi_3|\phi_1\rangle=0$、$\langle\phi_3|\phi_2\rangle=0$，或者可以簡潔的記爲 $\langle\phi_i|\phi_j\rangle=\delta_{ij}$，其中 $i,j=1,2,3$。

因爲 $\langle\psi|\psi\rangle=(3i|\phi_1\rangle-4i|\phi_2\rangle+2|\phi_3\rangle)^*(3i|\phi_1\rangle-4i|\phi_2\rangle+2|\phi_3\rangle)$
$=(-3i\langle\phi_1|+4i\langle\phi_2|+2\langle\phi_3|)^*(3i|\phi_1\rangle-4i|\phi_2\rangle+2|\phi_3\rangle)$

$=9+16+4$；

$=29$，

所以歸一化向量爲$|\psi\rangle=\frac{3i}{\sqrt{29}}|\phi_1\rangle-\frac{4i}{\sqrt{29}}|\phi_2\rangle+\frac{2}{\sqrt{29}}|\phi_3\rangle$。

4-23　在三維複向量空間（Three-dimensional complex vector space）中，有兩個 Ket 向量，分別為$|A\rangle=\begin{bmatrix}2\\-7i\\1\end{bmatrix}$及$|B\rangle=\begin{bmatrix}1+3i\\4\\8\end{bmatrix}$，若 $a=6+5i$，則

[1]　試分別求$a|A\rangle$、$a|B\rangle$和$a(|A\rangle+|B\rangle)$。

[2]　試証$a(|A\rangle+|B\rangle)=a|A\rangle+a|B\rangle$。

[3]　試分別求內積$\langle A|B\rangle$和$\langle B|A\rangle$。

解：[1]　$a|A\rangle=(6+5i)\begin{bmatrix}2\\-7i\\1\end{bmatrix}=\begin{bmatrix}12+10i\\35-42i\\6+5i\end{bmatrix}$。

$$a|B\rangle=(6+5i)\begin{bmatrix}1+3i\\4\\8\end{bmatrix}=\begin{bmatrix}-9+23i\\24+20i\\48+40i\end{bmatrix}\text{。}$$

$$a(|A\rangle+|B\rangle)=(6+5i)\begin{bmatrix}3+3i\\4-7i\\9\end{bmatrix}=\begin{bmatrix}3+33i\\59-22i\\54+45i\end{bmatrix}\text{。}$$

[2]　$a(|A\rangle+|B\rangle=\begin{bmatrix}12+10i\\35-42i\\6+5i\end{bmatrix}+\begin{bmatrix}-9+23i\\24+20i\\48+40i\end{bmatrix}=\begin{bmatrix}3+33i\\59-22i\\54+45i\end{bmatrix}$，

所以$a(|A\rangle+|B\rangle)=a|A\rangle+a|B\rangle$。得証。

[3] $\langle A|B\rangle = [2 \quad 7i \quad 1]\begin{bmatrix} 1+3i \\ 4 \\ 8 \end{bmatrix} = 2+6i+28i+8 = 10+34i$。

$\langle B|A\rangle = [1-3i \quad 4 \quad 8]\begin{bmatrix} 2 \\ -7i \\ 1 \end{bmatrix} = 2-6i-28i+8 = 10-34i$

$= \langle A|B\rangle^*$。

4-24 有二個向量$|\psi\rangle = \begin{bmatrix} \frac{1}{\sqrt{2}} \\ \frac{1}{\sqrt{2}} \end{bmatrix}$；$|\phi\rangle = \begin{bmatrix} \frac{1}{\sqrt{2}} \\ -\frac{1}{\sqrt{2}} \end{bmatrix}$，

[1] 試證二個向量是正交的。

[2] $|\psi\rangle$ 是歸一化的向量嗎？

解：[1] 由 $\langle\psi|\phi\rangle = \begin{bmatrix} \frac{1}{\sqrt{2}} & \frac{1}{\sqrt{2}} \end{bmatrix}\begin{bmatrix} \frac{1}{\sqrt{2}} \\ -\frac{1}{\sqrt{2}} \end{bmatrix} = \frac{1}{2} - \frac{1}{2} = 0$，所以二個向量是正交的。

[2] 由 $\langle\psi|\psi\rangle = \begin{bmatrix} \frac{1}{\sqrt{2}} & \frac{1}{\sqrt{2}} \end{bmatrix}\begin{bmatrix} \frac{1}{\sqrt{2}} \\ \frac{1}{\sqrt{2}} \end{bmatrix} = \frac{1}{2} + \frac{1}{2} = 1$，所以$|\psi\rangle$ 是歸一化的向量。

4-25 有一向量$|u\rangle=\begin{bmatrix}-2x\\3x\\x\end{bmatrix}$，其中$x$為未知實數，則試求$x$，使$|u\rangle$為歸一化向量。

解：若$|u\rangle$爲歸一化向量，則$\langle u|u\rangle=[-2x\ \ 3x\ \ x]\begin{bmatrix}-2x\\3x\\x\end{bmatrix}=4x^2+9x^2+x^2=14x^2=1$，

所以$x=\dfrac{1}{\sqrt{14}}$。

4-26 若$|u_1\rangle$、$|u_2\rangle$、$|u_3\rangle$是一組正交歸一的基底（Orthonormal basis）且$|\psi\rangle=2i|u_1\rangle-3|u_2\rangle+i|u_3\rangle$；$|\phi\rangle=3|u_1\rangle-2|u_2\rangle+4|u_3\rangle$，則

[1] 試求$\langle\psi|$和$\langle\phi|$。

[2] 試證$\langle\phi|\psi\rangle=\langle\psi|\phi\rangle^*$。

[3] 若$a=2+3i$，試求$|a\psi\rangle$。

[4] 試求$|\psi+\phi\rangle$和$|\psi-\phi\rangle$。

解：因爲$|u_1\rangle$、$|u_2\rangle$、$|u_3\rangle$是正交歸一的基底，所以$\langle u_1|u_1\rangle=1$、$\langle u_2|u_2\rangle=1$、$\langle u_3|u_3\rangle=1$、$\langle u_1|u_2\rangle=0$、$\langle u_1|u_3\rangle=0$、$\langle u_2|u_1\rangle=0$、$\langle u_2|u_3\rangle=0$、$\langle u_3|u_1\rangle=0$、$\langle u_3|u_2\rangle=0$，或者可以簡潔的記爲$\langle u_i|u_j\rangle=\delta_{ij}$，其中$i, j=1, 2, 3$。

[1] $\langle\psi|=|\psi\rangle^*$

$$=(2i|u_1\rangle-3|u_2\rangle+i|u_3\rangle)^*$$

$$= -2i\langle u_1| - 3\langle u_2| - i\langle u_3|\text{；}$$

$$\langle\phi| = |\phi\rangle^*$$

$$= (3i|u_1\rangle - 2|u_2\rangle + 4|u_3\rangle)^*$$

$$= 3\langle u_1| - 2\langle u_2| + 4\langle u_3|\text{。}$$

[2] $\langle\phi|\psi\rangle = (3\langle u_1| - 2\langle u_2| + 4\langle u_3|)(2i|u_1\rangle - 3|u_2\rangle + i|u_3\rangle)$

$$= 6i + 6 + 4i$$

$$= 6 + 10i\text{；}$$

$$\langle\psi|\phi\rangle^* = [(-2i\langle u_1| - 3\langle u_2| - i\langle u_3|)(3|u_1\rangle - 2|u_2\rangle + 4|u_3\rangle)]^*$$

$$= [-6i + 6 - 4i]^*$$

$$= [6 - 10i]^*$$

$$= 6 + 10i\text{，}$$

顯然的，$\langle\phi|\psi\rangle = \langle\psi|\phi\rangle^*$。得證。

[3] $|a\psi\rangle = (2+3i)(2i|u_1\rangle - 3|u_2\rangle + i|u_3\rangle)$

$$= (-6+4i)|u_1\rangle + (-6-9i)|u_2\rangle + (-3+2i)|u_3\rangle\text{。}$$

[4] $|\psi+\phi\rangle = [2i|u_i\rangle - 3|u_2\rangle + i|u_3\rangle] + [3|u_1\rangle - 2|u_2\rangle + 4|u_3\rangle]$

$$= (3+2i)|u_1\rangle - 5|u_2\rangle + (4+i)|u_3\rangle\text{。}$$

$$|\psi-\phi\rangle = [2i|u_i\rangle - 3|u_2\rangle + i|u_3\rangle] - [3|u_1\rangle - 2|u_2\rangle + 4|u_3\rangle]$$

$$= (-3+2i)|u_1\rangle - |u_2\rangle + (-4+i)|u_3\rangle\text{。}$$

4-27 若$|u_1\rangle$、$|u_2\rangle$、$|u_3\rangle$是一組正交歸一的基底，則

[1] 若算符 A 的操作為$A|u_1\rangle = 3|u_1\rangle$；$A|u_2\rangle = 2|u_1\rangle - i|u_3\rangle$；$A|u_3\rangle = -|u_3\rangle$，試求算符 A 的矩陣表示。

[2] 試以外積符號（Outer product notation）來表示算符 A。

解：因爲 $|u_1\rangle$、$|u_2\rangle$、$|u_3\rangle$ 是正交歸一的基底，所以 $\langle u_1|u_1\rangle=1$、$\langle u_2|u_2\rangle=1$、$\langle u_3|u_3\rangle=1$、$\langle u_1|u_2\rangle=0$、$\langle u_1|u_3\rangle=0$、$\langle u_2|u_1\rangle=0$、$\langle u_2|u_3\rangle=0$、$\langle u_3|u_1\rangle=0$、$\langle u_3|u_2\rangle=0$，或者可以簡潔的記爲 $\langle u_i|u_j\rangle=\delta_{ij}$，其中 $i, j=1, 2, 3$。

[1] 算符 A 的矩陣表示爲

$$A=\begin{bmatrix} \langle u_1|A|u_1\rangle\langle u_1|A|u_2\rangle\langle u_1|A|u_3\rangle \\ \langle u_2|A|u_1\rangle\langle u_2|A|u_2\rangle\langle u_2|A|u_3\rangle \\ \langle u_3|A|u_1\rangle\langle u_3|A|u_2\rangle\langle u_3|A|u_3\rangle \end{bmatrix}$$

$$=\begin{bmatrix} \langle u_1|3|u_1\rangle\langle u_1|2|u_1\rangle-\langle u_1|i|u_3\rangle\langle u_1|-1|u_2\rangle \\ \langle u_2|3|u_1\rangle\langle u_2|2|u_1\rangle-\langle u_2|i|u_3\rangle\langle u_2|-1|u_2\rangle \\ \langle u_3|3|u_1\rangle\langle u_3|2|u_1\rangle-\langle u_3|i|u_3\rangle\langle u_3|-1|u_2\rangle \end{bmatrix}$$

$$=\begin{bmatrix} 3 & 2 & 0 \\ 0 & 0 & -1 \\ 0 & -i & 0 \end{bmatrix}。$$

[2] 假設 $A=a_1|u_1\rangle\langle u_1|+a_2|u_1\rangle\langle u_2|+a_3|u_1\rangle\langle u_3|+a_4|u_2\rangle\langle u_1|$
$+a_5|u_2\rangle\langle u_2|+a_6|u_2\rangle\langle u_3|+a_7|u_3\rangle\langle u_1|+a_8|u_3\rangle\langle u_2|$
$+a_9|u_3\rangle\langle u_3|$，

且算符 A 的矩陣表示爲

$$A=\begin{bmatrix} 3 & 2 & 0 \\ 0 & 0 & -1 \\ 0 & -i & 0 \end{bmatrix}=\begin{bmatrix} \langle u_1|A|u_1\rangle\langle u_1|A|u_2\rangle\langle u_1|A|u_3\rangle \\ \langle u_2|A|u_1\rangle\langle u_2|A|u_2\rangle\langle u_2|A|u_3\rangle \\ \langle u_3|A|u_1\rangle\langle u_3|A|u_2\rangle\langle u_3|A|u_3\rangle \end{bmatrix},$$

則

$$3=\langle u_1|A|u_1\rangle$$

$$=\langle u_1|\begin{pmatrix} a_1|u_1\rangle\langle u_1|+a_2|u_1\rangle\langle u_2|+a_3|u_1\rangle\langle u_3|+a_4|u_2\rangle\langle u_1|+a_5|u_2\rangle\langle u_2| \\ +a_6|u_2\rangle\langle u_3|+a_7|u_3\rangle\langle u_1|+a_8|u_3\rangle\langle u_2|+a_9|u_3\rangle\langle u_3| \end{pmatrix}|u_1\rangle$$

$$=a_1;$$

$$2=\langle u_1|A|u_2\rangle$$
$$=\langle u_1|\begin{pmatrix}a_1|u_1\rangle\langle u_1|+a_2|u_1\rangle\langle u_2|+a_3|u_1\rangle\langle u_3|+a_4|u_2\rangle\langle u_1|+a_5|u_2\rangle\langle u_2|\\+a_6|u_2\rangle\langle u_3|+a_7|u_3\rangle\langle u_1|+a_8|u_3\rangle\langle u_2|+a_9|u_3\rangle\langle u_3|\end{pmatrix}|u_2\rangle$$
$$=a_2\text{；}$$

$$0=\langle u_1|A|u_3\rangle$$
$$=\langle u_1|\begin{pmatrix}a_1|u_1\rangle\langle u_1|+a_2|u_1\rangle\langle u_2|+a_3|u_1\rangle\langle u_3|+a_4|u_2\rangle\langle u_1|+a_5|u_2\rangle\langle u_2|\\+a_6|u_2\rangle\langle u_3|+a_7|u_3\rangle\langle u_1|+a_8|u_3\rangle\langle u_2|+a_9|u_3\rangle\langle u_3|\end{pmatrix}|u_3\rangle$$
$$=a_3\text{；}$$

$$0=\langle u_2|A|u_1\rangle$$
$$=\langle u_2|\begin{pmatrix}a_1|u_1\rangle\langle u_1|+a_2|u_1\rangle\langle u_2|+a_3|u_1\rangle\langle u_3|+a_4|u_2\rangle\langle u_1|+a_5|u_2\rangle\langle u_2|\\+a_6|u_2\rangle\langle u_3|+a_7|u_3\rangle\langle u_1|+a_8|u_3\rangle\langle u_2|+a_9|u_3\rangle\langle u_3|\end{pmatrix}|u_1\rangle$$
$$=a_4\text{；}$$

$$0=\langle u_2|A|u_2\rangle$$
$$=\langle u_2|\begin{pmatrix}a_1|u_1\rangle\langle u_1|+a_2|u_1\rangle\langle u_2|+a_3|u_1\rangle\langle u_3|+a_4|u_2\rangle\langle u_1|+a_5|u_2\rangle\langle u_2|\\+a_6|u_2\rangle\langle u_3|+a_7|u_3\rangle\langle u_1|+a_8|u_3\rangle\langle u_2|+a_9|u_3\rangle\langle u_3|\end{pmatrix}|u_2\rangle$$
$$=a_5\text{；}$$

$$-1=\langle u_2|A|u_3\rangle$$
$$=\langle u_2|\begin{pmatrix}a_1|u_1\rangle\langle u_1|+a_2|u_1\rangle\langle u_2|+a_3|u_1\rangle\langle u_3|+a_4|u_2\rangle\langle u_1|+a_5|u_2\rangle\langle u_2|\\+a_6|u_2\rangle\langle u_3|+a_7|u_3\rangle\langle u_1|+a_8|u_3\rangle\langle u_2|+a_9|u_3\rangle\langle u_3|\end{pmatrix}|u_3\rangle$$
$$=a_6\text{；}$$

$$0=\langle u_3|A|u_1\rangle$$
$$=\langle u_3|\begin{pmatrix}a_1|u_1\rangle\langle u_1|+a_2|u_1\rangle\langle u_2|+a_3|u_1\rangle\langle u_3|+a_4|u_2\rangle\langle u_1|+a_5|u_2\rangle\langle u_2|\\+a_6|u_2\rangle\langle u_3|+a_7|u_3\rangle\langle u_1|+a_8|u_3\rangle\langle u_2|+a_9|u_3\rangle\langle u_3|\end{pmatrix}|u_1\rangle$$
$$=a_7\text{；}$$

$$-i=\langle u_3|A|u_2\rangle$$
$$=\langle u_3|\begin{pmatrix}a_1|u_1\rangle\langle u_1|+a_2|u_1\rangle\langle u_2|+a_3|u_1\rangle\langle u_3|+a_4|u_2\rangle\langle u_1|+a_5|u_2\rangle\langle u_2|\\+a_6|u_2\rangle\langle u_3|+a_7|u_3\rangle\langle u_1|+a_8|u_3\rangle\langle u_2|+a_9|u_3\rangle\langle u_3|\end{pmatrix}|u_2\rangle$$
$$=a_8\text{；}$$

$$0=\langle u_3|A|u_3\rangle$$
$$=\langle u_3|\begin{pmatrix}a_1|u_1\rangle\langle u_1|+a_2|u_1\rangle\langle u_2|+a_3|u_1\rangle\langle u_3|+a_4|u_2\rangle\langle u_1|+a_5|u_2\rangle\langle u_2|\\+a_6|u_2\rangle\langle u_3|+a_7|u_3\rangle\langle u_1|+a_8|u_3\rangle\langle u_2|+a_9|u_3\rangle\langle u_3|\end{pmatrix}|u_3\rangle$$
$$=a_9,$$

所以算符A外積符號表示爲

$$A=3|u_1\rangle\langle u_1|+2|u_1\rangle\langle u_2|-1|u_2\rangle\langle u_3|-i|u_3\rangle\langle u_2|,$$

我們可以驗證一下

$$A|u_1\rangle=A(3|u_1\rangle\langle u_1|+2|u_1\rangle\langle u_2|-1|u_2\rangle\langle u_3|-i|u_3\rangle\langle u_2|),$$
$$=3|u_1\rangle;$$
$$A|u_2\rangle=A(3|u_1\rangle\langle u_1|+2|u_1\rangle\langle u_2|-1|u_2\rangle\langle u_3|-i|u_3\rangle\langle u_2|),$$
$$=3|u_1\rangle$$
$$=2|u_1\rangle-i|u_3\rangle;$$
$$A|u_3\rangle=A(3|u_1\rangle\langle u_1|+2|u_1\rangle\langle u_2|-1|u_2\rangle\langle u_3|-i|u_3\rangle\langle u_2|)$$
$$=-|u_2\rangle。$$

4-28 現在有二個矩陣，分別為$A=\begin{bmatrix}0&1&0\\1&0&1\\0&1&0\end{bmatrix}$和$B=\begin{bmatrix}1&0&0\\0&0&0\\0&0&-1\end{bmatrix}$，則

[1] 試分別找出A和B的本徵值。

[2] 試由[1]的結果，分別找出A和B的歸一化本徵向量。

[3] 試證A的本徵向量$|a_1\rangle$，$|a_2\rangle$，$|a_3\rangle$是一組正交歸一且完備的基底，即$\langle a_j|a_k\rangle=\delta_{jk}$；且$\sum_{j=1}^{3}|a_j\rangle\langle a_j|=|a_1\rangle\langle a_1|+|a_2\rangle\langle a_2|+|a_3\rangle\langle a_3|=I$，其中$I$是一個$(3\times3)$的單位矩陣，即$I=\begin{bmatrix}1&0&0\\0&1&0\\0&0&1\end{bmatrix}$。

[4] 仿[3]的過程，對 B 作一次。

解：[1] 首先求矩陣 $A=\begin{bmatrix}0&1&0\\1&0&1\\0&1&0\end{bmatrix}$ 的本徵值。

由 $\begin{vmatrix}0-\alpha&1&0\\1&0-\alpha&1\\0&1&0-\alpha\end{vmatrix}=0$，

$\Rightarrow -\alpha^3+\alpha+\alpha=0$，

$\Rightarrow \alpha(\alpha^2-2)=0$。

所以矩陣 A 有三個本徵值，即 $\alpha_1=0$、 $\alpha_2=\sqrt{2}$、$\alpha_3=-\sqrt{2}$。

先求對應於本徵值 $\alpha_1=0$ 的歸一化本徵向量 $|a_1\rangle$，

則由 $\begin{bmatrix}0&1&0\\1&0&1\\0&1&0\end{bmatrix}\begin{bmatrix}a_1^1\\a_1^2\\a_1^3\end{bmatrix}=0\begin{bmatrix}a_1^1\\a_1^2\\a_1^3\end{bmatrix}$，

$\Rightarrow \begin{bmatrix}a_1^2\\a_1^1+a_1^3\\a_1^2\end{bmatrix}=0\begin{bmatrix}a_1^1\\a_1^2\\a_1^3\end{bmatrix}$，

$\Rightarrow \begin{cases}a_1^2=0\\a_1^1+a_1^3=0\end{cases}$，

取 $a_1^1=-1$ 及 $a_1^3=1$，

可得歸一化本徵向量爲 $|a_1\rangle=\frac{1}{\sqrt{2}}\begin{bmatrix}-1\\0\\1\end{bmatrix}$，其中 $\frac{1}{\sqrt{2}}$ 是歸一化係數。

再求對應於本徵值 $\alpha_2=\sqrt{2}$ 的歸一化本徵向量，

則由 $\begin{bmatrix}0&1&0\\1&0&1\\0&1&0\end{bmatrix}\begin{bmatrix}a_2^1\\a_2^2\\a_2^3\end{bmatrix}=\sqrt{2}\begin{bmatrix}a_2^1\\a_2^2\\a_2^3\end{bmatrix}$，

$$\Rightarrow\begin{cases}a_2^2=\sqrt{2}a_2^1\\a_2^1+a_2^3=\sqrt{2}a_2^2,\\a_2^2=\sqrt{2}a_2^3\end{cases}$$

則 $a_2^1=a_2^3$。

令 $a_2^1=a_2^3=1$，則 $a_2^1+a_2^3=1+1=2=\sqrt{2}\,a_2^2$，得 $a_2^2=\sqrt{2}$。

所以歸一化本徵向量爲 $|a_2\rangle=\frac{1}{2}\begin{bmatrix}1\\\sqrt{2}\\1\end{bmatrix}$，其中 $\frac{1}{2}$ 爲歸一化係數。

最後求對應於本徵值 $\alpha_3=-\sqrt{2}$ 的歸一化本徵向量，

則由 $\begin{bmatrix}0&1&0\\1&0&1\\0&1&0\end{bmatrix}\begin{bmatrix}a_3^1\\a_3^2\\a_3^3\end{bmatrix}=-\sqrt{2}\begin{bmatrix}a_3^1\\a_3^2\\a_3^3\end{bmatrix}$，

$$\Rightarrow\begin{cases}a_3^2=-\sqrt{2}a_3^1\\a_3^1+a_3^3=-\sqrt{2}a_3^2,\\a_3^2=-\sqrt{2}a_3^3\end{cases}$$

則 $a_3^1=a_3^3$。

令 $a_3^1=a_3^3=1$，則 $a_3^1+a_3^2=1+1=2=-\sqrt{2}\,a_3^2$，得 $a_3^2=-\sqrt{2}$，

所以歸一化本徵向量爲 $|a_3\rangle=\frac{1}{2}\begin{bmatrix}1\\-\sqrt{2}\\1\end{bmatrix}$，其中 $\frac{1}{2}$ 爲歸一化係數。

其實，我們也可試著尋找矩陣 A 的另外的歸一化本徵向量，如果我們只改變對應於本徵值 $\alpha_1=0$ 的本徵向量 $|a_1\rangle$，則由 $\begin{cases}a_1^2=0\\a_1^1+a_1^3=0\end{cases}$，取 $a_1^1=2$ 且 $a_1^3=-2$，

得 $|a_1\rangle=\frac{1}{\sqrt{8}}\begin{bmatrix}2\\0\\-2\end{bmatrix}$。則 $\langle a_1|a_1\rangle=\frac{1}{\sqrt{8}}[2\quad 0\quad -2]\frac{1}{\sqrt{8}}\begin{bmatrix}2\\0\\-2\end{bmatrix}=1$。

如果 $|a_2\rangle=\frac{1}{2}\begin{bmatrix}1\\\sqrt{2}\\1\end{bmatrix}$ 和 $|a_3\rangle=\frac{1}{2}\begin{bmatrix}1\\-\sqrt{2}\\1\end{bmatrix}$ 不變，

則 $\langle a_1|a_2\rangle=\frac{1}{\sqrt{8}}[2\quad 0\quad -2]\frac{1}{2}\begin{bmatrix}1\\\sqrt{2}\\1\end{bmatrix}=0$；

$\langle a_1|a_3\rangle=\frac{1}{\sqrt{8}}[2\quad 0\quad -2]\frac{1}{2}\begin{bmatrix}1\\-\sqrt{2}\\1\end{bmatrix}=0$。

顯然，只要找到本徵值之後，其所對應的本徵向量自然就會滿足正交關係。

[2] 矩陣 $B=\begin{bmatrix}1&0&0\\0&0&0\\0&0&-1\end{bmatrix}$ 的本徵值爲 $\beta_1=1$、$\beta_2=0$、$\beta_3=-1$，且其分別對應的歸一化本徵值爲 $|b_1\rangle=\begin{bmatrix}1\\0\\0\end{bmatrix}$、$|b_2\rangle=\begin{bmatrix}0\\1\\0\end{bmatrix}$、$|b_3\rangle=\begin{bmatrix}0\\0\\1\end{bmatrix}$。

[3] 先證明 $|a_1\rangle$、$|a_2\rangle$、$|a_3\rangle$ 是正交歸一的，

即 $\langle a_1|a_1\rangle=\frac{1}{\sqrt{2}}[-1\quad 0\quad 1]\frac{1}{2}\begin{bmatrix}-1\\0\\1\end{bmatrix}=1$；

$\langle a_2|a_2\rangle=\frac{1}{2}[1\quad \sqrt{2}\quad 1]\frac{1}{2}\begin{bmatrix}1\\\sqrt{2}\\1\end{bmatrix}=1$；

$\langle a_3|a_3\rangle=\frac{1}{2}[1\quad -\sqrt{2}\quad 1]\frac{1}{2}\begin{bmatrix}1\\-\sqrt{2}\\1\end{bmatrix}=1$，

且 $\langle a_1|a_2\rangle=\langle a_2|a_1\rangle^*=\frac{1}{\sqrt{2}}[-1\quad 0\quad 1]\frac{1}{2}\begin{bmatrix}1\\\sqrt{2}\\1\end{bmatrix}=0$；

$$\langle a_1|a_3\rangle = \langle a_3|a_1\rangle^* = \frac{1}{\sqrt{2}}[-1 \quad 0 \quad 1]\frac{1}{2}\begin{bmatrix}1\\-\sqrt{2}\\1\end{bmatrix}=0；$$

$$\langle a_2|a_3\rangle = \langle a_3|a_2\rangle^* = \frac{1}{2}[1 \quad \sqrt{2} \quad 1]\frac{1}{2}\begin{bmatrix}1\\-\sqrt{2}\\1\end{bmatrix}=0。$$

再證明這組基底的完備性，即

$$\sum_{j=1}^{3}|a_j\rangle\langle a_j| = |a_1\rangle\langle a_1| + |a_2\rangle\langle a_2| + |a_3\rangle\langle a_3|$$

$$=\frac{1}{2}\begin{bmatrix}1 & 0 & -1\\0 & 0 & 0\\-1 & 0 & 1\end{bmatrix}+\frac{1}{4}\begin{bmatrix}1 & \sqrt{2} & 1\\\frac{1}{\sqrt{2}} & 2 & \sqrt{2}\\1 & \sqrt{2} & 1\end{bmatrix}+\frac{1}{4}\begin{bmatrix}1 & -\sqrt{2} & 1\\-\sqrt{2} & 2 & -\sqrt{2}\\1 & -\sqrt{2} & 1\end{bmatrix}$$

$$=\begin{bmatrix}1 & 0 & 0\\0 & 1 & 0\\0 & 0 & 1\end{bmatrix}。$$

[4]　相似的步驟，亦可證明 $\langle b_1|b_1\rangle=1$；$\langle b_2|b_2\rangle=1$；$\langle b_3|b_3\rangle=1$；$\langle b_1|b_2\rangle=\langle b_2|b_1\rangle^*=0$；$\langle b_1|b_3\rangle=\langle b_3|b_1\rangle^*=0$；$\langle b_2|b_3\rangle=\langle b_3|b_2\rangle^*=0$，且 $\sum_{j=1}^{3}|b_j\rangle\langle b_j|=\begin{bmatrix}1 & 0 & 0\\0 & 1 & 0\\0 & 0 & 1\end{bmatrix}$。

4-29　我們來看看不同基底的算符表示是否相同。

若有一算符 $\hat{A}$，作用在基底 $\{|u_1\rangle, |u_2\rangle, |u_3\rangle\}$ 的操作為

$$\hat{A}|u_i\rangle=\hat{A}\begin{bmatrix}x_i\\y_i\\z_i\end{bmatrix}=\begin{bmatrix}x_i-2y_i+z_i\\3x_i-4z_i\\y_i+z_i\end{bmatrix},$$

試分別找出以二組不同基底 $\left\{\begin{bmatrix}1\\0\\0\end{bmatrix},\begin{bmatrix}0\\1\\0\end{bmatrix},\begin{bmatrix}0\\0\\1\end{bmatrix}\right\}$ **和** $\left\{\begin{bmatrix}1\\1\\0\end{bmatrix},\begin{bmatrix}1\\0\\1\end{bmatrix},\begin{bmatrix}0\\0\\1\end{bmatrix}\right\}$ **的算符** $\hat{A}$ **矩陣表示。**

解：[1] 先看看的基底 $\left\{\begin{bmatrix}1\\0\\0\end{bmatrix},\begin{bmatrix}0\\1\\0\end{bmatrix},\begin{bmatrix}0\\0\\1\end{bmatrix}\right\}$ 條件。

設 $|u_1\rangle=\begin{bmatrix}1\\0\\0\end{bmatrix}$；$|u_2\rangle=\begin{bmatrix}0\\1\\0\end{bmatrix}$；$|u_3\rangle=\begin{bmatrix}0\\0\\1\end{bmatrix}$，

則正交歸一的條件爲

$$\langle u_1|u_1\rangle=[1\quad 0\quad 0]\begin{bmatrix}1\\0\\0\end{bmatrix}=1\ ;$$

$$\langle u_2|u_2\rangle=[0\quad 1\quad 0]\begin{bmatrix}0\\1\\0\end{bmatrix}=1\ ;$$

$$\langle u_3|u_3\rangle=[0\quad 0\quad 1]\begin{bmatrix}0\\0\\1\end{bmatrix}=1\ ;$$

$$\langle u_1|u_2\rangle=\langle u_2|u_1\rangle=[1\quad 0\quad 0]\begin{bmatrix}0\\1\\0\end{bmatrix}=0\ ;$$

$$\langle u_1|u_3\rangle=\langle u_3|u_1\rangle^*=[1\quad 0\quad 0]\begin{bmatrix}0\\0\\1\end{bmatrix}=0\ ;$$

$$\langle u_2|u_3\rangle=\langle u_3|u_2\rangle^*=[0\quad 1\quad 0]\begin{bmatrix}0\\0\\1\end{bmatrix}=0\ ;$$

$$|u_1\rangle\langle u_1|+|u_2\rangle\langle u_2|+|u_3\rangle\langle u_3|$$

$$=\begin{bmatrix}1\\0\\0\end{bmatrix}[1\quad 0\quad 0]+\begin{bmatrix}0\\1\\0\end{bmatrix}[0\quad 1\quad 0]+\begin{bmatrix}0\\0\\1\end{bmatrix}[0\quad 0\quad 1]$$

$$=\begin{bmatrix}1&0&0\\0&0&0\\0&0&0\end{bmatrix}+\begin{bmatrix}0&0&0\\0&1&0\\0&0&0\end{bmatrix}+\begin{bmatrix}0&0&0\\0&0&0\\0&0&1\end{bmatrix}$$

$$=\begin{bmatrix}1&0&0\\0&1&0\\0&0&1\end{bmatrix},$$

二個條件都是滿足的，所以是一組正交歸一的基底。

則以 $\left\{\begin{bmatrix}1\\0\\0\end{bmatrix},\begin{bmatrix}0\\1\\0\end{bmatrix},\begin{bmatrix}0\\0\\1\end{bmatrix}\right\}$ 爲基底的算符矩陣表示爲

$$\hat{A}=\begin{bmatrix}\langle u_1|\hat{A}|u_1\rangle & \langle u_1|\hat{A}|u_2\rangle & \langle u_1|\hat{A}|u_3\rangle\\ \langle u_2|\hat{A}|u_1\rangle & \langle u_2|\hat{A}|u_2\rangle & \langle u_2|\hat{A}|u_3\rangle\\ \langle u_3|\hat{A}|u_1\rangle & \langle u_3|\hat{A}|u_3\rangle & \langle u_3|\hat{A}|u_3\rangle\end{bmatrix},$$

由 $\hat{A}|u_1\rangle=\hat{A}\begin{bmatrix}1\\0\\0\end{bmatrix}=\begin{bmatrix}1\\3\\0\end{bmatrix}=|u_1\rangle+3|u_2\rangle$；

$$\hat{A}|u_2\rangle=\hat{A}\begin{bmatrix}0\\1\\0\end{bmatrix}=\begin{bmatrix}-2\\0\\1\end{bmatrix}=-2|u_1\rangle+|u_3\rangle\ ;$$

$$\hat{A}|u_3\rangle=\hat{A}\begin{bmatrix}0\\0\\1\end{bmatrix}=\begin{bmatrix}1\\-4\\1\end{bmatrix}=|u_1\rangle-4|u_2\rangle+|u_3\rangle,$$

所以可得以基底 $\left\{\begin{bmatrix}1\\0\\0\end{bmatrix},\begin{bmatrix}0\\1\\0\end{bmatrix},\begin{bmatrix}0\\0\\1\end{bmatrix}\right\}$ 的算符 $\hat{A}$ 矩陣表示爲 $\hat{A}=\begin{bmatrix}1&-2&1\\3&0&-4\\0&1&1\end{bmatrix}$。

[2] 先看看基底 $\begin{bmatrix}1\\1\\0\end{bmatrix}$，$\begin{bmatrix}1\\0\\1\end{bmatrix}$，$\begin{bmatrix}0\\1\\1\end{bmatrix}$ 的特性。

設 $|u_1\rangle=\begin{bmatrix}1\\1\\0\end{bmatrix}$；$|u_2\rangle=\begin{bmatrix}1\\0\\1\end{bmatrix}$；$|u_3\rangle=\begin{bmatrix}0\\1\\1\end{bmatrix}$，

很明顯的，$\left\{\begin{bmatrix}1\\1\\0\end{bmatrix},\begin{bmatrix}1\\0\\1\end{bmatrix},\begin{bmatrix}0\\1\\1\end{bmatrix}\right\}$，因爲不滿足正變歸一性，也不滿足封閉性，所以這不是一組正變歸一的基底，則以 $|u_1\rangle$、$|u_2\rangle$、$|u_3\rangle$ 爲基底的算符矩陣表示爲

$$\hat{A}=\begin{bmatrix}\langle u_1|\hat{A}|u_1\rangle & \langle u_1|\hat{A}|u_2\rangle & \langle u_1|\hat{A}|u_3\rangle\\ \langle u_2|\hat{A}|u_1\rangle & \langle u_2|\hat{A}|u_2\rangle & \langle u_2|\hat{A}|u_3\rangle\\ \langle u_3|\hat{A}|u_1\rangle & \langle u_3|\hat{A}|u_2\rangle & \langle u_3|\hat{A}|u_3\rangle\end{bmatrix}。$$

由
$$\hat{A}|u_1\rangle=\hat{A}\begin{bmatrix}1\\1\\0\end{bmatrix}=\begin{bmatrix}-1\\3\\1\end{bmatrix}=a_{11}|u_1\rangle+a_{12}|u_2\rangle+a_{13}|u_3\rangle$$

$$=a_{11}\begin{bmatrix}1\\1\\0\end{bmatrix}+a_{12}\begin{bmatrix}1\\0\\1\end{bmatrix}+a_{13}\begin{bmatrix}0\\1\\1\end{bmatrix};$$

$$\hat{A}|u_2\rangle=\hat{A}\begin{bmatrix}1\\0\\1\end{bmatrix}=\begin{bmatrix}2\\-1\\1\end{bmatrix}=a_{21}|u_1\rangle+a_{22}|u_2\rangle+a_{23}|u_3\rangle$$

$$=a_{21}\begin{bmatrix}1\\1\\0\end{bmatrix}+a_{22}\begin{bmatrix}1\\0\\1\end{bmatrix}+a_{23}\begin{bmatrix}0\\1\\1\end{bmatrix};$$

$$\hat{A}|u_3\rangle=\hat{A}\begin{bmatrix}0\\1\\1\end{bmatrix}=\begin{bmatrix}-1\\-4\\2\end{bmatrix}=a_{31}|u_1\rangle+a_{32}|u_2\rangle+a_{33}|u_3\rangle$$

$$=a_{31}\begin{bmatrix}1\\1\\0\end{bmatrix}+a_{32}\begin{bmatrix}1\\0\\1\end{bmatrix}+a_{33}\begin{bmatrix}0\\1\\1\end{bmatrix}。$$

接著要找出 a_{ij}，其中 $i, j=1, 2, 3$。

由 $\begin{cases}a_{11}+a_{12}=-1\\a_{11}+a_{13}=3\\a_{12}+a_{13}=1\end{cases}$，

$$\Rightarrow a_{11}+a_{12}+a_{13}=\frac{3}{2}，$$

$$\Rightarrow\begin{cases}a_{11}=\dfrac{1}{2}\\a_{12}=-\dfrac{3}{2}\\a_{13}=+\dfrac{5}{2}\end{cases}。$$

由 $\begin{cases}a_{21}+a_{22}=2\\a_{21}+a_{23}=-1\\a_{22}+a_{23}=1\end{cases}$，

$$\Rightarrow a_{21}+a_{22}+a_{23}=1，$$

$$\Rightarrow\begin{cases}a_{21}=0\\a_{22}=2\\a_{23}=-1\end{cases}。$$

由 $\begin{cases}a_{31}+a_{32}=-1\\a_{31}+a_{33}=-4\\a_{32}+a_{33}=2\end{cases}$，

$$\Rightarrow a_{31}+a_{32}+a_{33}=-\frac{3}{2}$$

$$\Rightarrow\begin{cases}a_{31}=-\dfrac{7}{2}\\a_{32}=\dfrac{5}{2}\\a_{33}=-\dfrac{1}{2}\end{cases}，$$

則 $\hat{A}|u_1\rangle = \frac{1}{2}\begin{bmatrix}1\\1\\0\end{bmatrix} - \frac{3}{2}\begin{bmatrix}1\\0\\1\end{bmatrix} + \frac{5}{2}\begin{bmatrix}0\\1\\1\end{bmatrix}$；

$$\hat{A}|u_2\rangle = 0\begin{bmatrix}1\\1\\0\end{bmatrix} + 2\begin{bmatrix}1\\0\\1\end{bmatrix} - \begin{bmatrix}0\\1\\1\end{bmatrix}；$$

$$\hat{A}|u_3\rangle = -\frac{7}{2}\begin{bmatrix}1\\1\\0\end{bmatrix} + \frac{5}{2}\begin{bmatrix}1\\0\\1\end{bmatrix} - \frac{1}{2}\begin{bmatrix}0\\1\\1\end{bmatrix}，$$

即以基底 $\left\{\begin{bmatrix}1\\1\\0\end{bmatrix},\begin{bmatrix}1\\0\\1\end{bmatrix},\begin{bmatrix}0\\1\\1\end{bmatrix}\right\}$ 的算符 $\hat{A}$ 矩陣表示爲 $\hat{A}=\begin{bmatrix}\frac{1}{2} & 0 & -\frac{7}{2}\\ \frac{-3}{2} & 2 & \frac{5}{2}\\ \frac{5}{2} & -1 & -\frac{1}{2}\end{bmatrix}$。

我們可以驗證一下[1]的結果[2]的結果是否有$[2]=T^{-1}[1]T$，其中T爲不同基底 $\left\{\begin{bmatrix}1\\1\\0\end{bmatrix},\begin{bmatrix}1\\0\\1\end{bmatrix},\begin{bmatrix}0\\1\\1\end{bmatrix}\right\}$ 和 $\left\{\begin{bmatrix}1\\0\\0\end{bmatrix},\begin{bmatrix}0\\1\\0\end{bmatrix},\begin{bmatrix}0\\0\\1\end{bmatrix}\right\}$ 之間的轉換矩陣，其作法爲

$$\begin{bmatrix}1\\1\\0\end{bmatrix} = 1\begin{bmatrix}1\\0\\0\end{bmatrix} + 1\begin{bmatrix}0\\1\\0\end{bmatrix} + 0\begin{bmatrix}0\\0\\1\end{bmatrix}；$$

$$\begin{bmatrix}1\\0\\1\end{bmatrix} = 1\begin{bmatrix}1\\0\\0\end{bmatrix} + 0\begin{bmatrix}0\\1\\0\end{bmatrix} + 1\begin{bmatrix}0\\0\\1\end{bmatrix}；$$

$$\begin{bmatrix}0\\1\\1\end{bmatrix} = 0\begin{bmatrix}1\\0\\0\end{bmatrix} + 1\begin{bmatrix}0\\1\\0\end{bmatrix} + 0\begin{bmatrix}0\\0\\1\end{bmatrix}。$$

所以轉換矩陣爲 $T=\begin{bmatrix}1&1&0\\1&0&1\\0&1&1\end{bmatrix}$，所以 $T^{-1}=\frac{1}{2}\begin{bmatrix}1&1&-1\\1&-1&1\\-1&1&1\end{bmatrix}$，

則　$[2]=T^{-1}[1]T$

$$=T^{-1}\begin{bmatrix}1&-2&1\\3&0&-4\\0&1&1\end{bmatrix}T$$

$$=\frac{1}{2}\begin{bmatrix}1&1&-1\\1&-1&1\\-1&1&1\end{bmatrix}\begin{bmatrix}1&-2&1\\3&0&-4\\0&1&1\end{bmatrix}\begin{bmatrix}1&1&0\\1&0&1\\0&1&1\end{bmatrix}$$

$$=\frac{1}{2}\begin{bmatrix}4&-3&-4\\-2&-1&6\\2&3&-4\end{bmatrix}\begin{bmatrix}1&1&0\\1&0&1\\0&1&1\end{bmatrix}$$

$$=\frac{1}{2}\begin{bmatrix}1&0&-7\\-3&4&5\\5&-2&-1\end{bmatrix}$$

$$=\begin{bmatrix}\frac{1}{2}&0&-\frac{7}{2}\\\frac{-3}{2}&2&\frac{5}{2}\\\frac{5}{2}&-1&-\frac{1}{2}\end{bmatrix}=[2]。$$

4-30　現在三個正交歸一的本徵態為 $|\phi_1\rangle$，$|\phi_2\rangle$，$|\phi_3\rangle$ 和算符 $\hat{B}$ 作用的關係為 $\hat{B}|\phi_n\rangle=n^2|\phi_n\rangle$，其中 $n=1, 2, 3$，則

[1]　若有一個狀態 $|\psi\rangle$ 是由 $|\phi_1\rangle$，$|\phi_2\rangle$，$|\phi_3\rangle$ 所構成，

$$|\psi\rangle=\frac{1}{\sqrt{2}}|\phi_1\rangle+\frac{1}{\sqrt{5}}|\phi_2\rangle+\frac{1}{\sqrt{7}}|\phi_3\rangle$$

請將 $|\psi\rangle$ 作歸一化。

[2]　試求 $\langle B\rangle$。

解：[1] $\langle\psi|\psi\rangle$

$$=\left(\frac{1}{\sqrt{2}}\langle\phi_1|+\frac{1}{\sqrt{5}}\langle\phi_2|+\frac{1}{\sqrt{7}}\langle\phi_3|\right)\left(\frac{1}{\sqrt{2}}|\phi_1\rangle+\frac{1}{\sqrt{5}}|\phi_2\rangle+\frac{1}{\sqrt{7}}|\phi_3\rangle\right)$$

$$=\frac{1}{2}+\frac{1}{5}+\frac{1}{7}$$

$$=\frac{35+14+10}{70}$$

$$=\frac{59}{70}\text{，}$$

所以歸一化常數爲$\sqrt{\frac{59}{70}}$，所以歸一化的狀態爲

$$|\psi\rangle=\sqrt{\frac{35}{59}}|\phi_1\rangle+\sqrt{\frac{14}{59}}|\phi_2\rangle+\sqrt{\frac{10}{59}}|\phi_3\rangle\text{。}$$

[2] $\langle B\rangle=\langle\psi|\hat{B}|\psi\rangle$

$$=\frac{70}{59}\left(\frac{1}{\sqrt{2}}\langle\phi_1|+\frac{1}{\sqrt{5}}\langle\phi_2|+\frac{1}{\sqrt{7}}\langle\phi_3|\right)\hat{B}\left(\frac{1}{\sqrt{2}}|\phi_1\rangle+\frac{1}{\sqrt{5}}|\phi_2\rangle+\frac{1}{\sqrt{7}}|\phi_3\rangle\right)$$

$$=\frac{70}{59}\left(\frac{1}{\sqrt{2}}\langle\phi_1|1^2|\phi_1\rangle+\frac{1}{\sqrt{5}}\langle\phi_2|2^2|\phi_2\rangle+\frac{1}{\sqrt{7}}\langle\phi_3|3^2|\phi_3\rangle\right)$$

$$=1^1+2^2+3^3$$

$$=14\text{。}$$

4-31 粒子的能量為E，處於如圖所示的位能中，則試以 Schrödinger 方程式求出能量方程式。

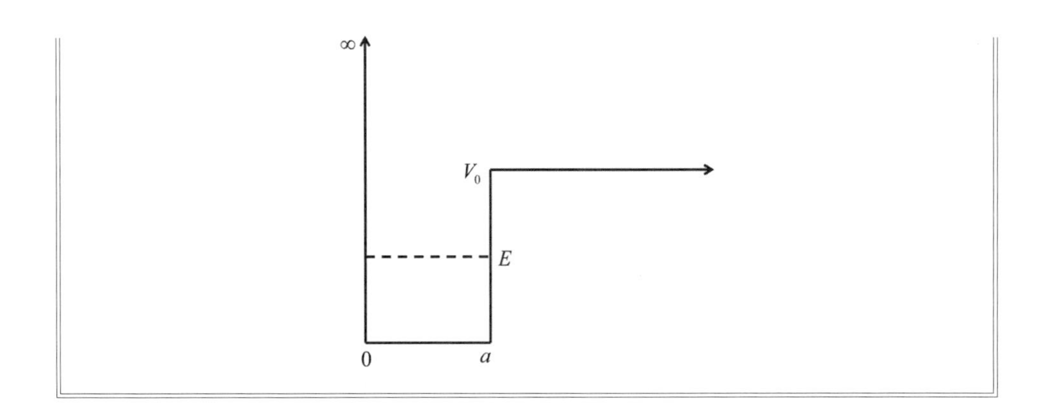

解：先將位能畫分成兩個區域，如圖所示。

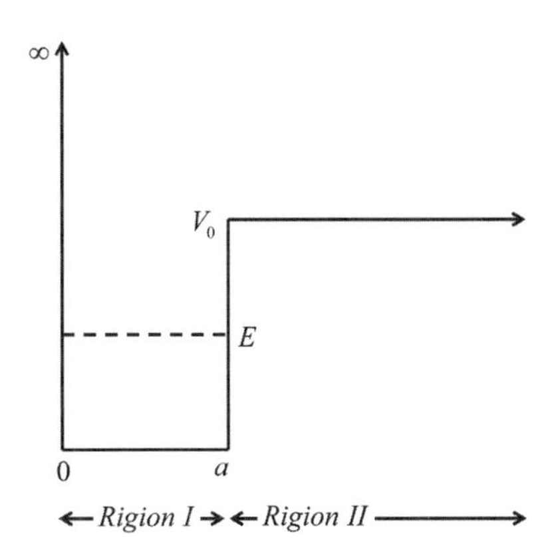

粒子在第一個區域的陷入位能井中，本徵函數爲束縛態，Schrödinger 方程式爲 $\frac{d^2\psi_I}{dx^2}+\frac{2mE}{\hbar^2}\psi_I=0$。

令 $k^2=\frac{2mE}{\hbar^2}$，則本徵函數爲 $\psi_I(x)=A\cos(kx)+B\sin(kx)$，其中 A 和 B 爲常數。

粒子在第二個區域穿透位能障，本徵函數是衰減的散射態，Schrödinger 方程式爲徵函數爲 $\frac{d^2\psi_{II}}{dx^2}+\frac{2m(E-V_0)}{\hbar^2}\psi_{II}=0$，

令 $q^2=\frac{2m}{\hbar^2}(V_0-E)$，則本徵函數爲 $\psi=Ce^{-qx}$，其中 C 爲常數。

考慮邊界條件。因爲當 $x=0$，位能 $V(0)=\infty$，所以 $\psi(0)=0$，則 $A=0$。

由定理知在 $\psi(a)$ 連續，即 $\psi_I(a)=\psi_{II}(a)$，則 $B\sin(ka)=Ce^{-qa}$。

在 $\frac{d}{dx}\psi(a)$ 連續，即 $\frac{d}{dx}\psi_I\left(\frac{L}{2}\right)=\frac{d}{dx}\psi_{II}\left(\frac{L}{2}\right)$，則 $Bk\cos(ka)=-qCe^{-qa}$

相除消去 B 和 C 參數可得能量方程式爲

$k\cot(ka)=-q$，其中 $k^2=\frac{2mE}{\hbar^2}$，$q^2=\frac{2m}{\hbar^2}(V_0-E)$。

4-32 粒子的能量為 E，處於如圖所示的位能中，則試以 Schrödinger 方程式求出能量方程式。

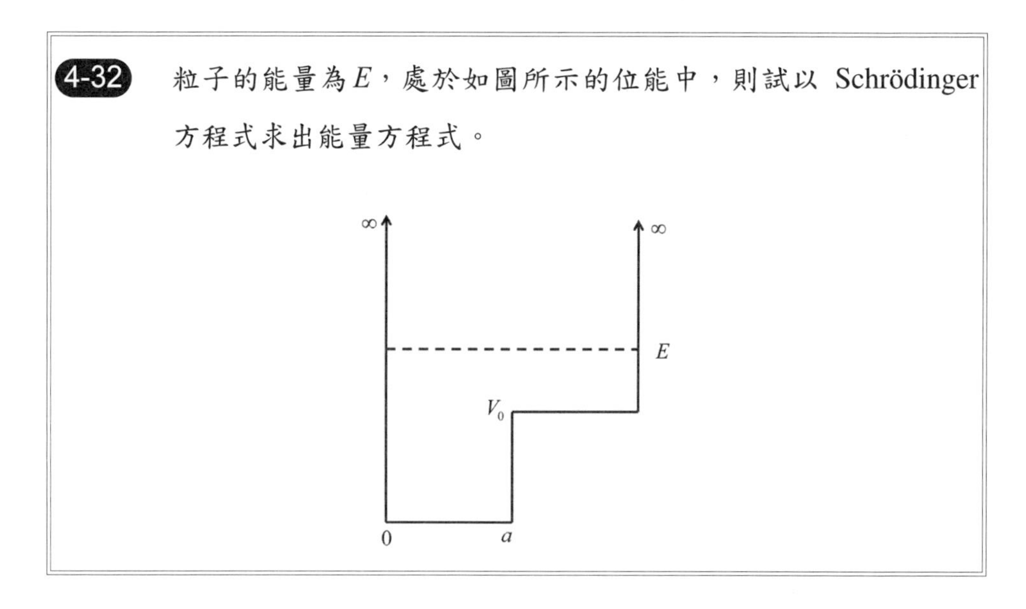

解：先將位能畫分成兩個區域，如圖所示。

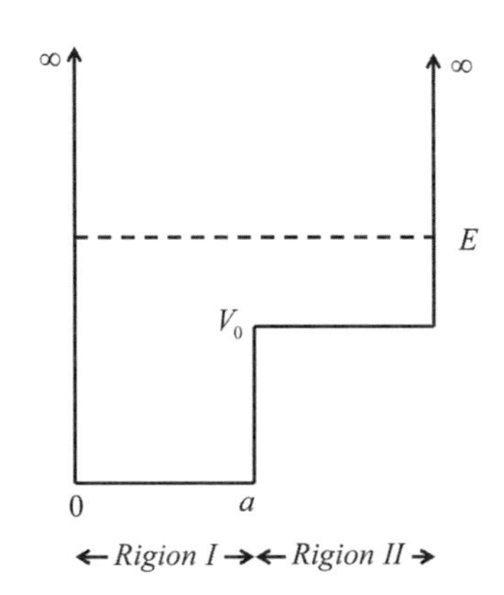

在第一個區域的 Schrödinger 方程式爲 $\frac{d^2\psi_I}{dx^2}+\frac{2mE}{\hbar^2}\psi_I=0$。

令 $k^2=\frac{2mE}{\hbar^2}$，則本徵函數爲 $\psi_I(x)=A\cos(kx)+B\sin(kx)$，其中 A 和 B 爲常數。在第二個區域的Schrödinger方程式爲 $\frac{d^2\psi_{II}}{dx^2}+\frac{2m}{\hbar^2}(E-V_0)\psi_{II}=0$。

令 $q^2=\frac{2m}{\hbar^2}(E-V_0)$，且本徵函數爲 $\psi_{II}=C\cos(qx)+D\sin(qx)$，其中 C 和 D 爲常數。

由邊界條件爲 $\psi(0)=0$，則 $A=0$；

$\psi(L)=0$，則 $C\cos(qL)+D\sin(qL)=0\Rightarrow C=-D\tan(qL)$，

且由 $\psi\left(\frac{L}{2}\right)$ 連續，即 $\psi_I\left(\frac{L}{2}\right)=\psi_{II}\left(\frac{L}{2}\right)$，

則 $$B\sin\left(\frac{kL}{2}\right)=C\cos\left(\frac{qL}{2}\right)+D\sin\left(\frac{qL}{2}\right)；$$

由 $\frac{d}{dx}\psi\left(\frac{L}{2}\right)$ 連續，即 $\frac{d}{dx}\psi_I\left(\frac{L}{2}\right)=\frac{d}{dx}\psi_{II}\left(\frac{L}{2}\right)$，

則 $$Bk\cos\left(\frac{kL}{2}\right)=-qC\sin\left(\frac{qL}{2}\right)+qD\cos\left(\frac{qL}{2}\right)；$$

相除得 $$\frac{1}{k}\tan\left(\frac{kL}{2}\right)=\frac{-\tan(qL)+\tan\left(\frac{qL}{2}\right)}{q\left[\tan(qL)\tan\left(\frac{qL}{2}\right)+1\right]}$$

$$=\frac{-1}{q}\tan\left(\frac{qL}{2}\right),$$

所以能量方程式為$\dfrac{\tan\dfrac{kL}{2}}{\tan\dfrac{qL}{2}}=-\dfrac{k}{q}$。

第五章　角動量習題與解答

5-1　試證明角動量算符表示。

[1] $\hat{L}_x = -i\hbar\left[-\sin\phi\frac{\partial}{\partial\theta} - \cot\theta\cos\phi\frac{\partial}{\partial\phi}\right]$；

$\hat{L}_y = -i\hbar\left[\cos\phi\frac{\partial}{\partial\theta} - \cot\theta\sin\phi\frac{\partial}{\partial\phi}\right]$。

[2] $\hat{L}_+ = \hat{L}_x + i\hat{L}_y = \hbar e^{-i\phi}\left(\frac{\partial}{\partial\theta} + i\cot\theta\frac{\partial}{\partial\phi}\right)$；

$\hat{L}_- = \hat{L}_x - i\hat{L}_y = -\hbar e^{-i\phi}\left(\frac{\partial}{\partial\theta} - i\cot\theta\frac{\partial}{\partial\phi}\right)$。

[3] $\hat{L}^2 = -\hbar^2\left[\frac{\partial}{\sin\theta\partial\theta}\left(\sin\theta\frac{\partial}{\partial\theta}\right) + \frac{\partial^2}{\sin^2\theta\partial\phi^2}\right]$

或 $\hat{L}^2 = -\hbar^2\left[\cot\theta\frac{\partial}{\partial\theta} + \frac{\partial^2}{\partial\theta^2} + \frac{\partial^2}{\sin^2\theta\partial\phi^2}\right]$。

解：[1] 由 $\vec{L} = \frac{\hbar}{i}\hat{e}_\theta\frac{-\partial}{\sin\theta\partial\phi} + \frac{\hbar}{i}\hat{e}_\phi\frac{\partial}{\partial\theta}$

$= -i\hbar\left(\hat{e}_\phi\frac{\partial}{\partial\theta} - \hat{e}_\theta\frac{1}{\sin\theta}\frac{\partial}{\partial\phi}\right)$

$= \hat{x}L_x + \hat{y}L_y + \hat{z}L_z$。

當然可以用微積分的連鎖規則求出L_x和L_y，但是現在我們採用另一個方法。x和y方向的單位向量分別為

$\hat{x} = \hat{e}_r\sin\theta\cos\phi + \hat{e}_\theta\cos\theta\cos\phi - \hat{e}_\phi\sin\phi$；

$\hat{y} = \hat{e}_r\sin\theta\sin\phi + \hat{e}_\theta\cos\theta\cos\phi + \hat{e}_\phi\cos\phi$。

所以$L_x = \hat{x}\cdot\vec{L}$

$= (\hat{e}_r\sin\theta\cos\phi + \hat{e}_\theta\cos\theta\cos\phi - \hat{e}_\phi\sin\phi)\cdot\left[-i\hbar\left(\hat{e}_\phi\frac{\partial}{\partial\theta} - \hat{e}_\theta\frac{1}{\sin\theta}\frac{\partial}{\partial\phi}\right)\right]$

$$=-i\hbar\left[-\sin\phi\frac{\partial}{\partial\theta}-\cos\theta\cos\phi\frac{1}{\sin\theta}\frac{\partial}{\partial\theta}\right]$$

$$=-i\hbar\left[-\sin\phi\frac{\partial}{\partial\theta}-\cot\theta\cos\phi\frac{\partial}{\partial\phi}\right]$$ 。得証。

同理 $L_y=\hat{y}\cdot\vec{L}$

$$=(\hat{e}_r\sin\theta\sin\phi+\hat{e}_\theta\cos\theta\cos\phi+\hat{e}_\phi\cos\phi)\cdot\left[-i\hbar\left(\hat{e}_\phi\frac{\partial}{\partial\theta}-\hat{e}_\theta\frac{1}{\sin\theta}\frac{\partial}{\partial\phi}\right)\right]$$

$$=-i\hbar\left[\cos\phi\frac{\partial}{\partial\theta}-\cos\theta\sin\phi\frac{1}{\sin\theta}\frac{\partial}{\partial\phi}\right]$$

$$=-i\hbar\left[\cos\phi\frac{\partial}{\partial\theta}-\cot\theta\sin\phi\frac{\partial}{\partial\phi}\right]$$ 。得証。

[2] 由 $\hat{L}_x=-i\hbar\left[-\sin\phi\frac{\partial}{\partial\theta}-\cot\theta\cos\phi\frac{\partial}{\partial\phi}\right]$ 且 $\hat{L}_y=-i\hbar\left[\cos\phi\frac{\partial}{\partial\theta}-\cot\theta\sin\phi\frac{\partial}{\partial\phi}\right]$，

代入 $\hat{L}_\pm=\hat{L}_x\pm i\hat{L}_y$

$$=-i\hbar\left[\left(-\sin\phi\frac{\partial}{\partial\theta}-\cot\theta\cos\phi\frac{\partial}{\partial\phi}\right)\pm i\left(\cos\phi\frac{\partial}{\partial\theta}-\cot\theta\sin\phi\frac{\partial}{\partial\phi}\right)\right]$$

$$=-i\hbar\left[(-\sin\phi\pm i\cos\phi)\frac{\partial}{\partial\theta}-\cot\theta(\cos\phi\pm i\sin\phi)\frac{\partial}{\partial\phi}\right]$$

$$=\hbar\left[(i\sin\phi\pm\cos\phi)\frac{\partial}{\partial\theta}+i\cot\theta(\cos\phi\pm i\sin\phi)\frac{\partial}{\partial\phi}\right]$$

$$=\hbar\left[\pm e^{\pm i\phi}\frac{\partial}{\partial\theta}+i\cot\theta e^{\pm i\phi}\frac{\partial}{\partial\phi}\right]$$

$$=\hbar e^{\pm i\phi}\left(\pm\frac{\partial}{\partial\theta}+i\cot\theta\frac{\partial}{\partial\phi}\right)$$ 。

即

$$\hat{L}_+=\hat{L}_x+i\hat{L}_y=\hbar e^{i\phi}\left(\frac{\partial}{\partial\theta}+i\cot\theta\frac{\partial}{\partial\phi}\right)$$ ；

$$\hat{L}_-=\hat{L}_x-i\hat{L}_y=-\hbar e^{-i\phi}\left(\frac{\partial}{\partial\theta}-i\cot\theta\frac{\partial}{\partial\phi}\right)$$ 。

得証。

[3] 由 $\hat{L}=-i\hbar\left(\hat{e}_\phi\frac{\partial}{\partial\theta}-\hat{e}_\theta\frac{1}{\sin\theta}\frac{\partial}{\partial\phi}\right)$，

且 $\frac{\partial}{\partial r}\hat{e}_r=0$；$\frac{\partial}{\partial r}\hat{e}_\theta=0$；$\frac{\partial}{\partial r}\hat{e}_\phi=0$；

$$\frac{\partial}{\partial\theta}\hat{e}_r=\hat{e}_\theta\text{；}\frac{\partial}{\partial\theta}\hat{e}_\theta=-\hat{e}_r\text{；}\frac{\partial}{\partial\theta}\hat{e}_\phi=0\text{；}$$

$$\frac{\partial}{\partial\phi}\hat{e}_r=\hat{e}_\phi\sin\theta\text{；}\frac{\partial}{\partial\phi}\hat{e}_\theta=\hat{e}_\phi\cos\theta\text{；}\frac{\partial}{\partial\phi}\hat{e}_\phi=-\hat{e}_r\sin\theta-\hat{e}_\theta\cos\theta\text{，}$$

則 $\hat{L}^2=\left[-i\hbar\left(\hat{e}_\phi\frac{\partial}{\partial\theta}-\hat{e}_\theta\frac{1}{\sin\theta}\frac{\partial}{\partial\phi}\right)\right]\cdot\left[-i\hbar\left(\hat{e}_\phi\frac{\partial}{\partial\theta}-\hat{e}_\theta\frac{1}{\sin\theta}\frac{\partial}{\partial\phi}\right)\right]$

$$=-\hbar^2\left[\frac{1}{\sin\theta}\frac{\partial}{\partial\theta}\left(\sin\theta\frac{\partial}{\partial\theta}\right)+\frac{1}{\sin^2\theta}\frac{\partial^2}{\partial\phi^2}\right]$$

$$=-\hbar^2\left[\frac{1}{\sin\theta}\frac{\partial\sin\theta}{\partial\theta}\frac{\partial}{\partial\theta}+\frac{1}{\sin\theta}\sin\theta\frac{\partial^2}{\partial\theta^2}+\frac{1}{\sin^2\theta}\frac{\partial^2}{\partial\phi^2}\right]$$

$$=-\hbar^2\left[\frac{1}{\sin\theta}\cos\theta\frac{\partial}{\partial\theta}+\frac{\partial^2}{\partial\theta^2}+\frac{1}{\sin^2\theta}\frac{\partial^2}{\partial\phi^2}\right]$$

$$=-\hbar^2\left[\cot\theta\frac{\partial}{\partial\theta}+\frac{\partial^2}{\partial\theta^2}+\frac{1}{\sin^2\theta}\frac{\partial^2}{\partial\phi^2}\right]\text{。}$$

5-2　試證角動量算符的關係。

[1]　$\hat{L}_-\hat{L}_+=\hat{L}^2-\hat{L}_z^2-\hbar\hat{L}_z$。

[2]　$[\hat{L}_-,\hat{L}_z]=\hbar\hat{L}$。

[3]　$[\hat{L}^2,\hat{L}_-]=0$。

解：[1]　由　$\hat{L}_+=\hat{L}_x+i\hat{L}_y$；$\hat{L}_-=\hat{L}_x-i\hat{L}_y$，

則　$\hat{L}_-\hat{L}_+=(\hat{L}_x-i\hat{L}_y)(\hat{L}_x+i\hat{L}_y)$

$$=\hat{L}_x^2+i\hat{L}_x\hat{L}_y-i\hat{L}_y\hat{L}_x+\hat{L}_y^2$$

$$=\hat{L}^2-\hat{L}_z^2-\hbar\hat{L}_z\text{。}$$

[2]　$[\hat{L}_-,\hat{L}_z]=[L_x-iL_y,\hat{L}_z]$

$$=[L_x,L_z]-i[L_y,L_z]$$

$$=\hbar(L_x-iL_y)$$

$$=\hbar\hat{L}_-\text{。}$$

[3] 因爲$[L^2, L_x]=0$；$[\hat{L}^2, \hat{L}_y]=0$，

所以$[\hat{L}^2, \hat{L}_-]= [\hat{L}^2, \hat{L}_x - i\hat{L}_y]= [\hat{L}^2, \hat{L}_x] - i\,[\hat{L}^2, \hat{L}_y]=0$。

5-3 試證角動量算符的交換關係。

[1] $[\hat{L}^2, \hat{L}_+\hat{L}_-]=0$。

[2] $[\hat{L}^2, \hat{L}_-\hat{L}_+]=0$。

解：[1] $[\hat{L}^2, \hat{L}_+\hat{L}_-]=-[\hat{L}_+\hat{L}_-, \hat{L}^2]= -\hat{L}_+[\hat{L}_-, \hat{L}^2]-[\hat{L}_+, \hat{L}^2]\hat{L}_-=0-0=0$。

得証。

[2] $[\hat{L}^2, \hat{L}_-\hat{L}_+]=-[\hat{L}_-\hat{L}_+, \hat{L}^2]=-\hat{L}_-[\hat{L}_+, \hat{L}^2]-[\hat{L}_-, \hat{L}^2]\hat{L}_+=0-0=0$。

得証。

5-4 試證$\hat{L}_-\hat{L}_+|l, m\rangle = (l-m)(l+m+1)\hbar^2|l, m\rangle$ 。

解：$\hat{L}_-\hat{L}_+|l, m\rangle = (\hat{L}^2 - \hat{L}_z^2 - \hbar\hat{L}_z)|l, m\rangle$

$= [l\,(l+1)\hbar^2 - m^2\hbar^2 - m\hbar^2]\,|l, m\rangle$

$= [l\,(l+1) - m(m+1)\hbar^2]\,|l, m\rangle$

$= [l^2 - m^2 + l - m]\hbar^2\,|l, m\rangle$

$=[(l-m)(l+m) + (l-m)]\hbar^2\,|l, m\rangle$

$= (l-m)(l+m+1)\hbar^2\,|l, m\rangle$，

所以$\hat{L}_-\hat{L}_+|l, m\rangle = (l-m)(l+m+1)\hbar^2\,|l, m\rangle$。得証。

5-5 若雙質點系統中的兩個角動量分別為$\overrightarrow{L_1}$和$\overrightarrow{L_2}$，則總角動量$\vec{J}$和總角動量的z方向分量$\overrightarrow{J_z}$分別為$\vec{J}=\overrightarrow{L_1}+\overrightarrow{L_2}$；$\overrightarrow{J_z}=\overrightarrow{L_{1z}}+\overrightarrow{L_{2z}}$，且兩個角動量$\overrightarrow{L_1}$和$\overrightarrow{L_2}$是可以同時測量的，即$[\hat{L}_1, \hat{L}_2]=0$。試證[1]$[\hat{J}_2, \hat{L}_1]=0$；[2]$[\hat{J}^2, \hat{L}_2]=0$；[3]$[\hat{J}_z, \hat{L}_2^2]=0$；[4]$[\hat{J}_z, \hat{L}_1^2]=0$。

解：[1]

$$
\begin{aligned}
[\hat{J}^2, \hat{L}_1] &= \hat{J}^2 L_1 - \hat{L}_1 \hat{J}^2 \\
&= (\hat{L}_1+\hat{L}_2)^2 \hat{L}_1 - \hat{L}_1 (\hat{L}_1+\hat{L}_2)^2 \\
&= (\hat{L}_1^2+2\hat{L}_1\hat{L}_2+\hat{L}_2^2)\hat{L}_1 - \hat{L}_1 (\hat{L}_1^2+2\hat{L}_1\hat{L}_2+\hat{L}_2^2) \\
&= (\hat{L}_1^3+2\hat{L}_1^2\hat{L}_2+\hat{L}_2^2\hat{L}_1) - (\hat{L}_1^3+2\hat{L}_1^2\hat{L}_2+\hat{L}_2^2\hat{L}_1) \\
&= 0
\end{aligned}
$$

。

[2]

$$
\begin{aligned}
[\hat{J}^2, \hat{L}^2] &= \hat{J}^2 \hat{L}_2 - \hat{L}_2 \hat{J}^2 \\
&= (\hat{L}_1+\hat{L}_2)^2 \hat{L}_2 - \hat{L}_2 (\hat{L}_1+\hat{L}_2)^2 \\
&= (\hat{L}_1^2+2\hat{L}_1\hat{L}_2+\hat{L}_2^2)\hat{L}_2 - \hat{L}_2 (\hat{L}_1^2+2\hat{L}_1\hat{L}_2+\hat{L}_2^2) \\
&= (\hat{L}_1^2\hat{L}_2+2\hat{L}_2^2\hat{L}_1+\hat{L}_2^3) - (\hat{L}_1^2\hat{L}_2+2\hat{L}_2^2\hat{L}_1+\hat{L}_2^3) \\
&= 0
\end{aligned}
$$

。

[3]

$$
\begin{aligned}
[\hat{J}_z, \hat{L}_2^2] &= \hat{J}_z \hat{L}_2^2 - \hat{L}_2^2 \hat{J}_z \\
&= (\hat{L}_{1z}+\hat{L}_{2z})\hat{L}_2^2 - \hat{L}_2^2 (\hat{L}_{1z}+\hat{L}_{2z}) \\
&= (\hat{L}_{1z}\hat{L}_2^2+\hat{L}_{2z}\hat{L}_2^2) - (\hat{L}_2^2\hat{L}_{1z}+\hat{L}_2^2\hat{L}_{2z}) \\
&= 0
\end{aligned}
$$

。

[4]

$$
\begin{aligned}
[\hat{J}_z, \hat{L}_1^2] &= \hat{J}_z \hat{L}_1^2 - \hat{L}_1^2 \hat{J}_z \\
&= (\hat{L}_{1z}+\hat{L}_{2z})\hat{L}_1^2 - \hat{L}_1^2 (\hat{L}_{1z}+\hat{L}_{2z}) \\
&= (\hat{L}_{1z}\hat{L}_1^2+\hat{L}_{2z}\hat{L}_1^2) - (\hat{L}_1^2\hat{L}_{1z}+\hat{L}_1^2\hat{L}_{2z}) \\
&= 0
\end{aligned}
$$

。

5-6 試證角動量算符的交換關係。

[1] $[\hat{L}_x, \hat{z}] = -i\hbar\hat{y}$。

[2] $[\hat{L}_y, \hat{z}] = i\hbar\hat{x}$。

[3] $[\hat{L}_z, \hat{z}] = 0$。

解：[1] $[\hat{L}_x, \hat{z}] = [\hat{y}\hat{p}_z - \hat{z}\hat{p}_y, \hat{z}] = [\hat{y}\hat{p}_z, \hat{z}] - [\hat{z}\hat{p}_y, \hat{z}] = \hat{y}[\hat{p}_z, \hat{z}] = -i\hbar\hat{y}$。

[2] $[\hat{L}_y, \hat{z}] = [\hat{z}\hat{p}_x - \hat{x}\hat{p}_z, \hat{z}] = [\hat{z}\hat{p}_x, \hat{z}] - [\hat{x}\hat{p}_z, \hat{z}] = -\hat{x}[\hat{p}_z, \hat{z}] = i\hbar\hat{x}$。

[3] $[\hat{L}_z, \hat{z}] = [\hat{x}\hat{p}_y - \hat{y}\hat{p}_x, \hat{z}] = [\hat{x}\hat{p}_y, \hat{z}] - [\hat{y}\hat{p}_x, \hat{z}] = 0$。

5-7 試證明角動量算符的交換關係。

[1] $[\hat{L}^2, \hat{x}] = i2\hbar(\hat{y}\hat{L}_z - \hat{z}\hat{L}_y - i\hbar\hat{x})$。

[2] $[\hat{L}^2, \hat{y}] = i2\hbar(\hat{z}\hat{L}_x - \hat{x}\hat{L}_z - i\hbar\hat{y})$。

[3] $[\hat{L}^2, \hat{z}] = i2\hbar(\hat{x}\hat{L}_y - \hat{y}\hat{L}_x - i\hbar\hat{z})$。

解：由

$$[\hat{L}^2, \hat{z}] = [\hat{L}_x^2, \hat{z}] + [\hat{L}_y^2, \hat{z}] + [\hat{L}_z^2, \hat{z}]$$

$$= \hat{L}_x[\hat{L}_x, \hat{z}] + [\hat{L}_x, \hat{z}]\hat{L}_x + \hat{L}_y[\hat{L}_y, \hat{z}] + [\hat{L}_y, \hat{z}]\hat{L}_y + \hat{L}_z[\hat{L}_z, \hat{z}] + [\hat{L}_z, \hat{z}]\hat{L}_z,$$

且 $[\hat{L}_x, \hat{z}] = -i\hbar\hat{y}$、$[\hat{L}_y, \hat{z}] = i\hbar\hat{x}$、$[\hat{L}_z, \hat{z}] = 0$，

所以

$$[\hat{L}^2, \hat{z}] = \hat{L}_x(-i\hbar\hat{y}) + (-i\hbar\hat{y})\hat{L}_x + \hat{L}_y(i\hbar\hat{x}) + (i\hbar\hat{x})\hat{L}_y$$

$$= i\hbar(-\hat{L}_x\hat{y} - \hat{y}\hat{L}_x + \hat{L}_y\hat{x} + \hat{x}\hat{L}_y),$$

又

$$\hat{L}_x\hat{y} = \hat{L}_x\hat{y} - \hat{y}\hat{L}_x + \hat{y}\hat{L}_x = [\hat{L}_x, \hat{y}] + \hat{y}\hat{L}_x = i\hbar\hat{z} + \hat{y}\hat{L}_x;$$

$$\hat{L}_y\hat{x} = \hat{L}_y\hat{x} - \hat{x}\hat{L}_y + \hat{x}\hat{L}_y = [\hat{L}_y, \hat{x}] + \hat{x}\hat{L}_y = i\hbar\hat{z} + \hat{x}\hat{L}_y,$$

所以可得

$$[\hat{L}^2, \hat{z}] = i\hbar(2\hat{x}\hat{L}_y - i\hbar\hat{z} - 2\hat{y}\hat{L}_x - i\hbar\hat{z}) = i2\hbar(\hat{x}\hat{L}_y - \hat{y}\hat{L}_x - i\hbar\hat{z})。$$

同理可證

$$[\hat{L}^2, \hat{x}] = i2\hbar\,(\hat{y}\hat{L}_z - \hat{z}\hat{L}_y - i\hbar\hat{x})\text{；}$$

$$[\hat{L}^2, \hat{y}] = i2\hbar\,(\hat{z}\hat{L}_x - \hat{x}\hat{L}_z - i\hbar\hat{y})\text{。}$$

5-8　試證明$[\hat{L}^2, [\hat{L}^2, \hat{r}]] = 2\hbar^2\,(\hat{r}\hat{L}^2 + \hat{L}^2\hat{r})$。

解：因為　$\vec{r} = \hat{x}x + \hat{y}y + \hat{z}z$，

且　$[\hat{A}, \hat{B} + \hat{C}] = [\hat{A}, \hat{B}] + [\hat{A}, \hat{C}]$，

所以我們會先證明

$$[\hat{L}^2, [\hat{L}^2, \hat{x}]] = 2\hbar^2\,(\hat{x}\hat{L}^2 + \hat{L}^2\hat{x})\text{；}$$

$$[\hat{L}^2, [\hat{L}^2, \hat{y}]] = 2\hbar^2\,(\hat{y}\hat{L}^2 + \hat{L}^2\hat{y})\text{；}$$

$$[\hat{L}^2, [\hat{L}^2, \hat{z}]] = 2\hbar^2\,(\hat{z}\hat{L}^2 + \hat{L}^2\hat{z})\text{，}$$

再把這些結果綜合為$[\hat{L}^2, [\hat{L}^2, \hat{r}]] = 2\hbar^2\,(\hat{r}\hat{L}^2 + \hat{L}^2\hat{r})$。

由$[\hat{L}^2, \hat{z}] = i2\hbar\,(\hat{x}\hat{L}_y - \hat{y}\hat{L}_x - i\hbar\hat{z})$，

所以

$$[\hat{L}^2, [\hat{L}^2, \hat{z}]] = i2\hbar\{[\hat{L}^2, \hat{x}\hat{L}_y] - [\hat{L}^2, \hat{y}\hat{L}_x] - i\hbar\,[\hat{L}^2, \hat{z}]\}$$

$$= i2\hbar\{[\hat{L}^2, \hat{x}]\hat{L}_y + \hat{x}\,[\hat{L}^2, \hat{L}_y] - [\hat{L}^2, \hat{y}]\hat{L}_x - y\,[\hat{L}^2, \hat{L}_x] - i\hbar\,(\hat{L}^2\hat{z} - \hat{z}\hat{L}^2)\}\text{，}$$

又$[\hat{L}^2, \hat{L}_y] = 0$、$[\hat{L}^2, \hat{L}_x] = 0$，

則$[\hat{L}^2, [\hat{L}^2, \hat{z}]]$

$$= i2\hbar\{(\hat{y}\hat{L}_z - \hat{z}\hat{L}_y - i\hbar\hat{x})\hat{L}_y - i2\hbar\,(\hat{z}\hat{L}_x - \hat{x}\hat{L}_z - i\hbar\hat{y}) - i\hbar(\hat{L}^2\hat{z} - \hat{z}\hat{L}^2)\}$$

$$= -2\hbar^2\,(2\hat{y}\hat{L}_z\hat{L}_y - 2\hat{z}\hat{L}_y^2 - 2\hat{z}\hat{L}_x^2 - i2\hbar\hat{x}\hat{L}_y + 2\hat{x}\hat{L}_z\hat{L}_x + i2\hbar\hat{y}\hat{L}_x - \hat{L}^2\hat{z} + \hat{z}\hat{L}^2)\text{，}$$

又 $-2\hat{z}\hat{L}_y^2 - 2\hat{z}\hat{L}_x^2 = -2\hat{z}(\hat{L}_x^2 + \hat{L}_y^2 + \hat{L}_z^2) + 2\hat{z}\hat{L}_z^2$，

則$[\hat{L}^2, [\hat{L}^2, \hat{z}]]$

$= -2\hbar^2 (2\hat{y}\hat{L}_z\hat{L}_y - i2\hbar\hat{x}\hat{L}_y + 2\hat{x}\hat{L}_z\hat{L}_x + i2\hbar\hat{y}\hat{L}_x + 2\hat{z}\hat{L}_z^2 - 2\hat{z}\hat{L}^2 - \hat{L}^2\hat{Z} + z\hat{L}^2)$

$= 2\hbar^2 (\hat{z}\hat{L}^2 + \hat{L}^2\hat{z}) - 4\hbar^2[(\hat{y}\hat{L}_z - i\hbar\hat{x})\hat{L}_y + (\hat{x}\hat{L}_z + i\hbar\hat{y})\hat{L}_x + \hat{z}\hat{L}_z\hat{L}_z]$，

又$\hat{y}\hat{L}_z - i\hbar\hat{x} = \hat{L}_z\hat{y}$、$\hat{x}\hat{L}_z + i\hbar\hat{y} = \hat{L}_z\hat{x}$，

則$[\hat{L}^2, [\hat{L}^2, \hat{z}]] = 2\hbar^2 (\hat{z}\hat{L}^2 + \hat{L}^2\hat{z}) - 4\hbar^2 [\hat{L}_z\hat{y}\hat{L}_y + \hat{L}_z\hat{x}\hat{L}_x + \hat{z}\hat{L}_z\hat{L}_z]$，

所以

$$[\hat{L}^2, [\hat{L}^2, \hat{z}]] = 2\hbar^2 (\hat{z}\hat{L}^2 + \hat{L}^2\hat{z})，$$

同理可得

$$[\hat{L}^2, [\hat{L}^2, \hat{x}]] = 2\hbar^2 (\hat{x}\hat{L}^2 + \hat{L}^2\hat{x})；$$

$$[\hat{L}^2, [\hat{L}^2, \hat{y}]] = 2\hbar^2 (\hat{y}\hat{L}^2 + \hat{L}^2\hat{y})，$$

綜合這些結果可證得$[\hat{L}^2, [\hat{L}^2, \hat{r}]] = 2\hbar^2 (\hat{r}\hat{L}^2 + \hat{L}^2\hat{r})$。

5-9 角動量量子化使得軌道量子數l和磁量子數m有特定的容許值，我們可以用「向量模型」來更具體的瞭解空間量子化的概念。若軌道量子數$l=2$，則試以向量模型表示出空間量子化的行為。

解：

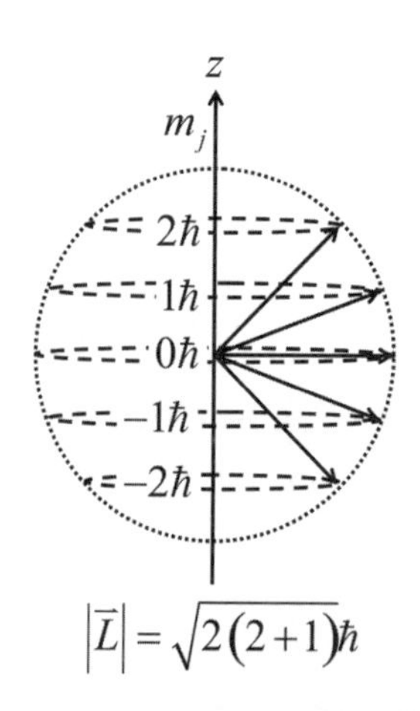

$$|\vec{L}| = \sqrt{2(2+1)}\hbar$$

因爲軌道量子數 $l=2$，所以沿著 z 方向的可能值爲 $2l+1=2\times2+1=5$，則 $L_z=m\hbar$，其中 $m=2, 1, 0, -1, -2$，如圖所示，這 5 種情況的軌道角動量的大小 L 皆爲 $L=\sqrt{l(l+1)}\hbar=\sqrt{2\times3}\hbar=\sqrt{6}\hbar$。

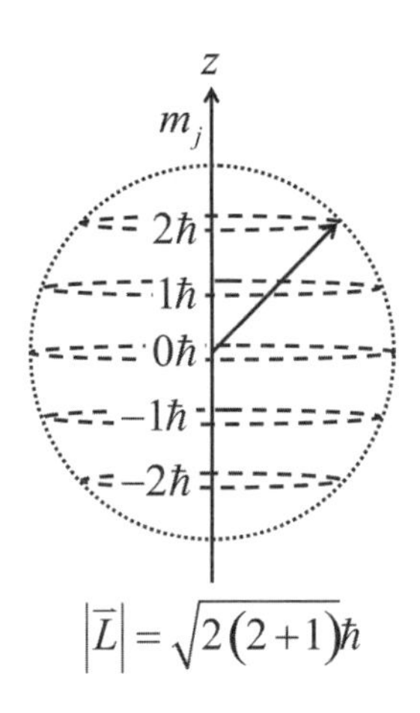

角動量 $\vec{L}$ 的大小 $|\vec{L}|$ 爲 $L=\sqrt{l(l+1)}\hbar=\sqrt{2\times3}\hbar=\sqrt{6}\hbar$，在 $\hat{z}$ 方向角動量的分量大小 $|\vec{L_z}|$ 爲 $2\hbar$。

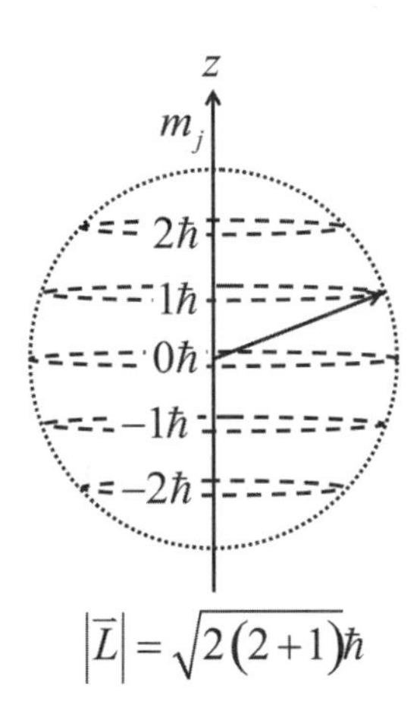

角動量 $\vec{L}$ 的大小 $|\vec{L}|$ 爲 $L=\sqrt{l(l+1)}\hbar=\sqrt{2\times3}\hbar=\sqrt{6}\hbar$，在 $\hat{z}$ 方向角動量

的分量大小$|\overrightarrow{L_z}|$爲$\hbar$。

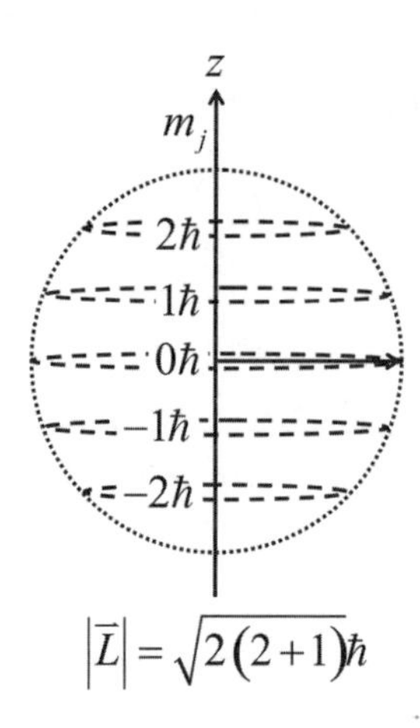

角動量$\vec{L}$的大小$|\vec{L}|$爲$L=\sqrt{l(l+1)}\hbar=\sqrt{2\times 3}\hbar=\sqrt{6}\hbar$，在$\hat{z}$方向角動量的分量大小$|\overrightarrow{L_z}|$爲 0。

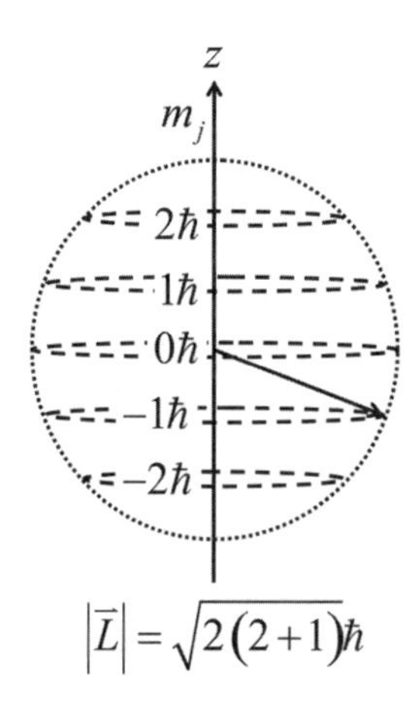

角動量$\vec{L}$的大小$|\vec{L}|$爲$L=\sqrt{l(l+1)}\hbar=\sqrt{2\times 3}\hbar=\sqrt{6}\hbar$，在$\hat{z}$方向角動量的分量大小$|\overrightarrow{L_z}|$爲$-\hbar$。

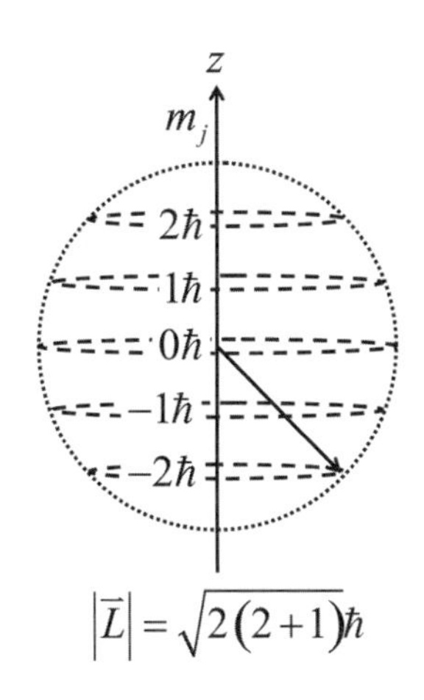

角動量$\vec{L}$的大小$|\vec{L}|$爲$L=\sqrt{l(l+1)}\hbar=\sqrt{2\times 3}\hbar=\sqrt{6}\hbar$，在$\hat{z}$方向角動量的分量大小$|\vec{L_z}|$爲$-2\hbar$。

5-10 在自然科學中，有所謂的中心力場（Central force）問題，中心力場主要是由位能產生，即$\vec{F}=-\nabla V$。中心力場對圓心或中心呈對稱，例如：重力、Coulomb 力都是屬於中心力場。

現在我們考慮一個圓心對稱的系統，最簡單的例子是一個電子在有中心力場（Coulomb potential）$V(\vec{r})$中，例如氫原子，則其中心力場之波函數$\Psi_{nim}(Y)=R_{nl}(r)Y_{lm}(\theta,\phi)$

粒子在有圓心對稱性的力場中，其 Schrödinger 方程式為，若在球座標中，則為$\hat{H}\Psi(r)=E\Psi(r)$

$$\hat{H}\Psi(r,\theta,\phi)$$

$$=\left\{-\frac{\hbar^2}{2m}\frac{\partial^2 r}{r\partial r^2}-\frac{\hbar^2}{2mr^2}\left[\frac{1}{\sin\theta}\frac{\partial}{\partial\theta}\left(\sin\theta\frac{\partial}{\partial\theta}\right)+\frac{\partial^2}{\sin^2\theta\partial\phi^2}\right]\right\}\Psi(r,\theta,\phi)$$

$$+V(r,\theta,\phi)\Psi(r,\theta,\phi)$$

$=E\Psi(r,\theta,\phi)$。

在課文中，雖然已經介紹了推導過程，但是請再試以分離變數法，以數學的角度來求解波函數 $\Psi(r,\theta,\phi)=R_{nl}(r)Y_{lm}(\theta,\phi)$，其中 $R_{nl}(r)$ 為 Laguerre 多項式（Laguerre polynomials）；$Y_{lm}(\theta,\phi)$ 為球諧函數（Spherical harmonics functions）。

解：在數學中，我們經常聽到或遇到「恆等式」，但是什麼是恆等式呢？很簡單，就是「0=0」。本題在求解波函數的過程中也會使用相同的觀念，即「常數=常數」。

首先寫出 Schrödinger 方程式，我們爲了簡化符號，所以把本徵函數 $\Psi(r,\theta,\phi)$ 標示爲 Ψ；把位能 $V(r,\theta,\phi)$ 標示爲 V，即

$$\hat{H}\Psi=-\frac{\hbar^2}{2\mu}\frac{\partial^2 r}{r\partial r^2}\Psi-\frac{\hbar^2}{2\mu r^2}\left[\frac{1}{\sin\theta}\frac{\partial}{\partial\theta}\left(\sin\theta\frac{\partial}{\partial\theta}\right)+\frac{\partial^2}{\sin^2\theta\partial\phi^2}\right]\Psi+V\Psi=E\Psi,$$

則 $\left[\frac{1}{r^2}\frac{\partial}{\partial r}\left(r^2\frac{\partial}{\partial r}\right)+\frac{1}{r^2\sin\theta}\frac{\partial}{\partial\theta}\left(\sin\theta\frac{\partial}{\partial\theta}\right)+\frac{\partial^2}{r^2\sin^2\theta\partial\phi^2}\right]\Psi+\frac{2\mu}{\hbar^2}(E-V)\Psi=0$。

對本徵函數分離變數 $\Psi(r,\theta,\phi)=R(r)\Theta(\theta)\Phi(\phi)=R\Theta\Phi$，

則 $\frac{\Theta\Phi}{r^2}\frac{\partial}{\partial r}\left(r^2\frac{\partial R}{\partial r}\right)+\frac{R\Phi}{r^2\sin\theta}\frac{\partial}{\partial\theta}\left(\sin\theta\frac{\partial\Theta}{\partial\theta}\right)+\frac{R\Theta}{r^2\sin^2\theta}\frac{\partial^2\Phi}{\partial\phi^2}+\frac{2\mu}{\hbar^2}(E-V)R\Theta\Phi=0$。

等號兩側同乘 $\frac{r^2\sin^2\theta}{R\Theta\Phi}$ 得

$$\frac{-\sin^2\theta}{R}\frac{\partial}{\partial r}\left(r^2\frac{\partial R}{\partial r}\right)-\frac{2\mu}{\hbar^2}r^2\sin^2\theta(E-V)-\frac{\sin\theta}{\Theta}\frac{\partial}{\partial\theta}\left(\sin\theta\frac{\partial\Theta}{\partial\theta}\right)$$
$$=\frac{1}{\Phi}\frac{\partial^2\Phi}{\partial\phi^2},$$

因爲恆等式，所以「常數=常數」，所以令 $\frac{1}{\Phi}\frac{\partial^2\Phi}{\partial\phi^2}=-m_l^2$，

則方位角方程式（Azimuthal equation）爲 $\frac{\partial^2\Phi}{\partial\phi^2}=-m_l^2\Phi$，

其中 m_l 爲磁量子數（Magnetic quantum number），且 $m_l=0,\ \pm1,\ \pm2,$

$\cdots, \pm l$。

所以波動方程式爲

$$\frac{1}{R}\frac{\partial}{\partial r}\left(r^2\frac{\partial R}{\partial r}\right)-\frac{2\mu r^2}{\hbar^2}(E-V)=\frac{m_l^2}{\sin^2\theta}-\frac{1}{\Theta\sin\theta}\frac{\partial}{\partial\theta}\left(\sin\theta\frac{\partial\Theta}{\partial\theta}\right)。$$

再一次，因爲恆等式，所以「常數＝常數」，所以令

$$\frac{m_l^2}{\sin^2\theta}-\frac{1}{\Theta\sin\theta}\frac{\partial}{\partial\theta}\left(\sin\theta\frac{\partial\Theta}{\partial\theta}\right)=l\,(l+1)，$$

則角度方程式 (Angular equation) $\frac{1}{\sin\theta}\frac{\partial}{\partial\theta}\left(\sin\theta\frac{\partial\Theta}{\partial\theta}\right)+\left[l(l+1)-\frac{m_l^2}{\sin^2\theta}\right]\Theta=0$，

其中 l 爲軌道量子數（Orbital quantum number），且 $l=0, 1, 2, \cdots, (n-1)$。而角度方程式的解和副 Legrendre 多項式（AssociatedLegrendre polynomials）有關。

所以徑向方程式（Radial equation）爲

$$\frac{1}{r^2}\frac{\partial}{\partial r}\left(r^2\frac{\partial R}{\partial r}\right)+\frac{2\mu}{\hbar^2}\left(E-V-\frac{\hbar^2}{2\mu}\frac{l(l+1)}{r^2}\right)R=0，$$

其中 n 爲主量子數（Principal quantum number），且 $n=0, 1, 2, 3, \cdots$。

而徑向方程式的解和 Laguerre 多項式（Laguerre polynomials）有關。

綜合以上的 r、θ、ϕ 三個變數的結果，我們可寫出氫原子的電子波函數爲 $\Psi(r,\theta,\phi)=R_{nl}(r)\,\Theta_{lm_l}(\theta)\Phi_{m_l}(\phi)=R_{nl}(r)\,Y_{lm_l}(\theta,\phi)$，其中 $Y_{lm_l}(\theta,\phi)=\Theta_{lm_l}(\theta)\Phi_{m_l}(\phi)=\Theta_{lm_l}(\theta)e^{im\phi}$ 又稱爲球諧函數（Spherical harmonics functions）。

第六章　原子的量子力學習題與解答

6-1 物質的許多特性必須透過量子力學才能瞭解，然而如我們所知，因為單位體積的物質內所含的各種粒子數量非常大，則 Schrödinger 方程式將變得幾乎無法求解，所以一定要採取一些近似的方法。如果可以把存在於物質中的所有電子的行為近似化為單一個電子的行為，則物質的所有特性都可以用這個單一電子的波函數來描述。

眾多近似的方法中，最常見的就是Hartree-Fock方程式（Hartree-Fock equation）和Hartree方程式（Hartree equation）。兩者最大的差異在於：Hartree-Fock 方程式考慮了電子必須遵守 Pauli 不相容原理（Pauli exclusive principle）；而 Hartree 方程式則不考慮電子的 Pauli 不相容原理。顯然在科學發展的過程中，因為 Hartree 方程式是比較簡單的，所以也就比較早提出，其後再加入 Pauli 不相容原理作修正，得到 Hartree-Fock 方程式。

若 Hamiltonian 為 $\hat{H}=\sum\limits_{i=1}^{N}\hat{H}_i+\frac{1}{2}\sum\limits_{i=1}^{N}\sum\limits_{\substack{j=1\\(i\neq j)}}^{N}\frac{e^2}{r_{12}}$，如果

N個電子的波函數設為$\Phi(1, 2, 3, \cdots, N)=\phi_1(1)\phi_2(1)\cdots\phi_N(N)$，則試以變分法（Variational method）推出 Hartree 方程式

$$\left\{H_1+\sum_{\substack{j=1\\i\neq j}}^{N}\int\frac{e^2|\phi_{n_j}(\vec{r}_2)|^2}{r_{12}}d\vec{r}_2\right\}\phi_{n_i}(\vec{r}_1)=E_{n_i}\phi_{n_i}(\vec{r}_1)；$$

如果N個電子的波函數為

$$\Phi(1,2,3,\cdots,N)=\frac{1}{\sqrt{N}}\begin{vmatrix}\phi_1(1) & \phi_1(2) & \cdots\phi_1(N)\\ \phi_2(1) & \phi_2(2) & \cdots\phi_2(N)\\ \vdots & \vdots & \vdots \quad \vdots\\ \phi_N(1) & \phi_N(2) & \cdots\phi_N(N)\end{vmatrix},$$

試以變分法（Variational method）推出 Hartree-Fock 方程式

$$\left\{H_1+\sum_{\substack{j=1\\ i\neq j}}^{N}\int\frac{e^2|\phi_{n_j}(\vec{r}_2)|^2}{r_{12}}d\vec{r}_2-\sum_{\substack{j=1\\ i\neq j\\ \text{Parallel Spin}}}^{N}\frac{\phi_{n_j}(\vec{r}_1)}{\phi_{n_i}(\vec{r}_1)}\int\frac{e^2\phi^*_{n_j}(\vec{r}_2)\phi_{n_i}(\vec{r}_2)}{r_{12}}d\vec{r}_2\right\}\phi_{n_i}(\vec{r}_1)$$

$$=E_{n_i}\phi_{n_i}(\vec{r}_1)。$$

解：我們採取的策略是先考慮電子遵守 Pauli 不相容原理，推導出 Hartree-Fock 方程式，再把 Pauli 不相容原理的部份忽略之後，就很方便的得到 Hartree 方程式。

[1] Hartree-Fock 方程式

我們將以二個電子為推導過程的基礎，所得的結果再推展至N個電子的系統。

因為電子是 Fermion，所以二個電子的波函數可以設為

$$\Phi(1,2)=\frac{1}{\sqrt{2}}[\phi_1(1)\phi_2(2)-\phi_1(2)\phi_2(1)]=\frac{1}{\sqrt{2!}}\begin{vmatrix}\phi_1(1) & \phi_1(1)\\ \phi_2(1) & \phi_2(1)\end{vmatrix},$$

而 Hamiltonian 為

$$\hat{H}=\hat{H}_1+\hat{H}_2+\frac{e^2}{r_{12}},$$

所以

$$E=\langle\Phi|\hat{H}|\Phi\rangle$$
$$=\int\Phi^*\hat{H}\Phi d\tau$$

$$= \int \frac{1}{\sqrt{2!}}\begin{bmatrix}\phi_1(1)\phi_2(2)\\ -\phi_1(2)\phi_2(1)\end{bmatrix}^*\left[H_1+H_2+\frac{e^2}{r_{12}}\right]\frac{1}{\sqrt{2!}}\begin{bmatrix}\phi_1(1)\phi_2(2)\\ -\phi_1(2)\phi_2(1)\end{bmatrix}d\tau_1 d\tau_2$$

$$=\frac{1}{2}\left\{\begin{aligned}&\int\phi_1^*(1)H_1\phi_1(1)d\tau_1\int\phi_2^*(2)\phi_2(2)d\tau_2+\int\phi_1^*(2)H_2\phi_1(2)d\tau_2\int\phi_2^*(1)\phi_2(1)d\tau_1\\&+\int\phi_2^*(1)H_1\phi_2(1)d\tau_1\int\phi_1^*(2)\phi_1(2)d\tau_2+\int\phi_2^*(2)H_2\phi_2(2)d\tau_2\int\phi_1^*(1)\phi_2(1)d\tau_1\\&+\int\phi_1^*(1)\phi_2^*(2)\frac{e^2}{r_{12}}\phi_1(1)\phi_2(2)d\tau_1d\tau_2+\int\phi_1^*(2)\phi_2^*(1)\frac{e^2}{r_{12}}\phi_1(2)\phi_2(1)d\tau_1d\tau_2\\&-\int\phi_1^*(1)\phi_2^*(2)\frac{e^2}{r_{12}}\phi_1(2)\phi_2(1)d\tau_1d\tau_2-\int\phi_1^*(2)\phi_2^*(1)\frac{e^2}{r_{12}}\phi_1(1)\phi_2(2)d\tau_1d\tau_2\end{aligned}\right\},$$

因爲第一項等於第二項；第三項等於第四項；第五項等於第六項；第七項等於第八項，所以

$$E=\int\phi_1^*(1)H_1\phi_1(1)d\tau_1+\int\phi_2^*(1)H_1\phi_2(1)d\tau_1$$

$$+\int\phi_1^*(1)\phi_2^*(2)\frac{e^2}{r_{12}}\phi_1(1)\phi_2(2)d\tau_1d\tau_2$$

$$-\int\phi_1^*(1)\phi_2^*(2)\frac{e^2}{r_{12}}\phi_1(2)\phi_2(1)d\tau_1d\tau_2$$

$$=\sum_{i=1}^{2}\int\phi_1^*(1)H_1\phi_i(1)d\tau_1$$

$$+\frac{1}{2}\left[\int\phi_1^*(1)\phi_2^*(2)\frac{e^2}{r_{12}}\phi_2(2)\phi_1(1)d\tau_1d\tau_2\right.$$

$$\left.+\int\varphi_2^*(1)\phi_1^*(2)\frac{e^2}{r_{12}}\phi_1(2)\phi_2(1)d\tau_1d\tau_2\right]$$

$$-\frac{1}{2}\left[\int\phi_1^*(1)\phi_2^*(2)\frac{e^2}{r_{12}}\phi_1(2)\phi_2(1)d\tau_1d\tau_2\right.$$

$$\left.+\int\varphi_2^*(1)\phi_1^*(2)\frac{e^2}{r_{12}}\phi_2(2)\phi_1(1)d\tau_1d\tau_2\right]$$

$$=\sum_{i=1}^{2}\phi_i^*(1)H_1\phi_i(1)d\tau_1$$

$$+\frac{1}{2}\sum_{\substack{i=1\\(i\neq j)}}^{2}\sum_{j=1}^{2}\int\phi_i^*(1)\frac{e^2\phi_j^*(2)\phi_j(2)}{r_{12}}d\tau_2\phi_i(1)d\tau_1$$

$$-\frac{1}{2}\sum_{\substack{i=1\\(i\neq j)\\ \text{Parallel Spin}}}^{2}\sum_{j=1}^{2}\int\phi_i^*(1)\frac{e^2\phi_j^*(2)\phi_i(2)}{r_{12}}d\tau_2\phi_j(1)d\tau_1 \text{。}$$

依變分法的原則，由上式的第一個等號結果用一個「Σ」符號來表示為

$$E=\sum_{i=1}^{2}\left[\int d\tau_1\phi_i^*(1)H_1\phi_i(1)\right]$$

$$+\int d\tau_1\phi_1^*(1)\frac{e^2\phi_2^*(2)\phi_2(2)}{r_{12}}d\tau_2\phi_1(1)$$

$$-\int d\tau_1\phi_1^*(1)\frac{e^2\phi_2^*(2)\phi_1(2)}{r_{12}}d\tau_2\phi_2(1)\text{，}$$

則 $$\delta E=\sum_{i=1}^{2}\int d\tau_1\phi_i^*(1)\left\{\begin{aligned}&H_1\phi_i(1)+\sum_{\substack{i=1\\(i\neq j)}}^{2}\int\frac{e^2\phi_j^*(2)\phi_j(2)}{r_{12}}d\tau_2\phi_i(1)\\&-\sum_{\substack{i=1\\i\neq j\\ \text{Parallel Spin}}}^{2}\int\frac{e^2\phi_j^*(2)\phi_i(2)}{r_{12}}d\tau_2\phi_j(1)\end{aligned}\right\}\text{，}$$

上式加入 Lagrange 乘子得

$$\sum_{i=1}^{2}\sum_{j=1}^{2}\left[-E_{ij}\langle\delta\phi_i|\phi_j\rangle\right]=\sum_{i=1}^{2}\sum_{j=1}^{2}\int d\tau_1\delta\phi_i^*(1)(-E_{ij})\phi_j(1)\text{，}$$

則 $$\sum_{i=1}^{2}\left\{\int d\tau_1\delta\phi_i^*(1)\left[\begin{aligned}&H_1\phi_i(1)+\sum_{\substack{i=1\\i\neq j}}^{2}\int\frac{e^2\phi_j^*(2)\phi_j(2)}{r_{12}}d\tau_2\phi_i(1)\\&-\sum_{\substack{i=1\\i\neq j\\ \text{Parallel Spin}}}^{2}\int\frac{e^2\phi_j^*(2)\phi_i(2)}{r_{12}}d\tau_2\phi_j(1)\end{aligned}\right]-\sum_{j=1}^{2}E_{ij}\phi_j(1)\right\}$$

$$=0\text{，}$$

當 $i=1$，則

$$H_1\phi_1(1)+\sum_{\substack{i=1\\i\neq j}}^{2}\int\frac{e^2\phi_j^*(2)\phi_j(2)}{r_{12}}d\tau_2\phi_1(1)-\sum_{\substack{i=1\\i\neq j\\ \text{Parallel Spin}}}^{2}\int\frac{e^2\phi_j^*(2)\phi_1(2)}{r_{12}}d\tau_2\phi_J(1)$$

$$-E_{11}\phi_1(1)-E_{12}\phi_2(1)=0\text{，}$$

即

$$H_1\phi_1(1)+\left[\int\frac{e^2\phi_2^*(2)\phi_2(2)}{r_{12}}d\tau_2\right]\phi_1(1)-\left[\int\frac{e^2\phi_2^*(2)\phi_1(2)}{r_{12}}d\tau_2\right]\phi_2(1)$$

$$-E_{11}\phi_1(1)-E_{12}\phi_2(1)=0\text{，}$$

當 $i=2$，得

$$H_1\phi_2(1)+\left[\int\frac{e^2\phi_1^*(2)\phi_1(2)}{r_{12}}d\tau_2\right]\phi_2(1)-\left[\int\frac{e^2\phi_j^*(2)\phi_1(2)}{r_{12}}d\tau_2\right]\phi_1(1)$$

$$-E_{21}\phi_1(1)-E_{22}\phi_2(1)=0\text{，}$$

可以很明顯的看出爲了使方程組更容易求解，我們永遠可以令 E_{ij} 是對角化的矩陣，即 $E_{12}=0$、$E_{21}=0$。

如果我們把以上的二個電子的結果擴充至 N 個電子的系統，則 N 個電子的波函數爲，

$$\Phi(1,2,3,\cdots,N)=\frac{1}{\sqrt{N!}}\begin{bmatrix}\phi_1(1) & \phi_1(2) & \cdots & \phi_1(N)\\ \phi_2(1) & \phi_2(2) & \cdots & \phi_2(N)\\ \vdots & \vdots & \vdots & \vdots\\ \phi_N(1) & \phi_N(2) & \cdots & \phi_N(N)\end{bmatrix}$$

且 Hamiltonian 爲 $\widehat{H}=\sum\limits_{i=1}^{N}\widehat{H}_i+\frac{1}{2}\sum\limits_{i=1}^{N}\sum\limits_{\substack{j=1\\(i\neq j)}}^{N}\frac{e^2}{r_{12}}$，

則

$$\begin{aligned}E&=\int\Phi^*\widehat{H}\Phi d\tau_1d\tau_2\cdots d\tau_N\\&=\sum_{i=1}^{N}\left[\int\phi_i^*(1)\widehat{H}_1\phi_i(1)d\tau_1\right]\\&\quad+\frac{1}{2}\sum_{i=1}^{N}\sum_{\substack{j=1\\(i\neq j)}}^{N}\int\phi_i^*(1)\frac{e^2\phi_j^*(2)\phi_j(2)}{r_{12}}d\tau_2\phi_i(1)\,d\tau_1\\&\quad-\frac{1}{2}\sum_{i=1}^{N}\sum_{\substack{j=1\\(i\neq j)\\\text{Parallel Spin}}}^{N}\int\phi_i^*(1)\frac{e^2\phi_j^*(2)\phi_i(2)}{r_{12}}d\tau_2\phi_j(1)\,d\tau_1\text{，}\end{aligned}$$

加入Lagrange乘子，把n_i，$\vec{r_i}$（其實只有$\vec{r_1}$和$\vec{r_2}$）置換進去，例如$\phi_{n_i}(\vec{r_1})$（或$\phi_{n_i}(\vec{r_2})$），則

$$\delta E=\sum_{i=1}^{N}\int d\vec{r_1}\,\delta\phi_{n_i}^*(\vec{r_1})\left\{\begin{aligned}&H_1\phi_{n_i}(\vec{r_1})+\left[\sum_{\substack{j=1\\i\neq j}}^{N}\int\frac{e^2|\phi_{n_j}(\vec{r_2})|^2\phi_j^*(2)}{r_{12}}d\vec{r_2}\right]\phi_{n_i}(\vec{r_1})\\&-\left[\sum_{\substack{j=1\\i\neq j\\ParallelSpin}}^{N}\int\frac{e^2\phi_{n_j}^*(\vec{r_2})\phi_{n_i}(\vec{r_2})}{r_{12}}d\vec{r_2}\right]\phi_{n_j}(\vec{r_1})\end{aligned}\right\},$$

得

$$H_1\phi_{n_i}(\vec{r_1})+\left[\sum_{\substack{j=1\\i\neq j}}^{N}\int\frac{e^2|\phi_{n_j}(\vec{r_2})|^2}{r_{12}}d\vec{r_2}\right]\phi_{n_i}(\vec{r_1})-\left[\sum_{\substack{j=1\\i\neq j\\ParallelSpin}}^{N}\int\frac{e^2\phi_{n_j}^*(\vec{r_2})\phi_{n_j}(\vec{r_2})}{r_{12}}d\vec{r_2}\right]$$

$\phi_{n_j}(\vec{r_1})-E_{n_i}\phi_{n_i}(\vec{r_1})=0$，其中$i=1, 2, 3\cdots N$。

所以 Hartree-Fock 方程式爲

$$\left\{H_1+\sum_{\substack{i=1\\i\neq j}}^{N}\int\frac{e^2|\phi_{n_j}(\vec{r_2})|^2}{r_{12}}d\vec{r_2}-\sum_{\substack{i=1\\i\neq j\\Parallel\ Spin}}^{N}\frac{\phi_{n_j}(\vec{r_1})}{\phi_{n_i}(\vec{r_1})}\int\frac{e^2\phi_{n_j}^*(\vec{r_2})\phi_{n_i}(\vec{r_2})}{r_{12}}d\vec{r_2}\right\}\phi_{n_i}(\vec{r_1})$$

$=E_{n_i}\phi_{n_i}(\vec{r_1})$。

[2] Hartree 方程式

依據Hartree-Fock 方程式的推導方法，Hartree 方程式把N個電子的波函數設爲，$\Phi(1, 2, 3, \cdots, N)=\phi_1(1)\phi_2(2)\cdots\phi_N(N)$

且 Hamiltonion 和 Hartree-Fock 方程式相同爲

$$\hat{H}=\sum_{i=1}^{N}\hat{H}_i+\frac{1}{2}\sum_{\substack{i=1\\(i\neq j)}}^{N}\sum_{j=1}^{N}\frac{e^2}{r_{12}},$$

則 $E=\int\Phi^*\hat{H}\Phi d\tau_1 d\tau_2\cdots d\tau_N$

$$=\sum_{i=1}^{N}\left[\int\phi_i^*(1)H_1\phi_i(1)d\tau_1\right]+\frac{1}{2}\sum_{\substack{i=1\\(i\neq j)}}^{N}\sum_{j=1}^{N}\int\phi_i^*(1)\frac{e^2\phi_j^*(2)\phi_j(2)}{r_{12}}d\tau_2\phi_i(1)\,d\tau_1,$$

加入 Lagrange 乘子，把n_i，$\vec{r_1}$和$\vec{r_2}$置換進去，

則 $$\delta E=\sum_{i=1}^{N}\int d\vec{r_1}\,\delta\phi_{n_i}^{*}(\vec{r_1})\left\{H_1\phi_{n_i}(\vec{r_1})+\left[\sum_{\substack{j=1\\i\neq j}}^{N}\int\frac{e^2|\phi_{n_j}(\vec{r_2})|^2\phi_j^{*}(2)}{r_{12}}d\vec{r_2}\right]\phi_{n_i}(\vec{r_1})\right\},$$

所以 Hartree 方程式爲

$$\left\{H_1+\sum_{\substack{i=1\\i\neq j}}^{N}\int\frac{e^2|\phi_{n_j}(\vec{r_2})|^2}{r_{12}}d\vec{r_2}\right\}\phi_{n_i}(\vec{r_1})=E_{n_i}\phi_{n_i}(\vec{r_1})\text{。}$$

6-2 以 Schrödinger 方程式求解原子的波函數時，為了空間積分計算上的方便，所以通常會介紹宇稱算符（Parity operator）$\hat{P}$。以下我們簡單的說明三個有關宇稱算符的基本性質：

[a] 宇稱算符$\hat{P}$僅對座標的方向作用，和大小無關，向量$\vec{r}$經由宇稱算符作用之後就變成反方向$-\vec{r}$，即$\hat{P}\vec{r}=-\vec{r}$。

[b] 假設λ為宇稱算符$\hat{P}$之本徵值，則

$\hat{P}\psi(\vec{r})=\lambda\psi(\vec{r})=\psi(-\vec{r})$，

又　$\hat{P}^2\psi(\vec{r})=\lambda^2\psi(\vec{r})=\psi(-\vec{r})$，

所以　$\lambda^2=1$，

可得　$\lambda=\pm1$，

即　$$\hat{P}\psi(\vec{r})=\begin{cases}+\psi(\vec{r})\\-\psi(\vec{r})\end{cases},$$

若$\hat{P}\psi(\vec{r})=+\psi(\vec{r})$，則稱$\hat{P}$為偶宇稱算符（Even parity operator）；若$\psi(\vec{r})=-\psi(\vec{r})$，則稱$\hat{P}$為奇宇稱算符（Odd parity operator）。

[c] 在非簡併的條件下，任何物理量或函數以及其所對應的算符不是奇宇稱就是偶宇稱。

試證明宇稱算符的四個奇偶定律：$\langle \psi_-|\hat{A}_+|\psi_+\rangle=0$、$\langle \psi_+|\hat{A}_+|\psi_-\rangle=0$、$\langle \psi_+|\hat{A}_-|\psi_+\rangle=0$、$\langle \psi_-|\hat{A}_-|\psi_-\rangle=0$，其中下標是「+」表示是偶宇稱；而下標是「−」表示是奇宇稱。所以$\hat{A}_+$表示是偶宇稱算符；$\hat{A}_-$表示是奇宇稱算符；$|\psi_+\rangle$表示是偶宇稱函數；$|\psi_-\rangle$表示是奇宇稱函數。除此四者之外均不為零。

解：[1] 因為偶宇稱乘上偶宇稱等於偶宇稱，所以

$$\hat{P}\hat{A}_+|\psi_+\rangle=\hat{P}(\hat{A}_+|\psi_+\rangle)=\hat{P}|\Psi_+\rangle=|\Psi_+\rangle=\hat{A}_+|\psi_+\rangle,$$

又 $\langle\psi_-|\hat{P}\hat{A}_+=-\langle\psi_-|\hat{A}_+$，

則因為$\langle\psi_-|\hat{P}\hat{A}_+|\psi_+\rangle=\langle\psi_-|\hat{A}_+|\psi_+\rangle=-\langle\psi_-|\hat{A}_+|\psi_+\rangle$，

所以$\langle\psi_-|\hat{A}_+|\psi_+\rangle=0$。得証。

[2] 因為偶宇稱乘上奇宇稱等於奇宇稱，所以

$$\hat{P}\hat{A}_+|\psi_-\rangle=\hat{P}(\hat{A}_+|\psi_-\rangle)=\hat{P}|\Psi_-\rangle=|\Psi_-\rangle=-\hat{A}_+|\psi_-\rangle,$$

又 $\langle\psi_+|\hat{P}\hat{A}_+=\langle\psi_+|\hat{A}_+$，

則因為 $\langle\psi_+|\hat{P}\hat{A}_+|\psi_-\rangle=\langle\psi_+|\hat{A}_+|\psi_-\rangle=-\langle\psi_+|\hat{A}_+|\psi_-\rangle$，

所以$\langle\psi_+|\hat{A}_+|\psi_-\rangle=0$。得証。

[3] 因為奇宇稱乘上奇宇稱等於偶宇稱，所以

$$\hat{P}\hat{A}_-|\psi_-\rangle=\hat{P}(\hat{A}_-|\psi_+\rangle)=\hat{P}|\Psi_-\rangle=-|\Psi_-\rangle=\hat{A}_-|\psi_+\rangle,$$

又 $\langle\psi_+|\hat{P}\hat{A}_-=\langle\psi_+|\hat{A}_-$，

則因為$\langle\psi_+|\hat{P}\hat{A}_-|\psi_+\rangle=\langle\psi_+|\hat{A}_-|\psi_+\rangle=-\langle\psi_+|\hat{A}_-|\psi_+\rangle$，

所以$\langle\psi_+|\hat{A}_-|\psi_+\rangle=0$。得証。

[4] 因為奇宇稱乘上奇宇稱等於偶宇稱，所以

$$\widehat{P}\widehat{A_-}|\psi_-\rangle = \widehat{P}(\widehat{A_-}|\psi_-\rangle) = \widehat{P}|\Psi_+\rangle = |\Psi_+\rangle = \widehat{A_-}|\psi_-\rangle，$$

又 $\langle\psi_-|\widehat{P}\widehat{A_-} = \langle\psi_-|\widehat{A_-}$，

則因為 $\langle\psi_-|\widehat{P}\widehat{A_-}|\psi_-\rangle = \langle\psi_-|\widehat{A_-}|\psi_-\rangle = \langle\psi_-|\widehat{A_-}|\psi_-\rangle$，

所以 $\langle\psi_-|\widehat{A_-}|\psi_-\rangle = 0$。得証。

6-3　課文中介紹了電子組態為 np 和 $n'p$ 的 $L-S$ 耦合，但是當兩個電子的主量子數是相同的，則 $L-S$ 耦合的過程將有所不同。若電子組態為 $(np)^2$，試畫出電子以 $L-S$ 耦合的能階分裂圖。

解：兩個相同殼層的 np 和 np 的電子自旋量為 $s_1=\frac{1}{2}$ 和 $s_2=\frac{1}{2}$；而軌道角動量為 $l_1=1$ 和 $l_2=1$，

則因為　$S=|s_1-s_2|, |s_1-s_2|+1, \cdots, |s_1+s_2|$；

$L=|l_1-l_2|, |l_1-l_2|+1, \cdots, |l_1+l_2|$，

則　$S=|s_1-s_2|, |s_1-s_2|+1, \cdots, |s_1+s_2|=0, 1$；

$L=|l_1-l_2|, |l_1-l_2|+1, \cdots, |l_1+l_2|=0, 1, 2$。

所以電子組態 $(np)^2$ 先以靜電交互作用微擾 H_c+H_1 之後的 S 和 L 結果列表如下：

L	$+1$	0	-1	
$L=+1+0=1$	↑	↑		$S=+\frac{1}{2}+\frac{1}{2}=+1$
$L=+1+1=2$	↑↓			$S=+\frac{1}{2}-\frac{1}{2}=0$
$L=+1-1=0$	↑		↓	$S=+\frac{1}{2}-\frac{1}{2}=0$

當 $S=0$ 且 $L=0$，則 ${}^{2S+1}L={}^{1}S$；

當 $S=0$ 且 $L=2$，則 ${}^{2S+1}L={}^{1}D$；

當 $S=1$ 且 $L=1$，則 ${}^{2S+1}L={}^{3}P$。

再考慮自旋軌道微擾 $H_c+H_1+H_2$ 修正爲 $L-S$ 耦合，且

$J=|L-S|, |L-S|+1, \cdots, |L+S|$，則

當 $S=0$ 且 $L=0$，則 ${}^{2S+1}L={}^{1}S$，又 $J=0$，得 ${}^{2S+1}L_J={}^{1}S_0$；

當 $S=0$ 且 $L=2$，則 ${}^{2S+1}L={}^{1}D$，又 $J=2$，得 ${}^{2S+1}L_J={}^{1}D_2$；

當 $S=1$ 且 $L=1$，則 ${}^{2S+1}L={}^{3}P$，又 $J=0, 1, 2$，得 ${}^{2S+1}L_J={}^{3}P_2, {}^{3}P_1, {}^{3}P_0$。

結果如下圖所示

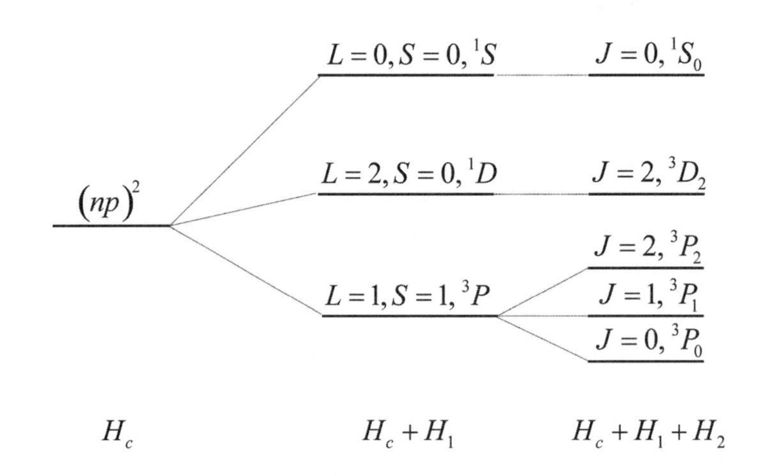

6-4　若電子組態為 np 和 nd，試畫出電子以 $j-j$ 耦合的能階分裂圖。

解：若電子組態現在給定爲 np 和 nd，因爲對 $j-j$ 耦合而言，先考慮電子的自旋-軌道交互作用 H_2，則

對 p 電子而言，因爲 $l=1$，所以 $j_1=1+\frac{1}{2}$ 或 $1-\frac{1}{2}$，即 $\frac{3}{2}$ 或 $\frac{1}{2}$

對 d 電子而言，因爲 $l=2$，所以 $j_2=2+\frac{1}{2}$ 或 $2-\frac{1}{2}$，即 $\frac{5}{2}$ 或 $\frac{3}{2}$。

再考慮靜電修正，即靜電交互作用 H_1，則

所以當 $(j_1,j_2)=\left(\frac{1}{2},\frac{3}{2}\right)$，則 $\left|\frac{3}{2}-\frac{1}{2}\right|\leq J\leq\frac{3}{2}+\frac{1}{2}$，所以 $J=1, 2$，可得 $\left(\frac{1}{2},\frac{3}{2}\right)_1$ 或 $\left(\frac{1}{2},\frac{3}{2}\right)_2$；

當 $(j_1,j_2)=\left(\frac{1}{2},\frac{5}{2}\right)$，則 $\left|\frac{5}{2}-\frac{1}{2}\right|\leq J\leq\frac{5}{2}+\frac{1}{2}$，所以 $J=2, 3$，可得 $\left(\frac{1}{2},\frac{5}{2}\right)_2$ 或 $\left(\frac{1}{2},\frac{5}{2}\right)_3$；

當 $(j_1,j_2)=\left(\frac{3}{2},\frac{3}{2}\right)$，則 $\left|\frac{3}{2}-\frac{2}{2}\right|\leq J\leq\frac{3}{2}+\frac{3}{2}$，所以 $J=0, 1, 2, 3$，可得 $\left(\frac{3}{2},\frac{3}{2}\right)_0$ 或 $\left(\frac{3}{2},\frac{3}{2}\right)_1$ 或 $\left(\frac{3}{2},\frac{3}{2}\right)_2$ 或 $\left(\frac{3}{2},\frac{3}{2}\right)_3$；

當 $(j_1,j_2)=\left(\frac{3}{2},\frac{5}{2}\right)$，則 $\left|\frac{5}{2}-\frac{3}{2}\right|\leq J\leq\frac{5}{2}+\frac{3}{2}$，所以 $J=1, 2, 3, 4$，可得 $\left(\frac{3}{2},\frac{5}{2}\right)_1$ 或 $\left(\frac{3}{2},\frac{5}{2}\right)_2$ 或 $\left(\frac{3}{2},\frac{5}{2}\right)_3$ 或 $\left(\frac{3}{2},\frac{5}{2}\right)_4$；

np 和 nd 電子組態若以 $j-j$ 耦合則能階分裂示意如下圖所示。

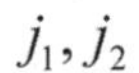
j_1, j_2

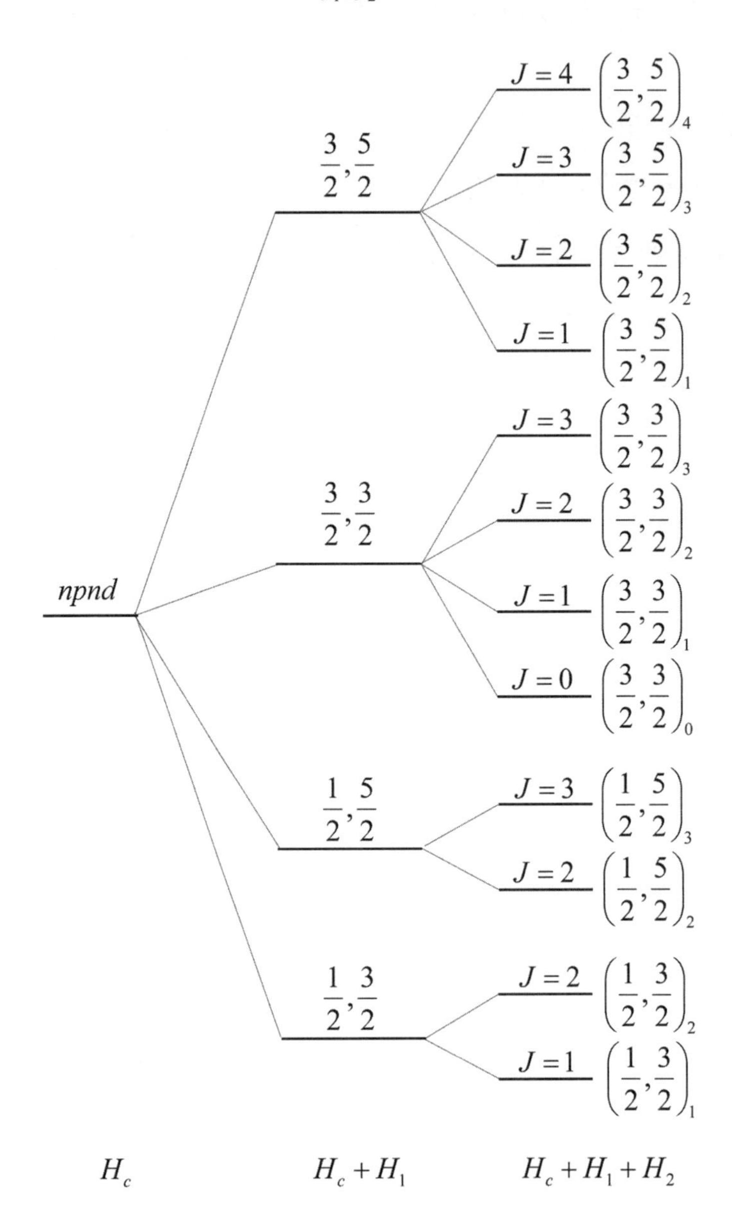
$J=4$ $\left(\frac{3}{2},\frac{5}{2}\right)_4$
$\frac{3}{2},\frac{5}{2}$
$J=3$ $\left(\frac{3}{2},\frac{5}{2}\right)_3$
$J=2$ $\left(\frac{3}{2},\frac{5}{2}\right)_2$
$J=1$ $\left(\frac{3}{2},\frac{5}{2}\right)_1$
$J=3$ $\left(\frac{3}{2},\frac{3}{2}\right)_3$
$\frac{3}{2},\frac{3}{2}$
$J=2$ $\left(\frac{3}{2},\frac{3}{2}\right)_2$
$npnd$
$J=1$ $\left(\frac{3}{2},\frac{3}{2}\right)_1$
$J=0$ $\left(\frac{3}{2},\frac{3}{2}\right)_0$
$\frac{1}{2},\frac{5}{2}$
$J=3$ $\left(\frac{1}{2},\frac{5}{2}\right)_3$
$J=2$ $\left(\frac{1}{2},\frac{5}{2}\right)_2$
$\frac{1}{2},\frac{3}{2}$
$J=2$ $\left(\frac{1}{2},\frac{3}{2}\right)_2$
$J=1$ $\left(\frac{1}{2},\frac{3}{2}\right)_1$
H_c
H_c+H_1
$H_c+H_1+H_2$

6-5　試由 Hund 規則分別寫出[1]^4Be：$1s^22s^2$；[2]^6C：$1s^22s^22p^2$，的光譜記號。

解：由 Hund 規則：[1]對於一個給定的電子組態，最大可能的 S 具有最低的能量；隨著 S 的減少，能量就漸次增加。[2]對於給定的 S 值，最大可能的 L 具有最低的能量；隨著 L 的減少能量就漸次增加。

[1]　電子組態 ^4Be：$1s^22s^2$

因爲外層電子爲 s，所以 $l=0$，又有 2 個電子，則電子填充的結果爲

l	0	0
s	↑	↑

，若以向量模型表示則爲

$$l=0 \longrightarrow \begin{matrix} \uparrow & \downarrow \\ \frac{1}{2} & -\frac{1}{2} \end{matrix}$$

所以 $\vec{S}=\overrightarrow{S_1}+\overrightarrow{S_2}=0$；$\vec{L}=\overrightarrow{L_1}+\overrightarrow{L_2}=0$。

因爲軌域已半填滿，電子有自旋向下 $\left(-\frac{1}{2}\right)$ 和 z 軸正向的自旋向上電子極性相抵消，所以總自旋量 $\vec{S}$ 和 $\vec{L}$ 同向，所以總角動量爲 $\vec{J}=\vec{L}+\vec{S}$，即 $\vec{J}=\vec{L}+\vec{S}=0$，可得光譜記號爲 $^{2S+1}L_J={}^1S_0$。

[2]　電子組態 ^6C：$1s^22s^22p^2$

因爲外層電子爲 p，所以 $l=1$，又有 2 個電子，則電子填充的結果爲

l	+1	0	−1
s	↑	↑	

，若以向量模型表示則爲

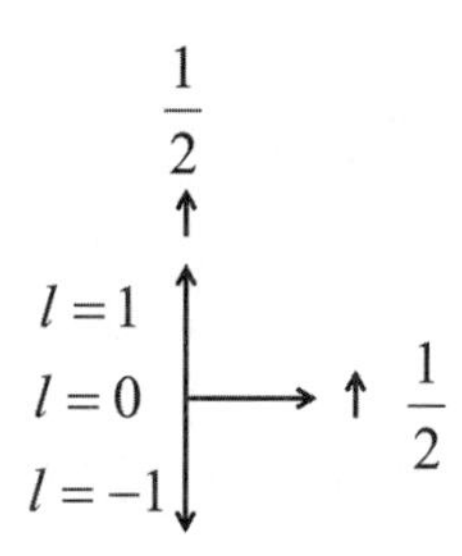

所以$\vec{S}=\vec{S_1}+\vec{S_2}=\frac{1}{2}+\frac{1}{2}=1$；$\vec{L}=\vec{L_1}+\vec{L_2}=1+0=1$。

因爲軌域未半填滿，電子多集中於z軸正向，且均自旋向上相互排斥的結果，總自旋量$\vec{S}$和總角動量$\vec{L}$反向，所以總角動量爲$\vec{J}=\vec{L}-\vec{S}$，即$\vec{J}=\vec{L}-\vec{S}=0$，可得光譜記號爲${}^{2S+1}L_J={}^3P_0$。

6-6 因為如果主量子數為n，則角動量子數l和主量子數n的關係為$l\leq n-1$，試証殼層n可容納的電子個數最多為$2n^2$。

解：考慮電子自旋之後，殼層n可容納的電子個數最多爲

$$\sum_{l=0}^{n-1}2(2l+1)=2[1+3+5+\cdots+2(n-1)+1]$$

$$=2\frac{n}{2}[1+(2n-1)]$$

$$=2n^2$$ 。得証。

6-7 我們可以藉由Wigner-Eckart理論（Wigner-Eckart theorem）所敘述之Clebsch-Gordan係數（Clebsch-Gordan coefficients或稱為Vector-addition coefficients）求得電多極躍遷（Electric multipole transition）和磁多極躍遷（Magnetic multpole transition）的選擇規律。對於 2^{λ}-Multipole，其中 $\lambda=1,2,3,\cdots$，躍遷選擇規律列表如下：

		Electric Multipole Transitions	Magnetic Multipole Transitions
ΔM_J		$\pm1, 0$	$\pm1, 0$
$\lvert\Delta J\rvert=\lvert J-J'\rvert$		$\lambda, \lambda-1, \cdots, 0$ with $J+J'>\lambda$	$\lambda, \lambda-1, \cdots, 0$
Parity change	Odd λ	Yes	No
	Even λ	No	Yes

對於電雙極躍遷（Electric dipole transition）的選擇規律為：磁量子數（Magnetic quantum number）$\Delta m=\pm1, 0$；軌道角動量量子數（Orbital angular momentum quantum number）$\Delta l=\pm1$。

試說明電雙極躍遷中，

[1]　宇稱的選擇規律。

[2]　從角動量的交換關係（Angular momentum commutation）說明 $\Delta m=\pm1, 0$ 且 $\Delta l=\pm1$ 的選擇規律。

[3]　舉例說明 $l=0$ 和 $l'=0$ 之間的電雙極矩（Electric dipole momentum）是不存在的。

解：[1]　首先說明幾個符號及定義。

單電子的電雙極算符（Electric dipole operator）$\vec{D}$ 爲 $\vec{D}=-e\vec{r}$，則電雙極矩的矩陣元素（Matrix elements of electric dipole momentum）爲

$\overrightarrow{D}_{ba}=\langle\psi_b|D|\psi_a\rangle=-e\int\psi_b^*(\vec{r})\vec{r}\psi_a(\vec{r})d\vec{r}$，其中 ψ_b 爲$(\vec{r})$初始狀態；$\psi_a(\vec{r})$爲終了狀態。

我們知道在電雙極的近似（Electric dipole approximation）下，光學吸收（Absorption）、受激輻射（Stimulated emission）、自發輻射（Spontaneous emission）的躍遷率（Transition rate）都取決於$\left|\hat{\varepsilon}\cdot\overrightarrow{D}_{ba}\right|^2=(\hat{\varepsilon}^*\cdot\overrightarrow{D}_{ba}^*)(\hat{\varepsilon}\cdot\overrightarrow{D}_{ba})=(\hat{\varepsilon}^*\cdot\overrightarrow{D}_{ba})(\hat{\varepsilon}\cdot\overrightarrow{D}_{ba}^*)$，其中$\hat{\varepsilon}$爲偏極化向量（Polarization vector），這樣的分解爲了座標分解的關係，所以會需要作$\hat{\varepsilon}^*\cdot\overrightarrow{D}_{ba}$或$\hat{\varepsilon}\cdot\overrightarrow{D}_{ba}^*$的計算。

單電子原子的波函數可以表示爲

$$\psi_a(\vec{r})=R_{n,l}(r)Y_{l,m}(\theta,\phi)=|nlm\rangle\ ;$$

$$\psi_b(\vec{r})=R_{n',l'}(r)Y_{l',m'}(\theta,\phi)=|n'l'm'\rangle\ ,$$

其中$R_{n,l}(r)$爲徑向函數（Radical function）；$Y_{l,m}(\theta,\phi)$爲球諧函數（Spherical harmonic function）。

爲了計算方便，所以我們用球座標（Spherical polar coordinate）來表示$\vec{r}$，即

$$\begin{aligned}\vec{r}&=\hat{x}x+\hat{y}y+\hat{z}z\\&=\hat{x}\left[\frac{x-iy}{2}-\left(-\frac{x+iy}{2}\right)\right]+\hat{y}i\left[\frac{x-iy}{2}-\left(-\frac{x+iy}{2}\right)\right]+\hat{z}z\\&=(-\hat{x}+\hat{y}i)\left(-\frac{x+iy}{2}\right)+(\hat{x}+\hat{y}i)\left(\frac{x-iy}{2}\right)+\hat{z}z\\&=\left(-\frac{\hat{x}-\hat{y}i}{\sqrt{2}}\right)\left(-\frac{x+iy}{\sqrt{2}}\right)+\left(\frac{\hat{x}+\hat{y}i}{\sqrt{2}}\right)\left(\frac{x-iy}{\sqrt{2}}\right)+\hat{z}z\\&=\hat{r}_1r_1+\hat{r}_{-1}r_{-1}+\hat{r}_0r_0\\&=\hat{r}_1r_1+\hat{r}_0r_0+\hat{r}_{-1}r_{-1}\ ,\end{aligned}$$

其中要特別注意的是，因爲$\hat{r}_1$和$\hat{r}_{-1}$是複數向量（Complex vectors），所以$\vec{r} = \hat{x}x + \hat{y}y + \hat{z}z = \hat{r}_1^* \hat{r}_1 + \hat{r}_0^* \hat{r}_0 + \hat{r}_{-1}^* \hat{r}_{-1}$。

此外，$r_1 = -\frac{1}{\sqrt{2}}(x+iy) = -\frac{1}{\sqrt{2}} r\sin\theta e^{i\phi} = r\sqrt{\frac{4\pi}{3}} Y_{1,1}(\theta,\phi)$；

$$r_0 = z = r\cos\theta = r\sqrt{\frac{4\pi}{3}} Y_{1,0}(\theta,\phi)\text{；}$$

$$r_{-1} = \frac{1}{\sqrt{2}}(x-iy) = \frac{1}{\sqrt{2}} r\sin\theta e^{-i\phi} = r\sqrt{\frac{4\pi}{3}} Y_{1,-1}(\theta,\phi)\text{，}$$

或者可以把這三個分量合併寫成同一個形式爲$r_q = r\sqrt{\frac{4\pi}{3}} Y_{1,q}(\theta,\phi)$，其中$q = 1, 0, -1$。

相似的步驟也可以把偏極化向量$\hat{\varepsilon}$分解展開爲

$$\begin{aligned}\hat{\varepsilon} &= \hat{x}\varepsilon_x + \hat{y}\varepsilon_y + \hat{z}\varepsilon_z \\ &= \left(-\frac{\hat{x} - \hat{y}i}{\sqrt{2}}\right)\left(-\frac{\varepsilon_x + i\varepsilon_y}{\sqrt{2}}\right) + \hat{z}\varepsilon_z + \left(\frac{\hat{x} + \hat{y}i}{\sqrt{2}}\right)\left(\frac{\varepsilon_x - i\varepsilon_y}{\sqrt{2}}\right) \\ &= \hat{r}_1\varepsilon_1 + \hat{r}_0\varepsilon_0 + \hat{r}_{-1}\varepsilon_{-1}\text{，}\end{aligned}$$

其中$\varepsilon_1 = -\frac{1}{\sqrt{2}}(\varepsilon_x + i\varepsilon_y)$；$\varepsilon_0 = \varepsilon_z$；$\varepsilon_{-1} = \frac{1}{\sqrt{2}}(\varepsilon_x - i\varepsilon_y)$。

所以

$$\begin{aligned}&\hat{\varepsilon}^* \cdot \vec{D}_{ba} \\ &= \hat{\varepsilon}^* \cdot \langle \psi_b | (-e)\vec{r} | \psi_a \rangle \\ &= -e\hat{\varepsilon}^* \cdot \vec{r}_{ba} \\ &= -e\hat{\varepsilon}^* \cdot \langle \psi_b | \hat{r}_1 r_1 + \hat{r}_0 r_0 + \hat{r}_{-1} r_{-1} | \psi_a \rangle \\ &= -e(\hat{r}_1^* \varepsilon_1^* + \hat{r}_0^* \varepsilon_0^* + \hat{r}_{-1}^* \varepsilon_{-1}^*) \cdot \langle \psi_b | \hat{r}_1 r_1 + \hat{r}_0 r_0 + \hat{r}_{-1} r_{-1} | \psi_a \rangle \\ &= -e\{\varepsilon_1^* \langle \psi_b | r_1 | \psi_a \rangle + \varepsilon_0^* \langle \psi_b | r_0 | \psi_a \rangle + \varepsilon_{-1}^* \langle \psi_b | r_{-1} | \psi_a \rangle\} \\ &= -e\left\{ \varepsilon_1^* \int_0^\infty \int_0^{2\pi} \int_0^\pi R_{n',l'}^*(r) Y_{l',m'}^*(\theta,\phi) r\sqrt{\frac{4\pi}{3}} Y_{1,1}(\theta,\phi) R_{n,l}(r) Y_{l,m}(\theta,\phi) r^2 \right.\end{aligned}$$

$$\sin\theta\, d\theta d\phi dr+\varepsilon_0^*\int_0^\infty\int_0^{2\pi}\int_0^{\pi}R_{n',l'}^*(r)Y_{l',m'}^*(\theta,\phi)r\sqrt{\frac{4\pi}{3}}Y_{1,1}(\theta,\phi)R_{n,l}(r)Y_{l,m}(\theta,\phi)r^2$$

$$\sin\theta\, d\theta d\phi dr+\varepsilon_{-1}^*\int_0^\infty\int_0^{2\pi}\int_0^{\pi}R_{n',l'}^*(r)Y_{l',m'}^*(\theta,\phi)r\sqrt{\frac{4\pi}{3}}Y_{1,1}(\theta,\phi)R_{n,l}(r)$$

$$\left.Y_{l,m}(\theta,\phi)r^2\sin\theta\, d\theta d\phi dr\right\}$$

$$=-e\sqrt{\frac{4\pi}{3}}\left\{\varepsilon_1^*\int_0^\infty r^3R_{n',l'}^*(r)R_{n,l}(r)dr\int_0^{2\pi}\int_0^{\pi}Y_{l',m'}^*(\theta,\phi)Y_{1,1}(\theta,\phi)Y_{l,m}(\theta,\phi)\right.$$

$$\sin\theta\, d\theta d\phi+\varepsilon_0^*\int_0^\infty r^3R_{n',l'}^*(r)R_{n,l}(r)dr\int_0^{2\pi}\int_0^{\pi}Y_{l',m'}^*(\theta,\phi)Y_{1,1}(\theta,\phi)Y_{l,m}(\theta,\phi)$$

$$\sin\theta\, d\theta d\phi+\varepsilon_{-1}^*\int_0^\infty r^3R_{n',l}^*(r)R_{n,l}(r)dr\int_0^{2\pi}\int_0^{\pi}Y_{l',m'}^*(\theta,\phi)Y_{1,1}(\theta,\phi)Y_{l,m}(\theta,\phi)$$

$$\left.\sin\theta\, d\theta d\phi\right\}。$$

積分式中的徑向部份永遠不會爲零，但是角度積分部份只有在某些特定的(l, m)和(l', m')才存在，於是產生了躍遷選擇。

對於宇稱而言，$\langle\psi_b|r_q|\psi_a\rangle$中，其中$q=1, 0, -1$，至少要有一項不爲零。因爲是全空間作積分，所以被積分的函數必須是偶宇稱，才可以使空間積分不爲零。由於宇稱算符是把$\vec{r}$換成$-\vec{r}$，在直角座標中，就是把(x, y, z)轉換成$(-x, -y, -z)$；在球座標中，就是把(r, θ, ϕ)轉換成$(r, \pi-\theta, \pi+\phi)$，所以波函數$R_{n,l}(r)Y_{l,m}(\theta,\phi)$就轉換成$R_{n,l}(r)Y_{l,m}(\pi-\theta,\pi+\phi)$，

即$R_{n,l}(r)Y_{l,m}(\theta,\phi)\xrightarrow{\vec{r}\to-\vec{r}}R_{n,l}(r)Y_{l,m}(\pi-\theta,\pi+\phi)=R_{nl}(r)(-1)^lY_{lm}(\theta,\phi)$。

若l是一個偶數，則$R_{nl}(r)Y_{lm}(\theta,\phi)$爲偶宇稱；若$l$是一個奇數，則$R_{n,l}(r)Y_{l,m}(\theta,\phi)$爲奇宇稱。

在$\langle\psi_b|r_q|\psi_a\rangle$，其中$q=1, 0, -1$，三個積分式中，都有

$$\langle \psi_b | r_q | \psi_a \rangle$$
$$= \int_V R^*_{n',l'}(r) Y^*_{l',m'}(\theta,\phi) r \sqrt{\frac{4\pi}{3}} Y_{1,q}(\theta,\phi) R_{n,l}(r) Y_{l,m}(\theta,\phi) dV$$
$$= \sqrt{\frac{4\pi}{3}} \int_V r R^*_{n',l'}(r) Y^*_{l',m'}(\theta,\phi) Y_{1,q}(\theta,\phi) R_{n,l}(r) Y_{l,m}(\theta,\phi) dV,$$

經過了$\vec{r}$轉換到$-\vec{r}$的座標轉換之後，即

$$Y_{l',m'}(\theta,\phi) Y_{1,q}(\theta,\phi) Y_{l,m}(\theta,\phi) \xrightarrow{\vec{r}\to -\vec{r}}$$
$$(-1)^{l+l'+1} Y_{l',m'}(\theta,\phi) Y_{1,q}(\theta,\phi) Y_{l,m}(\theta,\phi),$$

所以無論q等於1或0或-1，$l+l'+1$都必須是偶數，即$l+l'$是奇數，才可以使機分運算不爲零，其物理意義爲：發生電雙極躍遷的兩個狀態之宇稱必須是不同的。

由$l+l'=odd$，則$\Delta l = l'-l = l'-(odd-l') = 2l'-odd = odd$。

這個結果暗示了，由$l=0$是不能躍遷到$l'=0$的。其實$l=0$或$l'=0$的波函數是和θ、ϕ無關的，也就是當座標轉換時，宇稱是不會改變的，如果依「發生電雙極躍遷的兩個狀態之宇稱必須是不同的」，則$l=0$和$l'=0$之間是不會發生躍遷的。

[2] 先列出幾個說明選擇規律所需的角動量的交換關係：$[L_z, x] = i\hbar y$；$[\hat{L}_z, \hat{y}] = -i\hbar\hat{x}$；$[\hat{L}_z, \hat{z}] = 0$；$\left[\hat{L}^2, \left[\hat{L}^2, \hat{r}\right]\right] = 2\hbar^2(\hat{r}\hat{L}^2 + \hat{L}^2\hat{r})$。

我們要從$[\hat{L}_z, \hat{x}] = i\hbar\hat{y}$和$[\hat{L}_z, \hat{y}] = -i\hbar\hat{x}$得到$\Delta m = \pm 1$；從$[\hat{L}_z, \hat{z}] = 0$得到$\Delta m = 0$。此外，可由$\left[\hat{L}^2, \left[\hat{L}^2, \hat{r}\right]\right] = 2\hbar^2(\hat{r}\hat{L}^2 + \hat{L}^2\hat{r})$得到$\Delta l = \pm 1$。

證明如下：

由　$[\hat{L}_z, \hat{x}] = i\hbar y$，

則　$\langle n'l'm' | \left[\hat{L}_z, \hat{x}\right] | nlm \rangle = \langle n'l'm' | \hat{L}_z\hat{x} - \hat{x}\hat{L}_z | nlm \rangle$

$$= (m'-m)\hbar \langle n'l'm' | \hat{x} | nlm \rangle$$

$$= i\hbar \langle n'l'm' | \hat{y} | nlm \rangle ,$$

即 $(m'-m)\langle n'l'm' | \hat{x} | nlm \rangle = i \langle n'l'm' | \hat{y} | nlm \rangle$ 。

又 $[\hat{L}_z, \hat{y}] = -i\hbar\hat{x}$，

則 $\langle n'l'm' | [\hat{L}_z, \hat{y}] | nlm \rangle = \langle n'l'm' | \hat{L}_z\hat{y}, -\hat{y}\hat{L}_z | nlm \rangle$

$$= (m'-m)\hbar \langle n'l'm' | \hat{y} | nlm \rangle$$

$$= i\hbar \langle n'l'm' | \hat{x} | nlm \rangle ,$$

即 $(m'-m)\langle n'l'm' | y | nlm \rangle = i \langle n'l'm' | \hat{x} | nlm \rangle$ 。

綜合這兩個結果可得 $(m'-m)^2 \langle n'l'm' | \hat{x} | nlm \rangle = \langle n'l'm' | \hat{x} | nlm \rangle$ ，

則 $[(m'-m)^2 - 1]\langle n'l'm' | x | nlm \rangle = 0$。

若 $\langle n'l'm' | \hat{x} | nlm \rangle \neq 0$ 或 $\langle n'l'm' | \hat{y} | nlm \rangle \neq 0$，則 $(m'-m)^2 - 1 = (\Delta l)^2 - 1 = 0$，

即 $\Delta l = \pm 1$。

由 $[\hat{L}_z, \hat{z}] = 0$，

則 $\langle n'l'm' | [\hat{L}_z, \hat{z}] | nlm \rangle = \langle n'l'm' | \hat{L}_z\hat{z}, -\hat{z}\hat{L}_z | nlm \rangle$

$$= \langle n'l'm' | m'\hbar\hat{z} - \hat{z}m\hbar | nlm \rangle$$

$$= (m'-m)\hbar \langle n'l'm' | \hat{z} | nlm \rangle$$

$$= 0 。$$

若 $\langle n'l'm' | \hat{z} | nlm \rangle \neq 0$，則 $m' - m = \Delta m = 0$。

由 $\left[\hat{L}^2, \left[\hat{L}^2, \hat{r}\right]\right] = 2\hbar^2 (\hat{r}\hat{L}^2 + \hat{L}^2\hat{r})$，

則 $\langle n'l'm' | \left[\hat{L}^2, \left[\hat{L}^2, \hat{r}\right]\right] | nlm \rangle = \langle n'l'm' | \hat{L}^2 \left[\hat{L}^2, \hat{r}\right] - \left[\hat{L}^2, \hat{r}\right] \hat{L}^2 | nlm \rangle$

$$= \langle n'l'm' | l'(l'+1)\hbar^2 \left[\hat{L}^2, \hat{r}\right] - \left[\hat{L}^2, \hat{r}\right] l(l+1)\hbar^2 | nlm \rangle$$

$$= [l'(l'+1) - l(l+1)]\hbar^2 \langle n'l'm' | \left[\hat{L}^2, \hat{r}\right] | nlm \rangle$$

$$= [l'(l'+1) - l(l+1)]\hbar^2 \langle n'l'm' | \hat{L}^2\hat{r} - \hat{r}\hat{L}^2 | nlm \rangle$$

$$= [l'(l'+1) - l(l+1)]\hbar^2 \langle n'l'm' | l'(l'+1)\hbar^2\hat{r} - \hat{r}l(l+1)\hbar^2 | nlm \rangle$$

$$= \hbar^4 [l'(l'+1) - l(l+1)]^2 \langle n'l'm' | \hat{r} | nlm \rangle$$

$=\langle n'l'm'|2\hbar^2(\hat{r}\hat{L}^2+\hat{L}^2\hat{r})|nlm\rangle$

$=2\hbar^2\langle n'l'm'|l'(l'+1)\hbar^2\hat{r}+\hat{r}l(l+1)\hbar^2|nlm\rangle$

$=2\hbar^4[l'(l'+1)+l(l+1)]\langle n'l'm'|\hat{r}|nlm\rangle$ ，

則　$\{[l'(l'+1)-l(l+1)]^2-2[l'(l'+1)+l(l+1)]\hbar^4\}\langle n'l'm'|\hat{r}|nlm\rangle=0$，

若$\langle n'l'm'|\hat{r}|nlm\rangle\neq 0$，

則　$\{[l'(l'+1)-l(l+1)]^2-2[l'(l'+1)+l(l+1)]\hbar^4\}=0$，

$\Rightarrow[l'(l'+1)-l(l+1)]^2-2[l'(l'+1)+l(l+1)]=0$，

$\Rightarrow(l'+l+1)^2[(l'-l)^2-1]-(l'-l)^2+1=0$，

$\Rightarrow[(l'-l)^2-1][(l'+l+1)^2-1]=0$，

則$(l'-l)^2-1=0$　或$(l'+l+1)^2-1=0$，即$\Delta l=\pm1$，然而對於$(l'+l+1)^2-1=0$，除非$l'=0$且$l=0$同時成立，否則$(l'+l+1)^2-1\neq 0$，但是由[1]的結果，$l=0\,l'=0$。

[3] 我們可以用一個最簡單的波函數$|nlm\rangle=R_{n,l}(r)Y_{l,m}(\theta,\phi)$來說明$l=0$和$l'=0$之間的電雙極矩是不存在的。

由$|nlm\rangle=R_{n,l}(r)Y_{l,m}(\theta,\phi)$，則$|n00\rangle=R_{n,0}(r)Y_{0,0}(\theta,\phi)=\frac{1}{\sqrt{4\pi}}R_{n,0}(r)$，

所以$\langle n'00|\vec{r}|n00\rangle=\frac{1}{4\pi}\iiint R_{n',0}(r)\vec{r}R_{n,0}(r)d\vec{r}$

$=\frac{1}{4\pi}\iiint R_{n',0}(x,y,z)(\hat{x}x+\hat{y}y+\hat{z}z)R_{n,0}(x,y,z)dxdydz$。

因為$R_{n',0}(x)xR_{n,0}(x)$、$R_{n',0}(y)yR_{n,0}(y)$、$R_{n',0}(z)zR_{n,0}(z)$都是奇函數，即$\langle n'00|\vec{r}|n00\rangle=0$，也就是$l=0$和$l'=0$之間的電雙極矩是不存在的。

其實電雙極躍遷的選擇規律中，禁止$l=0$和$l'=0$之間的躍遷可以從幾個面向來看：

[3.1] 宇稱必須改變而$l=0$和$l'=0$的波函數中和中ϕ和θ無關，所以宇

稱不會改變當然也就不會躍遷。

[3.2] 由 Wigner-Eckart 理論所求得的 Clebsch-Gordan 係數不能爲零。

[3.3] 如[1]所述 $l=0$ 時，表示自旋爲零，自旋爲零就沒有電雙極矩。

[3.4] 因爲光子的自旋爲 1，所以如果初始狀態和終了狀態爲角動量爲零則角動量守恆就無法遵守。

6-8 $H_2=\sum_{i=1}^{N}[\xi(r)\cdot\vec{S}_i\cdot\vec{L}_i]$是描述電子的自旋-軌道交互作用的 Hamiltonian。因為中心力場為 $V(r)=\dfrac{Ze^2}{4\pi\varepsilon_0}$，所以 $\xi(r)=\dfrac{1}{2m^2c^2}\dfrac{1}{r}\dfrac{dV(r)}{dr}=\dfrac{Ze^2}{4\pi\varepsilon_0}\dfrac{1}{2m_e^2c^2r^3}$，其中 $\vec{S}$ 為電子的自旋角動量算符；$\vec{L}=\vec{r}\times\vec{p}$ 為電子的軌道角動量算符；$\vec{r}$ 是電子相對於原子核的座標向量。試證明自旋-軌道交互作用的位能為 $V_{SL}=\dfrac{Ze^2}{4\pi\varepsilon_0}\dfrac{1}{2m_e^2c^2r^3}\vec{S}\cdot\vec{L}$。

解：電子的自旋-軌道交互作用源自於原子內部的磁場（Internal magnetic-field）$\overrightarrow{\mathscr{B}}_{internal}$ 所致。

從原子核的觀點來看，電子以速度 $\vec{v}$ 繞著原子核運動；從電子的觀點來看，原子核以速度 $-\vec{v}$ 繞著電子運動。若原子核帶有電荷 Ze，則以 Biot-Sarvart 定律（Biot-Sarvart law）可求出電子所感受到的磁場 $\overrightarrow{\mathscr{B}}$ 爲 $\overrightarrow{\mathscr{B}}=\dfrac{\mu_0}{4\pi}\dfrac{Ze(-\vec{v})\times\vec{r}}{r^3}$；以 Coulomb 定律（Coulomb law）可求出電子所感受到的電場 $\overrightarrow{\mathscr{E}}$ 爲 $\overrightarrow{\mathscr{E}}=\dfrac{Ze}{4\pi\varepsilon_0}\dfrac{\vec{r}}{r^3}$，其中 $\vec{r}$ 是電子相對於原子核的座標向量。

又 $\frac{1}{\mu_0\varepsilon_0}=c^2$，所以 $\overrightarrow{\mathscr{B}}$ 磁場可以改寫為 $\overrightarrow{\mathscr{B}}=-\frac{\vec{v}\times\overrightarrow{\mathscr{E}}}{c^2}$。

這個表示式描述了當電子以一個小小的速度 $\vec{v}$ 通過一個電場 $\overrightarrow{\mathscr{E}}$ 時的相對論效應。

所以內部的磁場 $\overrightarrow{\mathscr{B}}_{internal}$ 可以表示為 $\overrightarrow{\mathscr{B}}_{internal}=\frac{Ze}{4\pi\varepsilon_0}\frac{\vec{r}\times\vec{v}}{c^3r^3}=\frac{Ze}{4\pi\varepsilon_0}\frac{\vec{L}}{m_ec^2r^3}$，

其中 $\vec{L}=m_e\vec{r}\times\vec{v}$ 為電子的軌道角動量。

如同 Larmor 旋進（Larmor precession）般的交互作用能量，電子自旋磁矩（Electron spin magnetic moment）$\vec{\mu}_s$ 和磁場 $\overrightarrow{\mathscr{B}}_{internal}$ 的交互作用能量 V_{SL} 可以表示為 $V_{SL}=-\vec{\mu}_s\cdot\overrightarrow{\mathscr{B}}_{internal}$，其中 $\vec{\mu}_s=\frac{-q}{2m^*}g_s\vec{S}=g_s\frac{\mu_B}{\hbar}\vec{S}$；$\mu_B=\frac{q\hbar}{2m^*}$ 為 Bohr 磁子（Bohr magneton）；$g_s=2$ 為電子 $g-$ 因子（Electrong-factor）；$\vec{S}$ 為電子自旋。

自旋-軌道交互作用的位能為

$$\begin{aligned}V_{SL}&=\left(+g_s\frac{\mu_B}{\hbar}\vec{S}\right)\cdot\left(\frac{Ze}{4\pi\varepsilon_0m_ec^2r^3}\vec{L}\right)\\&=\left(\frac{e}{m_e}\vec{S}\right)\cdot\left(\frac{Ze}{4\pi\varepsilon_0m_ec^2r^3}\vec{L}\right)\\&=\frac{Ze^2}{4\pi\varepsilon_0}\frac{1}{m_e^2c^2r^3}\vec{S}\cdot\vec{L}\text{。}\end{aligned}$$

若再加入 Thomas 因子（Thomasfactor）$\frac{1}{2}$，則 $V_{SL}=\frac{Ze^2}{4\pi\varepsilon_0}\frac{1}{2m_e^2c^2r^3}\vec{S}\cdot\vec{L}$。得証。

第七章　微擾理論習題與解答

7-1 如果未受擾動的狀態是簡併的，也就是二個以上的狀態具有相同的能量，則一般的微擾理論就不再適用了。現在有一個二重簡併的狀態，即$\hat{H}^{(0)}\psi_1^{(0)}=E_d^{(0)}\psi_1^{(0)}$；$\hat{H}^{(0)}\psi_2^{(0)}=E_d^{(0)}\psi_2^{(0)}$，且$\langle\psi_1^{(0)}|\psi_2^{(0)}\rangle=0$。若$\Phi^{(0)}=c_1\psi_1^{(0)}+c_2\psi_2^{(0)}$，則$\hat{H}^{(0)}\Phi^{(0)}=E_d^{(0)}\Phi^{(0)}$。因為這是一個二重簡併狀態，所以我們可以對$\psi_1^{(0)}$和$\psi_2^{(0)}$做不同的線性組合，找出二個「好的」「正確的」零階波函數$\Phi_+^{(0)}$和$\Phi_-^{(0)}$，即$\Phi_+^{(0)}=c_1^+\psi_1^{(0)}+c_2^+\psi_2^{(0)}$；$\Phi_-^{(0)}=c_1^-\psi_1^{(0)}+c_2^+\psi_2^{(0)}$，或兩式合起來表示為$\Phi_\pm^{(0)}=c_1^\pm\psi_1^{(0)}+c_2^\pm\psi_2^{(0)}$。

由課文內容可知$\dfrac{c_2^+}{c_1^+}=\dfrac{E_{n+}^{(1)}-H_{11}^{(1)}}{H_{12}^{(1)}}$，且$\dfrac{c_2^-}{c_1^-}=\dfrac{E_{n-}^{(1)}-H_{11}^{(1)}}{H_{12}^{(1)}}$，

其中
$$E_{n+}^{(1)}=\frac{H_{11}^{(1)}+H_{22}^{(1)}}{2}+\frac{1}{2}\sqrt{\left(H_{11}^{(1)}-H_{22}^{(1)}\right)^2+4\left(H_{12}^{(1)}\right)^2}\ ;$$
$$E_{n-}^{(1)}=\frac{H_{11}^{(1)}+H_{22}^{(1)}}{2}-\frac{1}{2}\sqrt{\left(H_{11}^{(1)}-H_{22}^{(1)}\right)^2+4\left(H_{12}^{(1)}\right)^2}\ ,$$

則試證

[1]　$\langle\Phi_+^{(0)}|\Phi_-^{(0)}\rangle=0$。

[2]　$\langle\Phi_+^{(0)}|\hat{H}^{(1)}|\Phi_-^{(0)}\rangle=0$。

[3]　$\langle\Phi_+^{(0)}|\hat{H}^{(1)}|\Phi_+^{(0)}\rangle=E_{n+}^{(0)}$；$\langle\Phi_-^{(0)}|\hat{H}^{(1)}|\Phi_-^{(0)}\rangle=E_{n-}^{(0)}$。

解：[1]　$\langle\Phi_+^{(0)}|\Phi_-^{(0)}\rangle$

$$=\langle c_1^+\psi_1^{(0)}+c_2^+\psi_2^{(0)}|c_1^-\psi_1^{(0)}+c_2^+\psi_2^{(0)}\rangle$$

$$=c_1^{+*}c_1^-\langle\psi_1^{(0)}|\psi_1^{(0)}\rangle+c_1^{+*}c_2^-\langle\psi_1^{(0)}|\psi_2^{(0)}\rangle+c_2^{+*}c_1^-\langle\psi_2^{(0)}|\psi_1^{(0)}\rangle+c_2^{+*}c_2^-\langle\psi_2^{(0)}|\psi_2^{(0)}\rangle$$

$$=c_1^{+*}c_1^-+c_2^{+*}c_2^-$$

$$=c_1^{+*}c_1^-\left(1+\frac{c_2^{+*}}{c_1^{+*}}\frac{c_2^-}{c_1^-}\right)$$

$$=c_1^{+*}c_1^-\left[1+\frac{E_{n+}^{(1)*}-H_{11}^{(1)^*}}{H_{12}^{(1)*}}-\frac{E_n^{(1)}-H_{11}^{(1)}}{H_{12}^{(1)}}\right]$$

$$=\frac{c_1^{+*}c_1^-}{|H_{12}^{(1)}|^2}[|H_{12}^{(1)}|^2+(E_{n+}^{(1)}-H_{11}^{(1)})(E_n^{(1)}-H_{11}^{(1)})]，$$

其中$(E_{n+}^{(1)}-H_{11}^{(1)})(E_n^{(1)}-H_{11}^{(1)})$

$$=\left[\frac{H_{11}^{(1)}+H_{22}^{(1)}}{2}+\frac{1}{2}\sqrt{(H_{11}^{(1)}-H_{22}^{(1)})^2+4(H_{22}^{(1)})^2}\right]$$

$$\left[\frac{H_{11}^{(1)}+H_{22}^{(1)}}{2}-\frac{1}{2}\sqrt{(H_{11}^{(1)}-H_{22}^{(1)})^2+4(H_{22}^{(1)})^2}\right]$$

$$=\frac{1}{4}(H_{11}^{(1)}-H_{22}^{(1)})^2-\frac{1}{4}(H_{11}^{(1)}-H_{22}^{(1)})^2-|H_{12}^{(1)}|^2$$

$$=-|H_{12}^{(1)}|^2，$$

所以 $\langle\Phi_+^{(0)}|\Phi_-^{(0)}\rangle=0$。得証。

[2] $\langle\Phi_+^{(0)}|\hat{H}^{(1)}|\Phi_-^{(0)}\rangle$

$$=\langle(c_1^+\psi_1^{(0)}+c_2^+\psi_2^{(0)})|\hat{H}^{(1)}|(c_1^-\psi_1^{(0)}+c_2^+\psi_2^{(0)})\rangle$$

$$=c_1^{+*}c_1^-\langle\psi_1^{(0)}|\hat{H}^{(1)}|\psi_1^{(0)}\rangle+c_1^{+*}c_2^-\langle\psi_1^{(0)}|\hat{H}^{(1)}|\psi_2^{(0)}\rangle$$

$$+c_2^{+*}c_1^-\langle\psi_2^{(0)}|\hat{H}^{(1)}|\psi_1^{(0)}\rangle+c_2^{+*}c_2^-\langle\psi_2^{(0)}|\hat{H}^{(1)}|\psi_2^{(0)}\rangle$$

$$=c_1^{+*}c_1^-H_{11}^{(1)}+c_1^{+*}c_2^-H_{12}^{(1)}+c_2^{+*}c_1^-H_{21}^{(1)}+c_2^{+*}c_2^-H_{22}^{(1)}$$

$$=c_1^{+*}c_1^-\left[H_{11}^{(1)}+\frac{c_2^-}{c_1^-}H_{12}^{(1)}+\frac{c_2^{+*}}{c_1^{+*}}H_{21}^{(1)}+\frac{c_2^{+*}}{c_1^{+*}}\frac{c_2^-}{c_1^-}H_{22}^{(1)}\right]$$

$$=c_1^{+*}c_1^-\left[H_{11}^{(1)}+\frac{E_{n-}^{(1)}-H_{11}^{(1)}}{H_{12}^{(1)}}H_{12}^{(1)}+\frac{E_{n+}^{(1)*}-H_{11}^{(1)*}}{H_{12}^{(1)*}}H_{12}^{(1)*}+\frac{E_{n+}^{(1)*}-H_{11}^{(1)*}}{H_{12}^{(1)*}}\frac{E_{n-}^{(1)}-H_{11}^{(1)}}{H_{12}^{(1)}}H_{12}^{(1)}\right]$$

$$=c_1^{+*}c_1^-\left[H_{11}^{(1)}+E_{n-}^{(1)}-H_{11}^{(1)}+E_{n+}^{(1)}-H_{11}^{(1)}-H_{22}^{(1)}\right]$$

$$=c_1^{+*}c_1^-\left[E_{n-}^{(1)}+E_{n+}^{(1)}-H_{11}^{(1)}-H_{22}^{(1)}\right]$$

$=0$。得証。

[3] $\langle\Phi_+^{(0)}|\hat{H}^{(1)}|\Phi_-^{(0)}\rangle$

$$= \langle (c_1^+\psi_1^{(0)} + c_2^+\psi_2^{(0)}) | \hat{H}^{(1)} | (c_1^-\psi_1^{(0)} + c_2^+\psi_2^{(0)}) \rangle$$

$$= c_1^{+*}c_1^- \langle \psi_1^{(0)} | \hat{H}^{(1)} | \psi_1^{(0)} \rangle + c_1^{+*}c_2^- \langle \psi_1^{(0)} | \hat{H}^{(1)} | \psi_2^{(0)} \rangle$$

$$+ c_2^{+*}c_1^- \langle \psi_2^{(0)} | \hat{H}^{(1)} | \psi_1^{(0)} \rangle + c_2^{+*}c_2^- \langle \psi_2^{(0)} | \hat{H}^{(1)} | \psi_2^{(0)} \rangle$$

$$= |c_1^+|^2 \left[\langle \psi_1^{(0)} | \hat{H}^{(1)} | \psi_1^{(0)} \rangle + \frac{c_2^{+*}}{c_1^{+*}} \langle \psi_1^{(0)} | \hat{H}^{(1)} | \psi_2^{(0)} \rangle \right]$$

$$+ |c_2^+|^2 \left[\frac{c_2^{+*}}{c_1^{+*}} \langle \psi_2^{(0)} | \hat{H}^{(1)} | \psi_1^{(0)} \rangle + \langle \psi_2^{(0)} | \hat{H}^{(1)} | \psi_2^{(0)} \rangle \right],$$

又課文內容可知 $\dfrac{c_2^+}{c_1^+} = \dfrac{E_{n+}^{(1)} - H_{22}^{(1)}}{H_{21}^{(1)}}$，

所以 $\langle \Phi_+^{(0)} | \hat{H}^{(1)} | \Phi_-^{(0)} \rangle = |c_1^+|^2 \left[H_{11}^{(1)} + H_{n+}^{(1)} - H_{11}^{(1)} \right] + |c_2^+|^2 \left[H_{n+}^{(1)} - H_{22}^{(1)} + H_{22}^{(1)} \right]$

$$= |c_1^+|^2 E_{n+}^{(1)} + |c_2^+|^2 E_{n+}^{(1)}$$

$$= (|c_1^+|^2 + |c_2^+|^2) E_{n+}^{(1)}$$

$= E_{n+}^{(1)}$。得証。

同理可得 $\langle \Phi_-^{(0)} | \hat{H}^{(1)} | \Phi_-^{(0)} \rangle = E_{n-}^{(0)}$。得証。

7-2　物理科學中，有非常多的干擾的形式是呈弦波時間相依的（Sinusoidal time dependence）的，即 $H'(\vec{r}, t) = V(\vec{r}) \cos(\omega t)$。通常是這兩種情況：[a]系統放在一個隨時間變化的位能中，例如一個原子被一束雷射光照射。[b]吸收或放射出一個粒子。

假設系統在兩個狀態之間做躍遷，則試以時間相關的微擾理論求出躍遷機率（Transition probability）。

解：假設系統有 ψ_a 和 ψ_b 兩個狀態，則由弦波時間相依的干擾的形式為

$$H'(\vec{r}, t) = V(\vec{r}) \cos(\omega t),$$

所以令 $H'_{ba} = \langle \psi_b | H'(\vec{r}, t) | \psi_a \rangle = \langle \psi_b | V(\vec{r}) | \psi_a \rangle \cos(\omega t) = V_{ba} \cos(\omega t)$。

則由時間相關的微擾理論，且弦波時間相依的干擾爲 $H_{int(b,a)}(t)$，

所以 $$\frac{dC_b(t)}{dt}=\frac{1}{i\hbar}\left[C_a(t)\,H_{int(b,a)}(t)e^{i(E_b-E_a)t/\hbar}+C_b(t)\,H_{int(b,b)}(t)e^{i(E_b-E_a)t/\hbar}\right]$$

$$=\frac{1}{i\hbar}\left[C_a(t)\,H_{int(b,a)}(t)e^{i(E_b-E_a)t/\hbar}+C_b(t)\,H_{int(b,b)}(t)\right],$$

通常 $H_{int(b,b)}(t)=0$，

所以 $$\frac{dC_b(t)}{dt}=\frac{1}{i\hbar}\left[C_a(t)\,H_{int(b,a)}(t)e^{i(E_b-E_a)t/\hbar}\right]。$$

又假設 $C_a(t)=1$，

則 $$\frac{dC_b(t)}{dt}=\frac{1}{i\hbar}\left[H_{int(b,a)}(t)e^{i(E_b-E_a)t/\hbar}\right]$$

$$=\frac{1}{i\hbar}\left[V_{ba}\cos(\omega t)\,e^{i(E_b-E_a)t/\hbar}\right]$$

$$=\frac{1}{i\hbar}\left[V_{ba}\cos(\omega t)\,e^{i\omega_0 t}\right],$$

其中 $\omega_0=\dfrac{E_b-E_a}{\hbar}$。

所以 $$C_b(t)=\frac{1}{i\hbar}V_{ba}\int_0^t\cos(\omega t')\,dt'$$

$$=\frac{V_{ba}}{i2\hbar}\int_0^t\left[e^{i(\omega_0+\omega)t'}+e^{i(\omega_0-\omega)t'}\right]dt'$$

$$=\frac{-V_{ba}}{2\hbar}\left[\frac{e^{i(\omega_0+\omega)t}-1}{\omega_0+\omega}+\frac{e^{i(\omega_0-\omega)t}-1}{\omega_0-\omega}\right]。$$

因爲 $\omega_0+\omega\gg|\omega_0-\omega|$，即干擾的驅動頻率（Driving frequency）ω 通常都非常接近躍遷頻率（Transition frequency）ω_0，所以我們忽略第一項 $\dfrac{e^{i(\omega_0+\omega)t}-1}{\omega_0+\omega}$，

則 $$C_b(t)\approx\frac{-V_{ba}}{2\hbar}\frac{e^{i(\omega_0-\omega)t}-1}{\omega_0-\omega}$$

$$=\frac{-V_{ba}}{2\hbar}\frac{e^{i(\omega_0-\omega)t/2}}{\omega_0-\omega}\left[e^{\frac{i(\omega_0-\omega)t}{2}}-e^{-\frac{i(\omega_0-\omega)t}{2}}\right]$$

$$= -i\frac{V_{ba}}{\hbar}\frac{\sin\left[\frac{(\omega_0-\omega)t}{2}\right]}{\omega_0-\omega}e^{\frac{i(\omega_0-\omega)t}{2}}\text{。}$$

所以由狀態 ψ_a 躍遷到狀態的躍遷機率 $P_{a\to b}(t)$，如圖所示，為

$$P_{a\to b}(t)=|C_b(t)|^2=\left(\frac{V_{ba}}{\hbar}\right)^2\frac{\sin^2\left[\frac{(\omega_0-\omega)t}{2}\right]}{(\omega_0-\omega)^2}$$

$$=\left(\frac{V_{ba}}{\hbar(\omega_0-\omega)}\right)^2\sin^2\left[\frac{(\omega_0-\omega)t}{2}\right]\text{。}$$

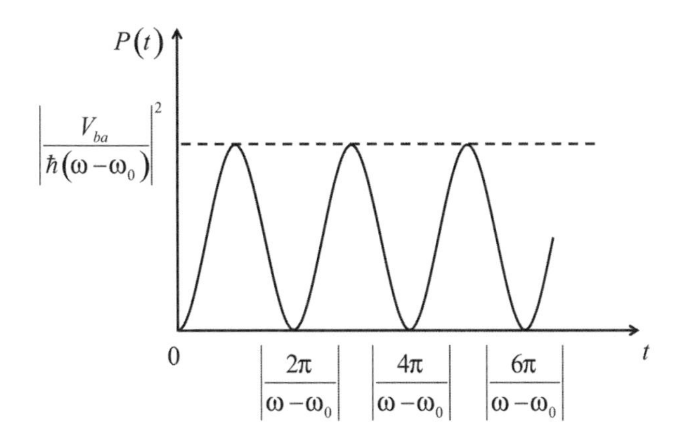

如果轉換到頻率空間，躍遷機率的結果 $P(\omega)$ 則如下圖所示。

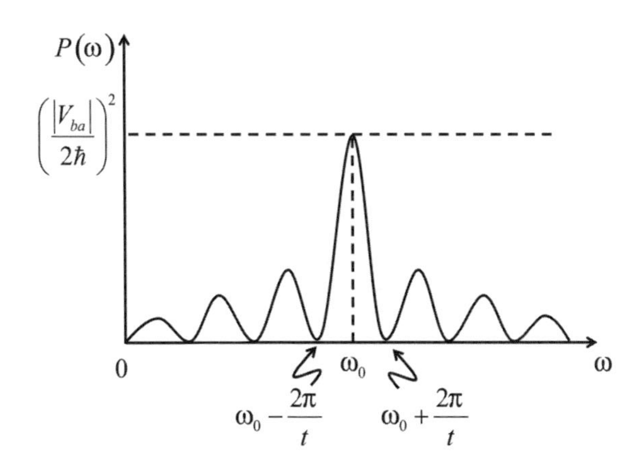

7-3 一個簡諧振子的質量為m彈力常數原來為k，如果現在並聯加上第二個彈簧，其彈力常數為b，如圖所示。

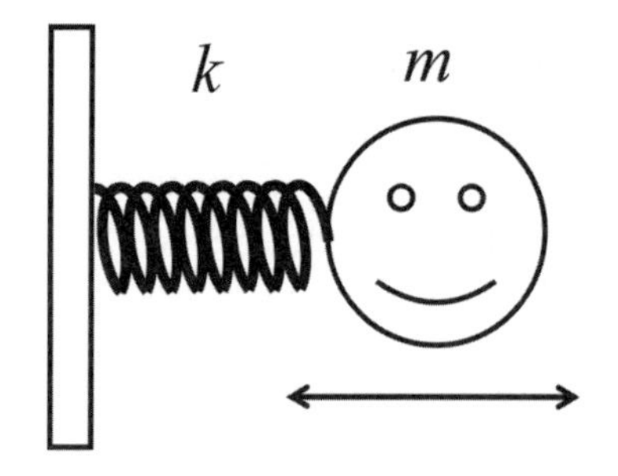

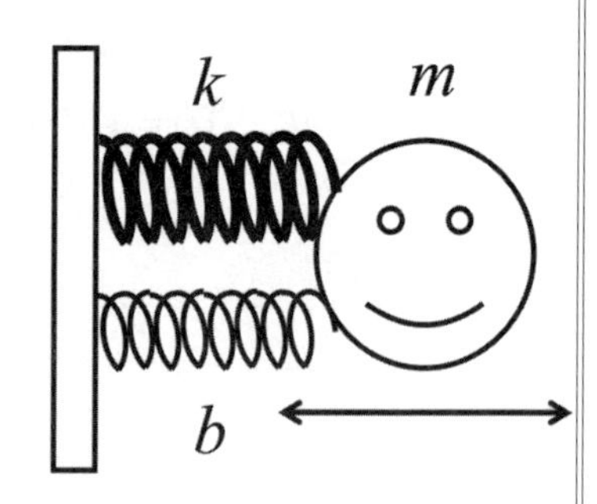

則

[1] 原來的基態能量為何？

[2] 用微擾論求出加入第二個彈簧之後的能量？

[3] 和古典物理的結果做比較。

解：[1] 可以Schrödinger方程式求出簡諧振子的基態能量爲$E_0^{(0)}=\frac{1}{2}\hbar\omega_0$，其中簡諧振子的震盪頻率爲$\omega_0=\sqrt{\frac{k}{m}}$。

[2] 加入第二個彈簧的 Hamiltonian 爲$H^{(1)}=\frac{1}{2}bx^2$。

又基態波函數爲$\psi_0^{(0)}(x)=\left(\frac{m\omega}{\pi\hbar}\right)^{\frac{1}{4}}e^{-\frac{1}{2}\frac{m\omega}{\hbar}x^2}$，所以一階微擾近似爲

$$
\begin{aligned}
E_0^{(1)} &= \langle\psi_0^{(0)}(x)|H^{(1)}|\psi_0^{(0)}(x)\rangle \\
&= \frac{1}{2}\left(\frac{m\omega}{\pi\hbar}\right)^{\frac{1}{4}} b\int_{-\infty}^{+\infty} x^2 e^{-\frac{m\omega x^2}{\hbar}}dx \\
&= \frac{\hbar b}{4m\omega_0}\text{。}
\end{aligned}
$$

所以用微擾論求出加入第二個彈簧之後的能量爲

$$E_0 = E_0^{(0)} + E_0^{(1)} = \frac{1}{2}\hbar\omega_0 + \frac{1}{4}\frac{\hbar b}{m\omega_0}\text{。}$$

[3] 由古典力學可知彈力常數原來爲k並聯彈力常數爲b的第二個彈簧之後，其簡諧振子的震盪頻率爲$\omega = \sqrt{\dfrac{k+b}{m}}$，則簡諧振子的能量爲$E_0 = \dfrac{1}{2}\hbar\omega = \dfrac{1}{2}\hbar\sqrt{\dfrac{k+b}{m}}$。

若$|b| \ll k$，則$\omega = \sqrt{\dfrac{k+b}{m}} = \sqrt{\dfrac{k}{m}}\left(1 + \dfrac{b}{2k} - \dfrac{b^2}{8k^2} + \cdots\right)$，

所以

$$\begin{aligned} E_0 &= \frac{1}{2}\hbar\omega = \frac{1}{2}\hbar\sqrt{\frac{k}{m}}\left(1 + \frac{b}{2k} - \frac{b^2}{8k^2} + \cdots\right) \\ &= \frac{1}{2}\hbar\omega_0\left(1 + \frac{b}{2k} - \frac{b^2}{8k^2} + \cdots\right) \\ &= \frac{1}{2}\hbar\omega_0 + \frac{\hbar b}{4m\omega_0} - \frac{\hbar b^2}{16m^2\omega_0^3} + \cdots\text{。} \end{aligned}$$

前兩項的結果$\dfrac{1}{2}\hbar\omega_0 + \dfrac{\hbar b}{4m\omega_0}$和[2]的結果相同。

7-4 有一個很簡單的簡併系統，就是一個質量為m的電子自由的在一維的空間長度L上運動，如圖所示。

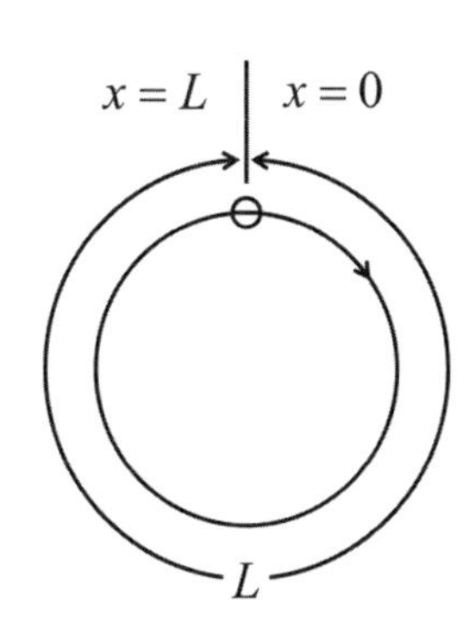

則我們知道穩態的波函數為 $\psi_n(x)=\frac{1}{\sqrt{L}}e^{i\frac{2\pi x}{L}n}$，其中 $\frac{-L}{2}<x<\frac{L}{2}$；$n=\cdots,-2,-1,0,1,2,\cdots$，且 $\psi_n(0)=\psi_n(L)$，而穩態的能量 E_n 為 $E_n=\frac{2}{m}\left(\frac{n\pi\hbar}{L}\right)^2$。所以除了基態（$n=0$）之外，所有的能量都是二重簡併的。

如果我們引入一個陷阱微擾 $\hat{H}^{(1)}(x)$ 為 $\hat{H}^{(1)}=-V_0e^{-\frac{x^2}{a^2}}$，其中 $a\ll L$，如圖所示。

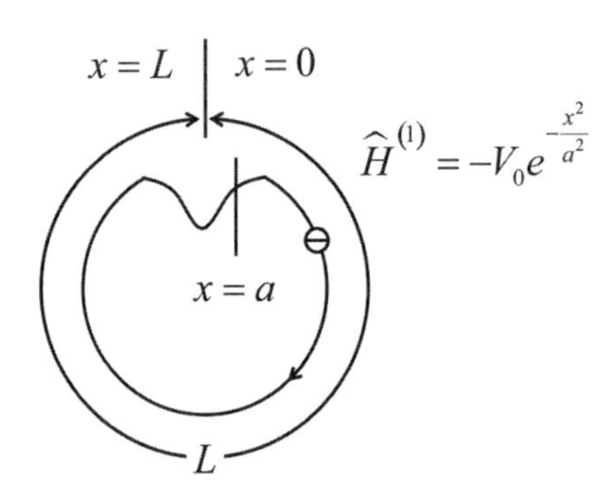

則

[1] 試由 $\phi_{n^+}^{(0)}=\frac{1}{\sqrt{L}}e^{i\frac{2\pi x}{L}n}$ 和 $\phi_{n^-}^{(0)}=\frac{1}{\sqrt{L}}e^{-i\frac{2\pi x}{L}n}$，求出一階能量修正 $E_{n^+}^{(1)}$ 和 $E_{n^-}^{(1)}$。

[2] 試由 $\phi_{n^+}^{(0)}$ 和 $\phi_{n^-}^{(0)}$ 找出好的零階波函數 $\phi_{n^+}^{(0)}$ 和 $\phi_{n^-}^{(0)}$，再由 $\phi_{n^+}^{(0)}$ 和 $\phi_{n^-}^{(0)}$ 分別求出一階能量修正 $E_{n^+}^{(1)}$ 和 $E_{n^-}^{(1)}$。

解：[1] 由 $\phi_{n^+}^{(0)}=\frac{1}{\sqrt{L}}e^{i\frac{2\pi x}{L}n}$ 和 $\phi_{n^-}^{(0)}=\frac{1}{\sqrt{L}}e^{-i\frac{2\pi x}{L}n}$，

則 $H_{11}^{(1)}=\langle\phi_{n^+}^{(0)}|\hat{H}^{(1)}|\phi_{n^+}^{(0)}\rangle$

$$= \langle \phi_{n^+}^{(0)} | -V_0 \, e^{-\frac{x^2}{a^2}} | \phi_{n^+}^{(0)} \rangle$$

$$= -\frac{V_0}{L} \int_{-\frac{L}{2}}^{+\frac{L}{2}} e^{-i\frac{2\pi x}{L}n} \, e^{-\frac{x^2}{a^2}} e^{i\frac{2\pi x}{L}n} \, dx$$

$$\underset{a \ll L}{\simeq} -\frac{V_0}{L} \int_{-\infty}^{+\infty} e^{-\frac{x^2}{a^2}} dx$$

$$= -\frac{V_0}{L} a\sqrt{\pi}，$$

同理可得$H_{22}^{(1)} = \langle \phi_{n^-}^{(0)} | \hat{H}^{(1)} | \phi_{n^-}^{(0)} \rangle = -\frac{V_0}{L} a\sqrt{\pi}$，

而　$H_{12}^{(1)} = \langle \phi_{n^+}^{(0)} | \hat{H}^{(1)} | \phi_{n^-}^{(0)} \rangle$

$$= -\frac{V_0}{L} \int_{-\frac{L}{2}}^{+\frac{L}{2}} e^{-i\frac{2\pi x}{L}n} \, e^{-\frac{x^2}{a^2}} e^{i\frac{2\pi x}{L}n} \, dx$$

$$\underset{a \ll L}{\simeq} -\frac{V_0}{L} \int_{-\infty}^{+\infty} e^{-\left(i\frac{4\pi x}{L}n + \frac{x^2}{a^2}\right)} dx$$

$$= -\frac{V_0}{L} a\sqrt{\pi} e^{-\left(\frac{2\pi a}{L}n\right)^2}。$$

所以可得 $E_{n^+}^{(1)} = \frac{H_{11}^{(1)} + H_{22}^{(1)}}{2} + \frac{1}{2}\sqrt{(H_{11}^{(1)} - H_{22}^{(1)})^2 + 4(H_{12}^{(1)})^2}$

$$= -\frac{\sqrt{\pi} V_0}{L} a \left[1 - e^{-\left(\frac{2\pi a}{L}n\right)^2}\right]。$$

同理 $E_{n^-}^{(1)} = -\frac{\sqrt{\pi} V_0}{L} a \left[1 - e^{-\left(\frac{2\pi a}{L}n\right)^2}\right]$。

[2]　若好的零階波函數 $\phi_{n^+}^{(0)}$ 和 $\phi_{n^-}^{(0)}$ 分別爲 $\phi_{n+}^{(0)} = C_1^+ \phi_{n^+}^{(0)} + C_2^+ \phi_{n^-}^{(0)}$ 和 $\phi_{n^-}^{(0)} = C_1^- \phi_{n^+}^{(0)} + C_2^- \phi_{n^-}^{(0)}$，

則固爲　$\frac{C_2^+}{C_1^+} = \frac{E_{n^+}^{(1)} - H_{11}^{(1)}}{H_{12}^{(1)}}$

$$=\frac{-\frac{\sqrt{\pi}V_0}{L}a\left[1-e^{-\left(\frac{2\pi a}{L}n\right)^2}\right]-\left(-\frac{V_0}{L}a\sqrt{\pi}\right)}{-\frac{\sqrt{\pi}V_0}{L}a\,e^{-\left(\frac{2\pi a}{L}n\right)^2}}\text{。}$$

$$=-1\text{。}$$

同理可得 $\frac{C_2^-}{C_1^-}=+1$。

又$(C_1^+)^2+(C_2^+)^2=1$，則 $C_1^+=\frac{1}{\sqrt{2}}$；$C_2^+=\frac{-1}{\sqrt{2}}$，

且$(C_1^-)^2+(C_2^-)^2=1$，則 $C_1^-=\frac{1}{\sqrt{2}}$；$C_2^-=\frac{1}{\sqrt{2}}$。

則 $\phi_+^{(0)}=C_1^+\phi_{n^+}^{(0)}+C_2^+\phi_{n^-}^{(0)}=\frac{1}{\sqrt{2}}\frac{1}{\sqrt{L}}e^{i\frac{2\pi x}{L}n}-\frac{1}{\sqrt{2}}\frac{1}{\sqrt{L}}e^{-i\frac{2\pi x}{L}n}$

$$=i\sqrt{\frac{2}{L}}\sin\left(\frac{2\pi n}{L}x\right)\text{；}$$

$$\phi_-^{(0)}=C_1^-\phi_{n^+}^{(0)}+C_2^-\phi_{n^-}^{(0)}=\frac{1}{\sqrt{2}}\frac{1}{\sqrt{L}}e^{i\frac{2\pi x}{L}n}+\frac{1}{\sqrt{2}}\frac{1}{\sqrt{L}}e^{-i\frac{2\pi x}{L}n}$$

$$=\sqrt{\frac{2}{L}}\cos\left(\frac{2\pi n}{L}x\right)\text{。}$$

所以能量的一階修正 $E_{n^+}^{(1)}$ 和 $E_{n^-}^{(1)}$ 分別爲

$$E_{n^+}^{(1)}=\langle\phi_+^{(0)}|\hat{H}^{(1)}|\phi_+^{(0)}\rangle$$

$$=-V_0\left(\frac{2}{L}\right)\int_{-\frac{L}{2}}^{+\frac{L}{2}}\sin\left(\frac{2\pi n}{L}x\right)e^{-\frac{x^2}{a^2}}\sin\left(\frac{2\pi n}{L}x\right)dx$$

$$\underset{a\ll L}{\simeq}-V_0\left(\frac{2}{L}\right)\int_{-\infty}^{+\infty}e^{-\frac{x^2}{a^2}}\left[\sin\left(\frac{2\pi n}{L}x\right)\right]^2dx$$

$$=-\left(\frac{V_0}{L}\right)\int_{-\infty}^{+\infty}e^{-\frac{x^2}{a^2}}\left[1-\cos\left(\frac{4\pi n}{L}x\right)\right]dx$$

$$=-\left(\frac{V_0}{L}\right)\left[\int_{-\infty}^{+\infty}e^{-\frac{x^2}{a^2}}dx-\int_{-\infty}^{+\infty}e^{-\frac{x^2}{a^2}}\cos\left(\frac{4\pi n}{L}x\right)dx\right]$$

$$= -\left(\frac{V_0}{L}\right)\left[a\sqrt{\pi} - a\sqrt{\pi}e^{-\left(\frac{2\pi na}{L}\right)^2}\right]$$

$$= -\left(\frac{\sqrt{\pi}V_0 a}{L}\right)\left[1 - e^{-\left(\frac{2\pi na}{L}\right)^2}\right]。$$

同理 $E_{n^-}^{(1)} = \langle\phi_-^{(0)}|\hat{H}^{(1)}|\phi_-^{(0)}\rangle = -\left(\frac{\sqrt{\pi}V_0 a}{L}\right)\left[1 + e^{-\left(\frac{2\pi na}{L}\right)^2}\right]$。

這個結果和[1]的結果相同。

我們把一階能量修正 $E_{n^\pm}^{(1)}$ 對陷阱微擾的效應作圖如下。

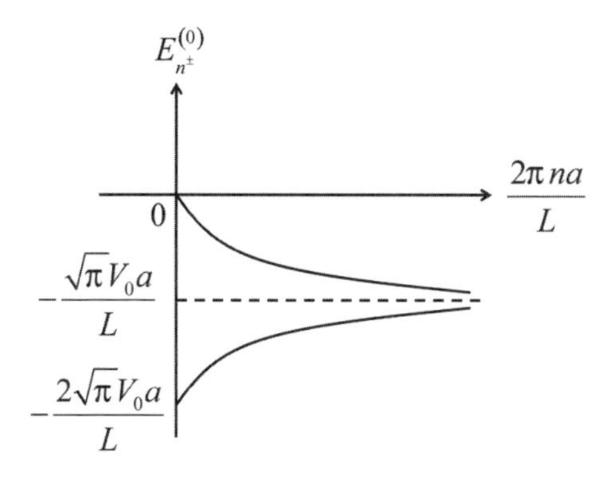

其實我們會發現，如果依據課文中的理論，若算符 $\hat{A}$ 和未微擾 Hamiltonian 為 $\hat{H}^{(0)} = -\frac{\hbar^2}{2m}\frac{d^2}{dx^2}$，滿足 $\left[\hat{A}, \hat{H}^{(0)}\right] = 0$ 的關係，則在算符 $\hat{A}$ 操作下，穩定化本徵函數（Stabilized eigenfunction）$\phi_+^{(0)}$ 和 $\phi_-^{(0)}$ 的本徵值是不同的。說明如下。

現在我們取宇稱算符 $\hat{P}$，則 $\left[\hat{P}, \hat{H}^{(0)}\right] = 0$，

且 $\hat{P}\phi_+^{(0)} = \hat{P}\left[i\sqrt{\frac{2}{L}}\sin\left(\frac{2\pi n}{L}x\right)\right]$

$$= i\sqrt{\frac{2}{L}}\sin\left[\frac{2\pi n}{L}(-x)\right]$$

$$= -\sqrt{\frac{2}{L}}\sin\left(\frac{2\pi n}{L}x\right)$$

$$= -\phi_+^{(0)}。$$

即在宇稱算符 $\hat{P}$ 操作下，穩定化本徵函數 $\phi_{+}^{(0)}$ 的本徵值爲 -1。

又 $\hat{P}\phi_{-}^{(0)}=\hat{P}\sqrt{\frac{2}{L}}\cos\left(\frac{2\pi n}{L}x\right)$

$$=\sqrt{\frac{2}{L}}\cos\left[\frac{2\pi n}{L}(-x)\right]$$

$$=\sqrt{\frac{2}{L}}\cos\left(\frac{2\pi n}{L}x\right)$$

$$=\phi_{-}^{(0)},$$

即在宇稱算符操作下，穩定化本徵函數 $\phi_{-}^{(0)}$ 的本徵值爲+1。這個結果符合理論的說法。

7-5 氫原子是一個典型的束縛電子和 Coulomb 位能的系統，其平均位能 $\langle V\rangle_{nlm}$ 和平均動能 $\langle T\rangle_{nlm}$ 分別為 $\langle V\rangle_{nlm}=\left\langle -\frac{Ze^2}{r}\right\rangle_{nlm}=\left\langle \psi_{nlm}\middle|-\frac{Ze^2}{r}\middle|\psi_{nlm}\right\rangle$；$\langle T\rangle_{nlm}=\left\langle \frac{p^2}{2m}\right\rangle_{nlm}=\left\langle \psi_{nlm}\middle|\frac{p^2}{2m}\middle|\psi_{nlm}\right\rangle$。

若基態波函數為 $\psi_{100}=\sqrt{\frac{Z^3}{\pi a_0^3}}e^{-\frac{Zr}{a_0}}$，則

[1] 試求平均位能 $\langle V\rangle_{100}$ 和平均動能 $\langle T\rangle_{100}$。

[2] 試驗證平均位能 $\langle V\rangle_{100}$ 和平均動能 $\langle T\rangle_{100}$ 滿足 Virial 理論。

解：[1] 由 $\langle V\rangle_{nlm}=\left\langle -\frac{Ze^2}{r}\right\rangle_{nlm}$

$$=\langle\psi_{nlm}|-\frac{Ze^2}{r}|\psi_{nlm}\rangle$$

$$=-\int_0^{\infty}\int_0^{2\pi}\int_0^{\pi}\psi_{nlm}^{*}(r,\theta,\phi)\frac{Ze^2}{r}\psi_{nlm}(r,\theta,\phi)r^2\sin\theta drd\theta d\phi,$$

則平均位能爲

$$\langle V\rangle_{100}=-\left(\frac{Z^3}{\pi a_0^3}\right)Ze^2\int_0^{2\pi}d\phi\int_0^{\pi}\sin\theta d\theta\int_0^{\infty}e^{-\frac{2Zr}{a_0}}dr=-\frac{Z^2e^2}{a_0}\text{。}$$

由 $\langle T\rangle_{nlm}=\left\langle\frac{p^2}{2m}\right\rangle_{nlm}$

$$=\langle\psi_{nlm}|\frac{p^2}{2m}|\psi_{nlm}\rangle$$

$$=\int_0^{\infty}\int_0^{2\pi}\int_0^{\pi}\psi^*_{nlm}(r,\theta,\phi)\frac{-\hbar^2}{2m}\left(\frac{\partial^2}{\partial x^2}+\frac{\partial^2}{\partial y^2}+\frac{\partial^2}{\partial z^2}\right)\psi_{nlm}(r,\theta,\phi)$$

$$r^2\sin\theta drd\theta d\phi\text{，}$$

則平均動能 $\langle T\rangle_{100}$ 爲

$$\langle T\rangle_{100}$$

$$=-\frac{\hbar^2}{2m}\left(\frac{Z^3}{\pi a_0^3}\right)\int_0^{2\pi}d\phi\int_0^{\pi}\sin\theta d\theta\int_0^{\infty}e^{-\frac{2Zr}{a_0}}\left(\frac{1}{r^2}\frac{\partial}{\partial r}r^2\frac{\partial}{\partial r}e^{-\frac{Zr}{a_0}}\right)r^2dr$$

$$=-\left(\frac{\hbar^2}{2m}\right)\left(\frac{Z^3}{\pi a_0^3}\right)4\pi\left(\frac{Z}{a_0}\right)\int_0^{\infty}\left(\frac{Zr^2}{a_0}-2r\right)e^{-\frac{2Zr}{a_0}}dr$$

$$=\frac{Z^2e^2}{2a_0}\text{。}$$

[2] 由[1]的結果可知 $\langle T\rangle_{100}=-\frac{1}{2}\langle V\rangle_{100}$。所以平均位能 $\langle V\rangle_{100}$ 和平均動能 $\langle T\rangle_{100}$ 是滿足 Virial 理論的。

7-6 如果要用微擾論來解電子的能量與波函數，則必先找出微擾算符，而法正提供了這個微擾算符。$\vec{k}\cdot\vec{p}$ 法是由 Bardeen 在 1983 年和 Seitz 在 1940 年所提出的，而和 $\vec{k}\cdot\vec{p}$ 法相關的 Kane 模型（Kane model，1957）是考慮了自旋與軌道交互作用，而 Luttinger-Kohn 模型（Luttinger-Kohn's model，1955）則再考慮了簡併能帶。

在半導體材料與元件中，主宰大部分特性的就是導帶底部的色散曲線（Dispersion curves），即 $k_0 = 0$ 的位置，所以 $\vec{k}.\ \vec{p}$ 法特別適合用來分析導帶底部的電子能量與波函數。

首先我們要推導出 $\vec{k}.\ \vec{p}$ Hamiltonian。在不考慮電子自旋的條件下，單一電子和時間無關且是經過 Hartree-Fock 近似或 Hartree 近似的 Schrödinger 方程式為 $\hat{H}\psi_{n\vec{k}}(\vec{r}) = E_{n\vec{k}}\,\psi_{n\vec{k}}(\vec{r})$，

其中 $\hat{H} = \dfrac{p^2}{2m} + V(\vec{r})$；$V(\vec{r}+\vec{t}_n) = V(\vec{r})$ 且 $\vec{t}_n$ 為平移向量（Translational vector）；$\psi_{n\vec{k}}(\vec{r}) = e^{i\vec{k}\cdot\vec{r}}u_{n\vec{k}}(\vec{r})$ 且 $u_{n\vec{k}}\ (\vec{r}+\vec{t}_n) = u_{n\vec{k}}\ (\vec{r})$，這是一個 Bloch 形式；$E_{n\vec{k}}$ 為本徵能量；n 為能帶指標（Band index）；$\vec{k}$ 是在第一 Brillouin 區域的波向量。

因為晶體是週期性結構，所以假設電子看到的位能也是週期性的，所以波函數可以表示成週期性函數，即 $\psi_{n\vec{k}}(\vec{r}) = e^{i\vec{k}\cdot\vec{r}}u_{n\vec{k}}(\vec{r})$，代入 Schrödinger 方程式 $\hat{H}|\psi\rangle = E|\psi\rangle$，即 $\left[\dfrac{\hat{p}^2}{2m} + V(\vec{r})\right]|\psi\rangle = E|\psi\rangle$。

我們先針對 $\dfrac{\hat{p}^2}{2m}|\psi\rangle$ 來作計算，首先算符對應的算式為 $\hat{p} \to \dfrac{\hbar}{i}\nabla$。

[1] 試証 $\dfrac{\hat{p}^2}{2m_0}|\psi\rangle = e^{i\vec{k}\cdot\vec{r}}\left[\dfrac{p^2}{2m_0} + \dfrac{\hbar^2k^2}{2m_0} + \hbar\dfrac{\vec{k}\cdot\vec{p}}{m_0}\right]|u\rangle$ 。

[2] 試將[1]的結果代入 $\left[\dfrac{\hat{p}^2}{2m} + V(\vec{r})\right]\psi_{n\vec{k}}(\vec{r}) = E_{n\vec{k}}\,\psi_{n\vec{k}}(\vec{r})$，得 Schrödinger 方程式為 $\left[\dfrac{p^2}{2m} + V(\vec{r}) + \dfrac{\hbar}{n}\vec{k}\cdot\vec{p}\right]u_{n\vec{k}}(\vec{r}) = \left[E_{n\vec{k}} - \dfrac{\hbar^2k^2}{2m}\right]u_{n\vec{k}}(\vec{r})$。

[3] 若 $H^{(0)} = \dfrac{p^2}{2m} + V(\vec{r})$ 為未受微擾之 Hamiltonian（unperturbed Hamiltonian）；$H^{(1)} = \dfrac{\hbar}{m}\vec{k}\cdot\vec{p}$ 為 $\vec{k}\cdot\vec{p}$ 微擾；且 $E'_{n\vec{k}} = E_{n\vec{k}} - \dfrac{\hbar^2k^2}{2m}$，

所以$\left[H^{(0)}+H^{(1)}\right]u_{n\vec{k}}(\vec{r})=E'_{n\vec{k}}u_{n\vec{k}}(\vec{r})$。

我們可以藉由微擾論在$u_{n0}(\vec{r})$和E_{n0}的基礎上計算出$u_{n\vec{k}}(\vec{r})$和$E'_{n\vec{k}}$，然而，能量需要二階微擾的修正（Second-order perturbation correction）；波函數需一階微擾的修正（First-order perturbation correction）。

現在我們將以$\vec{k}\cdot\vec{p}$理論來分析單一能帶（Single band）或非簡併能帶（Nondegenerate band）的能量-波向量關係或$E(\vec{k})-\vec{k}$色散關係（$E(\vec{k})-\vec{k}$ dispersion relation）。如果想要得到某個能帶的能量色散關係，而該能帶接近另一個我們熟悉的單一能帶，例如：導帶（Conduction band），如圖所示，則我們可以從導帶的能量耦合作二階微擾的修正而求得該能帶的能量色散關係。

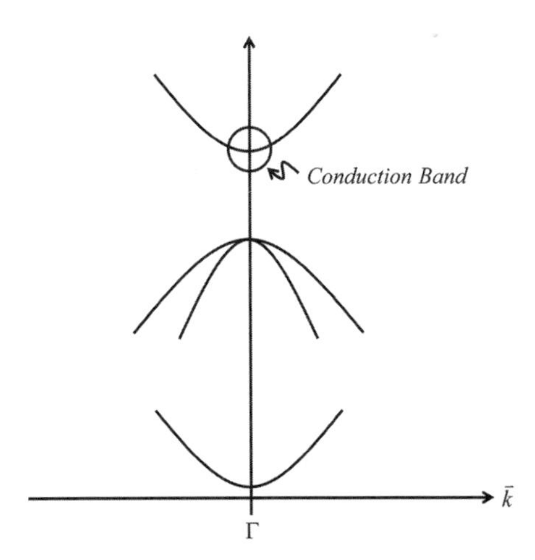

由微擾論得$E'_{n\vec{k}}=E'_{n0}+H^{(1)}_{nn}+\sum\limits_{n\neq n'}\dfrac{H^{(1)}_{nn'}H^{(1)}_{n'n}}{E'_{n0}-E'_{n'0}}$，其中$H^{(1)}=\dfrac{\hbar}{m}\vec{k}\cdot\vec{p}$。

接著我們要一項一項的分解開：$E'_{n\vec{k}} = E_{n\vec{k}}\dfrac{\hbar^2k^2}{2m}$；$E'_{n0}=E_{n0}$；

$H_{nn}^{(1)}=\dfrac{\hbar}{m}\vec{k}\cdot\vec{p}_{nn'}\Big|_{\vec{p}_{nn}=0}=0$。

要說明 $H_{nn}^{(1)}=0$ 這個結果的方法有很多，主要都源自於證明 $\vec{p}_{nn}=0$，其物理意義為位於 Brillouin 區域邊界中間的原胞函數（Zone edge central cell function）所具有的對稱特性。

試由 $\left[\hat{H},\hat{r}\right]=\hat{H}\hat{r}-\hat{r}\hat{H}=\dfrac{i\hbar}{m}\hat{p}$，求出

$\hat{p}_{n'n}\left(\vec{k}_0\right)=\dfrac{\hbar}{m}\left[E_{n'}\left(\vec{k}_0\right)-E_n\left(\vec{k}_0\right)\right]\langle n'|\hat{r}|n\rangle$ 。

若 $n'=n$，則 $\vec{p}_{nn}=0$，即能量一階微擾項的矩陣對角元素都等於 0；

若 $n'\neq n$，則 $H_{nn'}^{(1)}=\dfrac{\hbar}{m}\vec{k}\cdot\vec{p}_{nn'}=\dfrac{\hbar}{m}\sum_{\alpha=x,y,z}k_\alpha p_{nn'}^{\alpha}$，即能量一階微擾項的矩陣非對角元素的表示式。

[4] 綜合以上的結果，試求 $E(\vec{k})-\vec{k}$ 色散關係為 $E_{n\vec{k}}-E_{n0}=\dfrac{\hbar^2}{2}\sum_{\alpha,\beta}\left(\dfrac{1}{m^*}\right)_{\alpha,\beta}k_\alpha k_\beta$，其中

$\left(\dfrac{m}{m^*}\right)_{\alpha\beta}=\delta_{\alpha\beta}+\dfrac{1}{m}\sum_{n\neq n}\dfrac{p_{nn'}^{\alpha}p_{n'n}^{\beta}-p_{nn'}^{\beta}p_{n'n}^{\alpha}}{E_{n0}-E_{n'0}}$ 為非等方的（Anisotropic）等效質量張量。因為 u_{n0} 和 E_{n0} 是已知的，所以 $\left(\dfrac{1}{m^*}\right)_{\alpha\beta}$ 是可以計算求出的，實際上，非等方的等效質量張量是由實驗量測出來的。

解：[1] 由 $\hat{p}^2|\psi\rangle=\hat{p}\hat{p}|\psi\rangle$

$$=\hat{p}\frac{\hbar}{i}\frac{\partial}{\partial r}e^{i\vec{k}\cdot\vec{r}}|u(\vec{r})\rangle$$

$$=\hat{p}\frac{\hbar}{i}\left(i\vec{k}e^{i\vec{k}\cdot\vec{r}}|u\rangle+e^{i\vec{k}\cdot\vec{r}}\frac{\partial}{\partial r}|u\rangle\right)$$

$$=\hat{p}\left(\frac{i\hbar\vec{k}}{i}e^{i\vec{k}\cdot\vec{r}}|u\rangle+e^{i\vec{k}\cdot\vec{r}}\hat{p}|u\rangle\right)$$

$$=\hbar\vec{k}\left(\hbar\vec{k}e^{i\vec{k}\cdot\vec{r}}|u\rangle+e^{i\vec{k}\cdot\vec{r}}\hat{p}|u\rangle\right)+\left(\frac{\hbar}{i}i\vec{k}e^{i\vec{k}\cdot\vec{r}}\hat{p}|u\rangle+e^{i\vec{k}\cdot\vec{r}}\hat{p}^2|u\rangle\right)$$

$$=\hbar^2k^2e^{i\vec{k}\cdot\vec{r}}|u\rangle+2\hbar\vec{k}\cdot\vec{p}e^{i\vec{k}\cdot\vec{r}}|u\rangle+e^{i\vec{k}\cdot\vec{r}}\hat{p}^2|u\rangle\quad,$$

即　$\hat{p}^2\psi_{n\vec{k}}(\vec{r})=e^{i\vec{k}\cdot\vec{r}}\ (\vec{p}+\hbar\vec{k})u_{n\vec{k}}(\vec{r})$，

所以 $\dfrac{\hat{p}^2}{2m_0}|\psi\rangle=e^{i\vec{k}\cdot\vec{r}}\left[\dfrac{p^2}{2m_0}+\dfrac{\hbar^2k^2}{2m_0}+\hbar\dfrac{\vec{k}\cdot\vec{p}}{m_0}\right]|u\rangle$　。得証。

[2]　將[1]的結果代入 $\left[\dfrac{\hat{p}^2}{2m_0}+V(\vec{r})\right]\psi_{n\vec{k}}(\vec{r})=E_{n\vec{k}}\psi_{n\vec{k}}(\vec{r})$，

則　$\cancel{e^{i\vec{k}\cdot\vec{r}}}\left[\dfrac{1}{2m}(\vec{p}+\hbar\vec{k})^2+V(\vec{V})\right]u_{n\vec{k}}(\vec{r})=\cancel{e^{i\vec{k}\cdot\vec{r}}}E_{n\vec{k}}u_{n\vec{k}}(\vec{r})$，

得　$\left[\dfrac{p^2}{2m_0}+V(\vec{r})+\dfrac{\hbar}{m}\vec{k}\cdot\vec{p}+\dfrac{\hbar^2k^2}{2m}\right]u_{n\vec{k}}(\vec{r})=E_{n\vec{k}}u_{n\vec{k}}(\vec{r})$，

所以 Schrödinger 方程式爲

$$\left[\frac{p^2}{2m_0}+V(\vec{r})+\frac{\hbar}{m}\vec{k}\cdot\vec{p}\right]u_{n\vec{k}}(\vec{r})=\left[E_{n\vec{k}}-\frac{\hbar^2k^2}{2m}\right]u_{n\vec{k}}(\vec{r})\text{。}$$

[3]　由　$\left[\hat{H},\hat{r}\right]=\hat{H}\hat{r}-\hat{r}\hat{H}=\dfrac{i\hbar}{m}\hat{p}$，

所以 $\left\langle n'\middle|\left[\hat{H},\hat{r}\right]\middle|n\right\rangle=\left\langle n'\middle|\hat{H}\hat{r}\middle|n\right\rangle-\left\langle n'\middle|\hat{r}\hat{H}\middle|n\right\rangle$

$$=E_{n'}(\vec{k}_0)\left\langle n'\middle|\hat{H}\hat{r}\middle|n\right\rangle-E_n(\vec{k}_0)\left\langle n'\middle|\hat{r}\hat{H}\middle|n\right\rangle$$

$$=\left[E_{n'}(\vec{k}_0)-E_n(\vec{k}_0)\right]\left\langle n'\middle|\hat{r}\middle|n\right\rangle\quad,$$

可得 $\vec{p}_{n'n}(\vec{k}_0)=\dfrac{m}{i\hbar}\left[E_{n'}(\vec{k}_0)-E_n(\vec{k}_0)\right]\left\langle n'\middle|\hat{r}\middle|n\right\rangle$　。

若 $n'=n$，則 $\vec{p}_{nn}=0$，即能量一階微擾項的矩陣對角元素都等於 0；

若 $n'\neq n$，則 $H^{(1)}_{nn'}=\vec{k}\cdot\vec{p}_{nn'}=\dfrac{\hbar}{m}\sum\limits_{\alpha=x,y,z}k_\alpha p^\alpha_{nn'}$，即能量一階微擾項的

矩陣非對角元素的表示式。

[4] 由以上的結果，可得$E_{n\vec{k}}-E_{n0}=\frac{\hbar^2k^2}{2m}+\frac{\hbar^2}{m^2}\sum_{m\neq n'}\sum_{\substack{\alpha=x,y,z\\ \beta=x,y,z}}\frac{k_\alpha k_\beta p^\alpha_{nn'}p^\beta_{n'n}}{E'_{n0}-E'_{n'0}}$。

上式第二項的分母爲$E'_{n0}-E'_{n'0}=E_{n0}-E_{n'0}$；

分子爲$\sum_{\substack{\alpha=x,y,z\\ \beta=x,y,z}}k_\alpha k_\beta p^\alpha_{nn'}p^\beta_{n'n}=\frac{1}{2}\sum_{\substack{\alpha=x,y,z\\ \beta=x,y,z}}(k_\alpha k_\beta p^\alpha_{nn'}p^\beta_{n'n}-k_\beta k_\alpha p^\beta_{nn'}p^\alpha_{n'n})$

$$=\frac{1}{2}\sum_{\substack{\alpha=x,y,z\\ \beta=x,y,z}}(p^\alpha_{nn'}p^\beta_{n'n}-p^\beta_{nn'}p^\alpha_{n'n})\,k_\alpha k_\beta\text{。}$$

得$E_{n\vec{k}}-E_{n0}=\sum_{a,\beta}D^{\alpha\beta}k_\alpha\,k_\beta$，其中因爲對稱，所以$D^{\alpha\beta}=D^{\beta\alpha}$，

則 $D^{\alpha\beta}=D^{\beta\alpha}=\frac{\hbar^2}{2m}\delta_{\alpha\beta}+\frac{\hbar^2}{2m}\sum_{n\neq n'}\frac{p^\alpha_{nn'}p^\beta_{n'n}-p^\beta_{nn'}p^\alpha_{n'n}}{E_{n0}-E_{n'0}}$。

爲求得等效質量張量，我們可以重寫$D^{\alpha\beta}$或$D^{\beta\alpha}$爲

$$\frac{2}{\hbar^2}D^{\alpha\beta}=\frac{1}{m}\delta_{\alpha\beta}+\frac{1}{m^2}\sum_{n\neq n'}\frac{p^\alpha_{nn'}p^\beta_{n'n}-p^\beta_{nn'}p^\alpha_{n'n}}{E_{n0}-E_{n'0}}\text{。}$$

所以$E(\vec{k})-\vec{k}$色散關係爲

$$E_{n\vec{k}}-E_{n0}=\frac{\hbar^2}{2}\sum_{\alpha,\beta}\left[\frac{1}{m}\delta_{\alpha\beta}+\frac{1}{m^2}\sum_{n\neq n'}\frac{p^\alpha_{nn'}p^\beta_{n'n}-p^\beta_{nn'}p^\alpha_{n'n}}{E_{n0}-E_{n'0}}\right]k^\alpha k^\beta$$

$$=\frac{\hbar^2}{2}\sum_{\alpha,\beta}\left(\frac{1}{m^*}\right)_{a,\beta}k^\alpha k^\beta\text{。}$$

7-7 在能帶理論中有一個非常重要的微擾理論，即 Löwdin 微擾方法（Löwdin's perturbation method）或 Löwdin 再歸一化法（Löwdin's renormalization method）。Löwdin 微擾方法的主要原則在於如果把本徵函數和本徵能量分成兩類，即 class A 和 class B，而 class A 的狀態是我們所要重視的，則 Löwdin 把 class B 視

為對 class A 的微擾，找出描述 class A 狀態的表示式。

假設未受微擾的狀態是正交歸一的（Orthonormalization），其本徵方程式（Eigenequation）為 $\sum_{n=1}^{N}(H_{mn}-E\delta_{mn})a_n=0$，則經過 Hartree 近似或 Hartree-Fock 近似的 Schrödinger 方程式為 $H\psi=E\psi$，其中 $H=H^{(0)}+H'$，$H^{(0)}$ 是未受微擾的 Hamiltonian，H' 是微擾項。

如果我們已知一組正交歸一函數（Orthonormal functions）$\phi_n^{(0)}$，其中 $n=1, 2, 3, \cdots, N$，即 n 是有限的，而且是滿足未受微擾的 Hamiltonian 的，即 $H^{(0)}\phi_n^{(0)}=E_n^{(0)}\phi_n^{(0)}$，其中 $n=1, 2, 3, \cdots, N$，所以最佳的本徵函數（Best eigenfunctions）可以用這一組正交歸一函數展開為 $\psi=\sum_{n=1}^{N}C_n\phi_n^{(0)}$。所謂的「最佳的」意指「最佳的近似」，而 $\phi_n^{(0)}$ 可以同時也是簡併的波函數（Degenerate wave functions）。

將 $\psi=\sum_{n=1}^{N}C_n\phi_n^{(0)}$ 代入 $H\psi=E\psi$，且對 $\phi_m^{(0)}$，$m=1, 2, 3, \cdots, N$，作內積得 $\langle\psi|H|\psi\rangle=\langle\psi|H^{(0)}+H'|\psi\rangle=E\langle\psi|\psi\rangle$，

則 $\sum_{m=1}^{N}\sum_{n=1}^{N}C_m^*C_n\langle\phi_m^{(0)}|H^{(0)}+H'|\phi_n^{(0)}\rangle=E\sum_{m=1}^{N}\sum_{n=1}^{N}C_m^*C_n\langle\phi_m^{(0)}|\phi_n^{(0)}\rangle$。

[1]　若 $m=N$，則試証 $\langle\phi_N^{(0)}|H^{(0)}+H'|\phi_1^{(0)}\rangle C_1+\langle\phi_N^{(0)}|H^{(0)}+H'|\phi_2^{(0)}\rangle C_2+\langle\phi_N^{(0)}|H^{(0)}+H'|\phi_3^{(0)}\rangle C_3+\cdots+\langle\phi_N^{(0)}|H^{(0)}+H'|\phi_N^{(0)}\rangle C_N=E\delta_{Nn}C_n$。

[2]　為了簡化符號，我們定義

$$
\begin{aligned}
H_{mn} &\equiv \langle\phi_m^{(0)}|H|\phi_n^{(0)}\rangle ,\\
&=\langle\phi_m^{(0)}|H^{(0)}+H'|\phi_n^{(0)}\rangle\\
&=\langle\phi_m^{(0)}|H^{(0)}|\phi_n^{(0)}\rangle+\langle\phi_m^{(0)}|H'|\phi_n^{(0)}\rangle
\end{aligned}
$$

$$= E_n^{(0)}\delta_{mn} + H'_{mn}$$ 。

所以 $H_{11}C_1 + H_{12}C_2 + H_{13}C_3 + \cdots + H_{1N}C_N = EC_1$；

$H_{21}C_1 + H_{22}C_2 + H_{23}C_3 + \cdots + H_{2N}C_N = EC_2$；

$H_{31}C_1 + H_{32}C_2 + H_{33}C_3 + \cdots + H_{3N}C_N = EC_3$；

⋮；

$H_{N1}C_1 + H_{N2}C_2 + H_{N3}C_3 + \cdots + H_{NN}C_N = EC_N$。

可以把上面的方程組可以寫成加總的形式，即 $\sum_{n=1}^{N}(H_{mn} - E\delta_{mn})C_n = 0$，或者也可以換成另一種型式。

因為 $H_{mn} = E_n^{(0)}\delta_{mn} + H'_{mn}$，所以

$$\sum_{n=1}^{N}(H_{mn} - E\delta_{mn})C_n = \sum_{n=1}^{N}[E_n^{(0)}\delta_{mn} + H'_{mn} - E\delta_{mn}]C_n$$

$$= \sum_{n=1}^{N}[H'_{mn} - (E - E_n^{(0)})\delta_{mn}]C_n = 0$$ 。

所以方程組的兩個不同的矩陣形式為

$$\begin{bmatrix} H_{11}-E & H_{12} & H_{13} & \cdots & H_{1N} \\ H_{21} & H_{22}-E & \vdots & \vdots & H_{2N} \\ H_{31} & H_{32} & H_{33}-E & \vdots & H_{3N} \\ \vdots & \vdots & \vdots & \vdots & \vdots \\ H_{N1} & H_{N2} & H_{N3} & \cdots & H_{NN} \end{bmatrix} \begin{bmatrix} C_1 \\ C_2 \\ C_3 \\ \vdots \\ C_N \end{bmatrix} = 0,$$

或

$$\begin{bmatrix} H'_{11}-(E-E_1^{(0)}) & H'_{12} & H'_{13} & \cdots \\ H'_{21} & H'_{22}-(E-E_2^{(0)}) & H'_{23} & \vdots \\ H'_{31} & H'_{32} & H'_{33}-(E-E_3^{(0)}) & \vdots \\ \vdots & \vdots & \vdots & \vdots \\ H'_{N1} & H'_{N2} & H'_{N3} & \cdots \end{bmatrix}$$

$$\begin{bmatrix} \cdots & H'_{1N} \\ \cdots & H'_{2N} \\ \cdots & H'_{3N} \\ & \vdots \\ \cdots & H'_{NN}-(E-E_N^{(0)}) \end{bmatrix}\begin{bmatrix} C_1 \\ C_2 \\ C_3 \\ \vdots \\ C_N \end{bmatrix}=0。$$

我們可以獲得本徵值為E_1、E_2、…、E_N，且對應的本徵態為$(C_1^{(1)}, C_2^{(1)}, C_3^{(1)}, \cdots, C_N^{(1)})$、$(C_1^{(2)}, C_2^{(2)}, C_3^{(2)}, \cdots, C_N^{(2)})$、…、$(C_1^{(N)}, C_2^{(N)}, C_3^{(N)}, \cdots, C_N^{(N)})$。

要解這些久期方程式（Secular equation）之前，首先我們必須先知道$H_{mn}=E_n^{(0)}\delta_{mn}+H'_{mn}$，然而實際上要求出在$\vec{k}\cdot\vec{p}$理論中所有的$H'_{mn}$是很困難的。Löwdin 根據能量的不同把基函數（Basis functions）$\phi_n^{(0)}$，其中$n=1,2,3,\cdots,N$，分成A、B兩類，class$A$和 class$B$，也就是把前述的$\sum\limits_{n=1}^{N}(H_{mn}-E\delta_{mn})C_n=0$改寫為

$$(E-H_{mm})C_m=\sum_{n\neq m}^{N}H_{mn}C_m=\sum_{n\neq m}^{A}H_{mn}C_n+\sum_{\alpha\neq m}^{B}H_{mn}C_\alpha。$$

試証$C_m=\sum\limits_{n\neq m}^{A}\dfrac{H'_{mn}}{E-H_{mm}}C_n+\sum\limits_{\alpha\neq m}^{B}\dfrac{H'_{mn}}{E-H_{mm}}C_\alpha$。

[3] 為了再簡化符號，我們可以定義

$$h_{mn}\equiv\begin{cases}\dfrac{H'_{mn}}{E-H_{mm}}，當\ m\neq n\\ 0\quad，當\ m=n\end{cases},$$

或者也可以換成另一種型式來表達這個定義，$h_{mn}=\dfrac{\overline{H}'_{mn}}{E-H_{mm}}$，其中$\overline{H}'_{mn}=\begin{cases}H'_{mn}，當\ m\neq n\\ 0\quad，當\ m=n\end{cases}$。

代入得$C_m=\sum\limits_{n\neq m}^{A}\dfrac{\overline{H}'_{mn}}{E-H_{mm}}C_n+\sum\limits_{\alpha\neq m}^{B}\dfrac{\overline{H}'_{mn}}{E-H_{mm}}C_\alpha=\sum\limits_{n}^{A}h_{mn}C_n+\sum\limits_{\alpha}^{B}h_{m\alpha}C_\alpha$。

因為我們想求的是class A 的係數 C_n，所以以下將藉由迭代（Iteration）的步驟，把 class B 的係數 C_α 消去，由 $C_m=\sum_n^A h_{mn}C_n+\sum_\alpha^B h_{m\alpha}C_\alpha$；其中 $C_\alpha=\sum_n^A h_{\alpha n}C_n+\sum_\beta^B h_{\alpha\beta}C_\beta$；其中 $C_\beta=\sum_n^A h_{\alpha\beta}C_n+\sum_\gamma^B h_{\beta\gamma}C_\gamma$；其中 $C_\gamma=\cdots$，則試証 $C_m=\frac{1}{E-H_{mm}}\sum_n^A\left[\overline{H}'_{mn}+\sum_\alpha^\beta\frac{\overline{H}'_{m\alpha}\overline{H}'_{\alpha n}}{E-H_{\alpha\alpha}}+\sum_{\alpha,\beta}^\beta\frac{\overline{H}'_{m\alpha}\overline{H}'_{\alpha\beta}\overline{H}'_{\beta n}}{(E-H_{\alpha\alpha})(E-H_{\beta\beta})}+\cdots\right]C_n$。

[4] 然而因為 $\overline{H}'_{mn}=H_{mn}-H_{mn}\delta_{mn}$，所以再作一次變數轉換，

由
$$\begin{aligned}\overline{H}'_{mn}&=H_{mn}-H_{mn}\delta_{mn}\\&=(H'_{mn}-E_n^{(0)}\delta_{mn})-(H'_{mn}-E_n^{(0)}\delta_{mn})\delta_{mn}\\&=H'_{mn}-H'_{mn}\delta_{mn}\\&=\begin{cases}H'_{mn}，當\ m\neq n\\0\ \ \ ，當\ m=n\end{cases}。\end{aligned}$$

這個結果和前述的定義相同。

所以

$$C_m=\frac{1}{E-H_{mm}}\sum_n^A\left[-H_{mn}\delta_{mn}+\overline{H}'_{mn}+\sum_\alpha^\beta\frac{\overline{H}'_{m\alpha}\overline{H}'_{\alpha n}}{E-H_{\alpha\alpha}}\right.$$
$$\left.+\sum_{\alpha,\beta}^\beta\frac{\overline{H}'_{m\alpha}\overline{H}'_{\alpha\beta}\overline{H}'_{\beta n}}{(E-H_{\alpha\alpha})(E-H_{\beta\beta})}+\cdots\right]C_n。$$

引入一個新的符號，

$$U^A_{mn}=H_{mn}+\sum_\alpha^B\frac{\overline{H}'_{m\alpha}\overline{H}'_{\alpha n}}{E-H_{\alpha\alpha}}+\sum_{\alpha,\beta}^B\frac{\overline{H}'_{m\alpha}\overline{H}'_{\alpha\beta}\overline{H}'_{\beta n}}{(E-H_{\alpha\alpha})(E-H_{\beta\beta})}+\cdots,$$

則得 $C_m=\frac{1}{E-H_{mm}}\sum_n^A(U^A_{mn}-H_{mn}\delta_{mn})C_n$。

上式中的 n 是屬於 class A，而可以屬於 class A 或屬於 class B，所以我們必須分成二種情況來說明。

情況一：若 C_m 屬於 class A，即 m 和 n 都是屬於 class A，即

$m, n \in A$，則 $(E-H_{mm})C_m=\sum_n^A (U_{mn}^A - H_{mn}\delta_{mn})C_n$，又

$(E-H_{mm})C_m=\sum_n^A (E-H_{mm})\delta_{mn}C_n$，所以 $\sum_n^A (U_{mn}^A - E\delta_{mn})C_n=0$。

上式表示一個線性方程組的系統，而其中所含的方程的數量

是不多的，且 $U_{mn}^A = H_{mn}+\sum_\alpha^B \frac{\overline{H}'_{m\alpha}\overline{H}'_{\alpha n}}{E-H_{\alpha\alpha}}+\sum_{\alpha,\beta}^B \frac{\overline{H}'_{m\alpha}\overline{H}'_{\alpha\beta}\overline{H}'_{\beta n}}{(E-H_{\alpha\alpha})(E-H_{\beta\beta})}$，

其中 $m, n \in A$，或者也可以表示成

$U_{mn}^A = H_{mn}+\sum_{\alpha\neq m,n}^B \frac{H'_{m\alpha}H'_{\alpha n}}{E-H_{\alpha\alpha}}+\sum_{\substack{\alpha\neq\beta \\ \alpha,\beta\neq m,n}}^B \frac{H'_{m\alpha}H'_{\alpha\beta}H'_{\beta n}}{(E-H_{\alpha\alpha})(E-H_{\beta\beta})}$，其中

$m,n\in A$，而 U_{mn}^A 是可以藉由群論的考慮及實驗量測獲得。

情況二：若 C_m 屬於 class B，即 m 是屬於 class B，而 n 仍是屬於 class A，即 $m\in B$，但 $n\in A$，則因 $m\neq n$，所以 $\delta_{mn}=0$，

得 $C_m=\frac{1}{E-H_{mm}}\sum_n^A (U_{mn}^A - H_{mn}\delta_{mn})C_n=\frac{1}{E-H_{mm}}\sum_n^A U_{mn}^A C_n$。

所以藉由已知的 E 及由情況一所求得的 C_n 可以立刻求得 class B 的 C_m。

綜合以上二種情況，得到 class A 和 class B 的係數的求解過程，我們可以簡單的歸納如下：

首先求解本徵方程式 $\sum_n^A (U_{mn}^A - E\delta_{mn})=0$，其中 $m,n\in A$，得到 C_n，其中 $n\in A$，則當得到 class A 的 C_n 之後，再由 $C_\gamma=\sum_n^A \frac{U_{\gamma n}^A}{E-H_{\gamma\gamma}}C_n$，其中 $n\in A$ 且 $\gamma\in B$，的關係求出 class B 的 C_r。`

然而，值得注意的是使 U_{mn}^A 展開式收斂的必要條件為：

$|H_{m\alpha}|\ll|E-H_{\alpha\alpha}|$，或 $\Delta\equiv\left|\frac{H_{m\alpha}}{E-H_{\gamma\gamma}}\right|\ll 1$，其中 $m\in A$ 且 $\alpha\in B$，

這個條件的物理意義是當 class A 和 class B 的能量差距必須要足夠大，才可以把 class B 對 class A 的影響視為微擾，如果我們應用 Löwdin 方法來分析非簡併態和簡併態中 class A 的係數 C_n 和 class B 的係數 C_m 且歸一化之後就可得波函數 $\psi = \sum_{n\neq m}^{A} C_n\phi_n^{(0)} + \sum_{n\neq m}^{B} C_m\phi_m^{(0)} = \sum_n C_n\phi_n^{(0)}$。

[4.1] 試求非簡併態的 class B 的係數 C_m 可以用 class A 的係數 C_n 來表示為

$$C_m = \sum_n^A \frac{U_{mn}^A}{E-H_{mm}} C_n = \frac{U_{mn}^A}{E-H_{mm}} C_n \text{。}$$

[4.2] 試求簡併態的 class B 的係數 C_m 可以用 class A 的係數 C_n 來表示為

$$C_m = \sum_n^A \left(\frac{U_{mn}^A}{E-H_{mm}}\right) C_n = \frac{1}{E_A - E_m^{(0)}} \sum_n^A U_{mn}^A C_n \text{，且 } n\in A \text{，} m\in B \text{。}$$

解：[1] 由 $\sum_{m=1}^{N}\sum_{n=1}^{N} C_m^* C_n \langle \phi_m^{(0)} | H^{(0)} + H' | \phi_n^{(0)} \rangle = E \sum_{m=1}^{N}\sum_{n=1}^{N} C_m^* C_n \langle \phi_m^{(0)} | \phi_n^{(0)} \rangle$，

可以逐項把它展開如下：

當 $m=1$，則 $\sum_{n=1}^{N} \langle \phi_1^{(0)} | H^{(0)} + H' | \phi_n^{(0)} \rangle C_1^* C_n = E \sum_{n=1}^{N} \langle \phi_1^{(0)} | \phi_n^{(0)} \rangle C_1^* C_n$，

所以 $\langle \phi_1^{(0)} | H^{(0)} + H' | \phi_1^{(0)} \rangle C_1 + \langle \phi_1^{(0)} | H^{(0)} + H' | \phi_2^{(0)} \rangle C_2$

$+ \langle \phi_1^{(0)} | H^{(0)} + H' | \phi_3^{(0)} \rangle C_3 + \cdots + \langle \phi_1^{(0)} | H^{(0)} + H' | \phi_N^{(0)} \rangle C_N$

$= E\delta_{1n} C_n$，

當 $m=2$，則 $\sum_{n=1}^{N} \langle \phi_2^{(0)} | H^{(0)} + H' | \phi_n^{(0)} \rangle C_2^* C_n = E \sum_{n=1}^{N} \langle \phi_2^{(0)} | \phi_n^{(0)} \rangle C_2^* C_n$，

所以 $\langle \phi_2^{(0)} | H^{(0)} + H' | \phi_1^{(0)} \rangle C_1 + \langle \phi_2^{(0)} | H^{(0)} + H' | \phi_2^{(0)} \rangle C_2$

$+ \langle \phi_2^{(0)} | H^{(0)} + H' | \phi_3^{(0)} \rangle C_3 + \cdots + \langle \phi_2^{(0)} | H^{(0)} + H' | \phi_N^{(0)} \rangle C_N$

$$=E\delta_{2n}C_n，$$

當 $m=3$，則 $\sum_{n=1}^{N}\left\langle\phi_3^{(0)}\middle|H^{(0)}+H'\middle|\phi_n^{(0)}\right\rangle C_3^*C_n=E\sum_{n=1}^{N}\left\langle\phi_3^{(0)}\middle|\phi_n^{(0)}\right\rangle C_3^*C_n$，

所以 $\left\langle\phi_3^{(0)}\middle|H^{(0)}+H'\middle|\phi_1^{(0)}\right\rangle C_1+\left\langle\phi_3^{(0)}\middle|H^{(0)}+H'\middle|\phi_2^{(0)}\right\rangle C_2$

$$+\left\langle\phi_3^{(0)}\middle|H^{(0)}+H'\middle|\phi_3^{(0)}\right\rangle C_3+\cdots+\left\langle\phi_3^{(0)}\middle|H^{(0)}+H'\middle|\phi_N^{(0)}\right\rangle C_N$$

$$=E\delta_{3n}C_n，$$

$\vdots$

當 $m=N$，則 $\sum_{n=1}^{N}\left\langle\phi_N^{(0)}\middle|H^{(0)}+H'\middle|\phi_n^{(0)}\right\rangle C_N^*C_n=E\sum_{n=1}^{N}\left\langle\phi_N^{(0)}\middle|\phi_n^{(0)}\right\rangle C_N^*C_n$，

所以 $\left\langle\phi_N^{(0)}\middle|H^{(0)}+H'\middle|\phi_1^{(0)}\right\rangle C_1+\left\langle\phi_N^{(0)}\middle|H^{(0)}+H'\middle|\phi_2^{(0)}\right\rangle C_2$

$$+\left\langle\phi_N^{(0)}\middle|H^{(0)}+H'\middle|\phi_3^{(0)}\right\rangle C_3+\cdots+\left\langle\phi_N^{(0)}\middle|H^{(0)}+H'\middle|\phi_N^{(0)}\right\rangle C_N$$

$=E\delta_{Nn}C_n$。得証。

[2] 由 $H_{mn}=E_N^{(0)}\delta_{mm}+H'_{mn}$

$$=\begin{cases}E_n^{(0)}+H'_{nn}，當\ m=n\\ H'_{mn}\quad，當\ m\neq n\end{cases}，$$

則因為等號右側都是 $m\neq n$ 的情況，所以右側的 H_{mn} 都等於 H'_{mn}，

則 $(E-H_{mm})C_m=\sum_{n\neq m}^{A}H'_{mm}C_n+\sum_{\alpha\neq m}^{B}H'_{mm}C_\alpha$，

可得係數為 $C_m=\frac{1}{E-H_{mm}}\left[\sum_{n\neq m}^{A}H'_{mm}C_n+\sum_{\alpha\neq m}^{B}H'_{mm}C_\alpha\right]$

$$=\sum_{n\neq m}^{A}\frac{H'_{mn}}{E-H_{mm}}C_n+\sum_{\alpha\neq m}^{B}\frac{H'_{mn}}{E-H_{mm}}C_\alpha$$ 。得証。

[3] $C_m=\sum_n^A h_{mn}C_n+\sum_\alpha^B\left[\sum_n^A h_{m\alpha}h_{\alpha n}C_n+\sum_\beta^B h_{m\alpha}h_{\alpha\beta}C_\beta\right]$

$$=\sum_n^A h_{mn}C_n+\sum_n^A\sum_\alpha^B h_{m\alpha}h_{\alpha n}C_n+\sum_\alpha^B\sum_\beta^B\left[\sum_n^A h_{m\alpha}h_{\alpha\beta}h_{\beta n}C_n+\sum_\gamma^B h_{m\alpha}h_{\alpha\beta}h_{\beta\gamma}C_\gamma\right]$$

$$=\sum_n^A\left[h_{mn}+\sum_\alpha^B h_{m\alpha}h_{\alpha n}+\sum_{\alpha,\beta}^B h_{m\alpha}h_{\alpha\beta}h_{\beta n}+\cdots\right]C_n$$

$$=\frac{1}{E-H_{mm}}\sum_{n}^{A}\left[\overline{H}'_{mn}+\sum_{\alpha}^{\beta}\frac{\overline{H}'_{m\alpha}\overline{H}'_{\alpha n}}{E-H_{\alpha\alpha}}+\sum_{\alpha,\beta}^{\beta}\frac{\overline{H}'_{m\alpha}\overline{H}'_{\alpha\beta}\overline{H}'_{\beta n}}{(E-H_{\alpha\alpha})(E-H_{\beta\beta})}+\cdots\right]C_n\text{。}$$

得証。

[4.1] 如果 class A 只有單一非簡併能態 n，而其他的能態都是屬於 class B，則由 $\sum_{n}^{A}(U_{mm}^{A}-E\delta_{mn})C_n=0$，其中 $m, n\in A$，僅可得單一個方程式為 $(U_{nn}^{A}-E)C_n=0$。

所以
$$E=U_{nn}^{A}=H_{nn}+\sum_{\alpha\neq n}^{B}\frac{H'_{n\alpha}H'_{\alpha n}}{E-H_{\alpha\alpha}}+\sum_{\substack{\alpha\neq\beta\\ \alpha,\beta\neq n}}^{B}\frac{H'_{n\alpha}H'_{\alpha\beta}H'_{\beta n}}{(E-H_{\alpha\alpha})(E-H_{\beta\beta})}+\cdots$$
$$=H_{nn}+O(\Delta)$$
$$=E_n^{(0)}+H'_{nn}+\sum_{\alpha\neq n}^{B}\frac{H'_{n\alpha}H'_{\alpha n}}{E-H_{\alpha\alpha}}+\sum_{\substack{\alpha\neq\beta\\ \alpha,\beta\neq n}}^{B}\frac{H'_{n\alpha}H'_{\alpha\beta}H'_{\beta n}}{(E-H_{\alpha\alpha})(E-H_{\beta\beta})}+\cdots\text{。}$$

將 $E=H_{nn}+O(\Delta)$ 代入，則

$$\frac{1}{E-H_{\alpha\alpha}}=\frac{1}{H_{nn}+O(\Delta)-H_{\alpha\alpha}}$$
$$=\frac{1}{E_n^{(0)}+H'_{nn}+O(\Delta)-(E_\alpha^{(0)}+H'_{\alpha\alpha})}$$
$$=\frac{1}{E_n^{(0)}-E_a^{(0)}+H'_{nn}-H'_{\alpha\alpha}+O(\Delta)}\approx\frac{1}{E_n^{(0)}-E_a^{(0)}}\text{。}$$

代入得
$$E=E_n^{(0)}+H'_{nn}+\sum_{\alpha\neq n}^{B}\frac{H'_{n\alpha}H'_{\alpha n}}{E_n^{(0)}-E_a^{(0)}}+O(\Delta^2)\text{。}$$

這就是我們所熟悉的非簡併能態的微擾表示式，而 class B 的係數 C_m，其中 $m\in B$，也可以用 class A 的係數 C_n 來表示為

$$C_m=\sum_{n}^{A}\frac{U_{mn}^{A}}{E-H_{mm}}C_n=\frac{U_{mn}^{A}}{E-H_{mm}}C_n\text{。}$$

[4.2] 若屬於 class A 的能態是簡併的或是在能量上非常接近，則矩陣的對角元素都相等或幾乎相等，即 $H_m\approx E_A$，或者換句話說，所有屬於 class A 的能態的平均值為 E_A。

由 $\sum_{n}^{A}(U_{mn}^{A}-E\delta_{mn})C_n=0$，其中 $m, n\in A$，

而 $U_{mn}^{A}=H_{mn}^{A}+\sum_{\alpha\neq m}^{B}\frac{H'_{m\alpha}H'_{\alpha n}}{E-H_{\alpha\alpha}}+O(\Delta^2)=E_m^{(0)}+H'_{mn}+\sum_{\alpha\neq m}^{B}\frac{H'_{m\alpha}H'_{\alpha n}}{E_A-E_a^{(0)}}+O(\Delta^2)$，

則我們可以用以上的 U_{mn}^{A} 來求解本徵方程式。

令 $\det|U_{mn}^{A}-E\delta_{mn}|=0$，如果我們把這個行列式展開，可以看得更清楚其具體形式，即

$$\begin{bmatrix} U_{11}^{A}-E & U_{12}^{A} & U_{13}^{A} & \cdots & U_{1n}^{A} \\ U_{21}^{A} & U_{22}^{A}-E & U_{23}^{A} & \cdots & U_{2n}^{A} \\ U_{31}^{A} & U_{32}^{A} & U_{33}^{A}-E & \cdots & U_{3n}^{A} \\ \vdots & \vdots & \vdots & \vdots & \vdots \\ U_{n1}^{A} & U_{n2}^{A} & U_{n3}^{A} & \cdots & U_{nn}^{A}-E \end{bmatrix}=0,$$

E 的本徵值和 C_n 的本徵向量也可以接著被求出來，而屬於 class B 的係數 C_m，其中 $m\in B$，也可以求出，即 $C_m=\sum_{n}^{A}\left(\frac{U_{mm}^{A}}{E-H_{mm}}\right)C_n$ $=\frac{1}{E_A-E_m^{(0)}}\sum_{n}^{A}U_{mn}^{A}C_n$，且 $n\in A$，$m\in B$。

第八章　統計力學基本概念習題與解答

8-1 現在我們有三個不同的系統，分別包含有 3 種不同的粒子：[1] 古典粒子；[2] Fermion；[3] Boson。如果每個系統都有 2 個能態，第一個能態有 1 個粒子；第二個能態有 2 個粒子，而第一個能態的簡併度為 3；第二個能態的簡併度為 4，則因為三種不同的統計分布，所以會有不同的微觀態，依排列組合的數學原則，試分別說明其微觀態的數目。

解：因爲系統有 2 個能態，第一個能態有 1 個粒子；第二個能態有 2 個粒子，而第一個能態的簡併度爲 3；第二個能態的簡併度爲 4，所以 $n_1=1$；$n_2=2$；$g_1=3$；$g_2=4$；$N=4$。

[1] 因爲古典粒子遵守 Maxwell-Boltzmann 分布，所以微觀態的數目爲 $\Omega_{MB}=N!\dfrac{g_1^{n_1}g_2^{n_2}}{n_1!\,n_2!}\cdots\dfrac{g_m^{n_m}}{n_m!}$，其中 $n_1=1$；$n_2=2$；$g_1=3$；$g_2=4$；$N=4$，代入得

$$\begin{aligned}\Omega_{MB}&=N!\frac{g_1^{n_1}g_2^{n_2}}{n_1!\,n_2!}\\&=3!\frac{3^1 4^2}{1!\,2!}\\&=144\text{。}\end{aligned}$$

這個情況可以想像爲有 3 個可分辨的球或有編號的球置入 2 個盒子，而一個盒子有 3 個分隔；另一個盒子有 4 個分隔，且每個分格可以放入無限多個球，則有幾種放置的方法。

[2] 因為 Fermion 遵守 Fermi-Dirac 分布，所以微觀態的數目為

$\Omega_{FD}=\frac{g_1!}{n_1!(g_1-n_1)!}\frac{g_2!}{n_2!(g_2-n_2)!}\frac{g_3!}{(g_3-n_3)!}$，其中 $n_1=1$；$n_2=2$；$g_1=3$；$g_2=4$；$N=4$，代入得

$$\Omega_{FD}=\frac{g_1!}{n_1!(g_1-n_1)!}\frac{g_2!}{n_2!(g_2-n_2)!}$$
$$=\frac{3!}{1!(3-1)!}\frac{4!}{2!(4-2)!}$$
$$=9。$$

這個情況可以想像為有 3 個相同的球或沒有編號的球置入 2 個盒子，而一個盒子有 3 個分隔；另一個盒子有 4 個分隔，且每個分格只能放入 1 個球，則有幾種放置的方法。

[3] 因為 Boson 遵守 Bose-Einstein 分布，所以微觀態的數目為分布：$\Omega_{BE}=\frac{(n_1+g_1-)!}{n_1!(g_1-1)!}\frac{(n_2+g_2-1)!}{n_2!(g_2-1)!}\frac{(n_3+g_3-1)!}{n_3!(g_3-1)!}$，其中 $n_1=1$；$n_2=2$；$g_1=3$；$g_2=4$；$N=4$，代入得

$$\Omega_{BE}=\frac{(n_1+g_1-)!}{n_1!(g_1-1)!}\frac{(n_2+g_2-1)!}{n_2!(g_2-1)!}$$
$$=\frac{(1+3-1)!}{1!(3-1)!}\frac{(2+4-1)!}{2!(4-1)!}$$
$$=30。$$

這個情況可以想像為有 3 個相同的球或沒有編號的球置入 2 個盒子，而一個盒子有 3 個分隔；另一個盒子有 4 個分隔，且每個分格的球數沒有限制，則有幾種放置的方法。

8-2 $-\frac{\partial}{\partial \varepsilon} f(\varepsilon)$ Fermi-Dirac 分布函數 $f(\varepsilon)=\frac{1}{e^{(\varepsilon-\mu)/k_B T}+1}$ 在低溫的條件下，即 $k_B T \ll \mu$，有一個重要的解析特性：$-\frac{\partial}{\partial \varepsilon} f(\varepsilon) \cong -\delta(\varepsilon-\mu)$。試証之。

解：首先，我們寫出 Dirac 函數（Dirac delta function）$\delta(\varepsilon-\mu)$的基本性質

為 $\int_{-\infty}^{+\infty} F(x)\,\delta(x-a)\,dx=F(a)$。

現在來看看 $\int_{0}^{+\infty} F(\varepsilon)\left(-\frac{\partial f}{\partial \varepsilon}\right) d\varepsilon$ 的積分結果。

因為在低溫的條件下，

$$-\frac{\partial f}{\partial \varepsilon} \simeq \begin{cases} \text{遠大於 } 0\text{，當}\varepsilon \simeq \mu \\ \text{趨近於 } 0\text{，當}\varepsilon \neq \mu \end{cases},$$

所以除非函數 $F(\varepsilon)$ 在 $\varepsilon \simeq \mu$ 附近變化得非常快速，否則我們可以把 $F(\varepsilon)$ 提出到積分符號外，即

$$\begin{aligned}\int_{0}^{\infty} F(\varepsilon)\left(-\frac{\partial f}{\partial \varepsilon}\right) d\varepsilon &\cong F(\mu)\int_{0}^{\infty}\left(-\frac{\partial f}{\partial \varepsilon}\right) d\varepsilon \\ &= F(\mu)\big[f(\varepsilon)\big]\Big|_{\infty}^{0} \\ &= F(\mu)\big[f(0)-f(\infty)\big] \\ &= F(\mu)f(0)\text{。}\end{aligned}$$

但是在低溫的條件下，$f(0)\cong 1$，

所以 $$\int_{0}^{\infty} F(\varepsilon)\left(-\frac{\partial f}{\partial \varepsilon}\right) d\varepsilon \cong F(\mu)$$

即 $$-\frac{\partial}{\partial \varepsilon} f(\varepsilon)=\frac{\partial}{\partial \varepsilon}\frac{1}{e^{(\varepsilon-\mu)/kT}+1} \cong -\delta(\varepsilon-\mu)\text{。}$$

8-3 以統計力學解決問題經常需要求出最低能量或狀態，最常用的方法就是 Lagrange 乘子的方法。如課文所述，Lagrange 乘子的方法是一種求局部極值的方法。以下我們用一個簡單的例子來看看 Lagrange 乘子的使用。

在 $x-y$ 平面上，有一個橢圓 $ax^2+by^2+cxy=1$，則試以不同的方法求出這個橢圓的方向角（Orientation angle）φ。

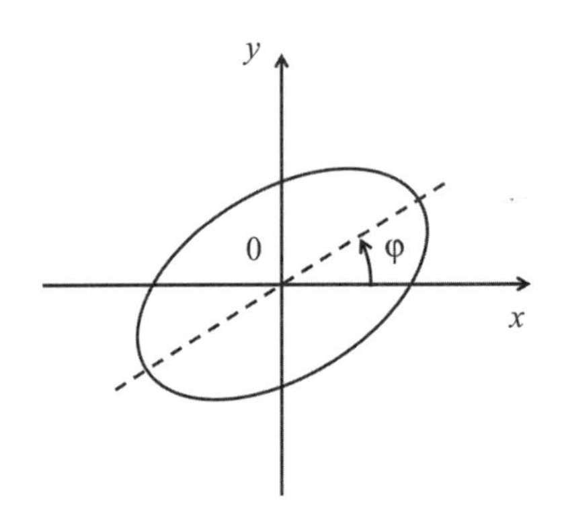

[1] 直角座標旋轉。

[2] 用線性代數的方法演算座標旋轉。

[3] 用 Lagrange 乘子找出局域極大值（Local maximum）。

[4] 把橢圓置於極座標（Polar coordinates）上，找出極值。

解：[1] 在高中的數學課程中有旋轉座標的介紹，由 $x'-y'$ 轉換到 $x-y$ 的關係為 $\begin{cases} x'=x\cos\varphi+y\sin\varphi \\ y'=-x\sin\varphi+y\cos\varphi \end{cases}$；或由 $x-y$ 轉換到 $x'-y'$ 為 $\begin{cases} x=x'\cos\varphi-y'\sin\varphi \\ y=x'\sin\varphi+y'\cos\varphi \end{cases}$，其中 φ 就是橢圓的方向角。

把 $x=x'\cos\varphi-y'\cos\varphi$；$y=x'\sin\varphi+y'\cos\varphi$，代入橢圓的方程

式，即

$$ax^2+by^2+cxy=a\,(x'\cos\varphi-y'\sin\varphi)^2+b\,(x'\sin\varphi+y'\cos\varphi)^2$$

$$+c\,(x'\cos\varphi-y'\sin\varphi)(x'\sin\varphi+y'\cos\varphi)$$

$$=x'^2\,(a\cos^2\varphi+b\sin^2\varphi+c\sin\varphi\cos\varphi)$$

$$+y'^2\,(a\sin^2\varphi+b\cos^2\varphi-c\sin\varphi\cos\varphi)$$

$$+x'y'\,(-a\sin 2\varphi+b\sin 2\varphi+c\cos 2\varphi)=1\text{。}$$

而橢圓的標準式爲$Ax'^2+By'^2=1$，所以比較係數可得，

$A=a\cos^2\varphi+b\sin^2\varphi+c\sin\varphi\cos\varphi$；

$B=a\sin^2\varphi+b\cos^2\varphi-c\sin\varphi\cos\varphi$，

且由$-a\sin 2\varphi+b\sin 2\varphi+c\cos 2\varphi=0$ 可得橢圓的方向角φ滿足

$\tan 2\varphi=\dfrac{c}{a-b}$。

[2] 原來的橢圓表示式爲$ax^2+by^2+cxy=1$，若以矩陣方式來表示則爲

$$[x\quad y]\begin{bmatrix}a & c/2\\ c/2 & b\end{bmatrix}\begin{bmatrix}x\\ y\end{bmatrix}=1\text{，}$$

橢圓標準式爲$Ax'^2+By'^2=1$，若以矩陣方式來表示則爲

$$[x'\quad y']\begin{bmatrix}A & 0\\ 0 & B\end{bmatrix}\begin{bmatrix}x'\\ y'\end{bmatrix}=1\text{，}$$

因爲由$x-y$轉換到$x'-y'$的關係爲，

$$\begin{bmatrix}x'\\ y'\end{bmatrix}=\begin{bmatrix}\cos\varphi & \sin\varphi\\ -\sin\varphi & \cos\varphi\end{bmatrix}\begin{bmatrix}x\\ y\end{bmatrix}=R\begin{bmatrix}x\\ y\end{bmatrix}\text{，}$$

所以$\begin{bmatrix}A & 0\\ 0 & B\end{bmatrix}$和$\begin{bmatrix}a & c/2\\ c/2 & b\end{bmatrix}$的轉換關係爲

$$\begin{bmatrix}A & 0\\ 0 & B\end{bmatrix}=R\begin{bmatrix}a & c/2\\ c/2 & b\end{bmatrix}R^{-1}$$

$$=\begin{bmatrix}\cos\varphi & \sin\varphi\\ -\sin\varphi & \cos\varphi\end{bmatrix}\begin{bmatrix}a & c/2\\ c/2 & b\end{bmatrix}\begin{bmatrix}\cos\varphi & -\sin\varphi\\ \sin\varphi & \cos\varphi\end{bmatrix}$$

$$=\begin{bmatrix} a\cos^2\varphi+b\sin^2\varphi+c\sin\varphi\cos\varphi & \frac{c}{2}(\cos^2\varphi-\sin^2\varphi)-(a-b)\sin\varphi\cos\varphi \\ \frac{c}{2}(\cos^2\varphi-\sin^2\varphi)-(a-b)\sin\varphi\cos\varphi & a\cos^2\varphi+b\sin^2\varphi-c\sin\varphi\cos\varphi \end{bmatrix},$$

所以

$$A=a\cos^2\varphi+b\sin^2\varphi+c\sin\varphi\cos\varphi\;;$$

$$B=a\sin^2\varphi+b\cos^2\varphi-c\sin\varphi\cos\varphi\;;$$

則由 $\frac{c}{2}(\cos^2\varphi-\sin^2\varphi)-\;(a-b)\;\sin\varphi\cos\varphi=0$，可得橢圓的方向角 φ 滿足

$$\tan 2\varphi=\frac{c}{a-b}\;。$$

[3] 如果我們要用 Lagrange 乘子方法，找出橢圓的方向角 φ，則問題就應該如此敘述：「若給定條件 $ax^2+by^2+cyx=1$，則 x^2+y^2 的極大值是多少？」

引入 Lagrange 乘子 λ，即 $f(x,y,\lambda)=x^2+y^2-\lambda(ax^2+by^2+cyx-1)$，則對 x 和求 y 極值，

$$\begin{cases} \frac{\partial f}{\partial x}=2x-\lambda(2ax+cy)=0 \\ \frac{\partial f}{\partial y}=2y-\lambda(2by+cx)=0 \end{cases},$$

則 $\tan\varphi=\frac{y}{x}=\frac{2by+cx}{2ax+cu}=\frac{2b\tan\varphi+c}{2a+c\tan\varphi}$，

可得橢圓的方向角 φ 滿足 $\frac{2\tan\varphi}{1-\tan^2\varphi}=\tan 2\varphi=\frac{c}{a-b}$。

[4] 把橢圓置於極座標上，令 $x=r\cos\theta$ 且 $y=r\sin\theta$，代入 $ax^2+by^2+cxy=d$ 之後，這個橢圓曲線就變成

$$r^2=\frac{1}{a\cos^2\theta+b\sin^2\theta+c\sin\theta\cos\theta}\;。$$

對角度θ找出極值，即$\left.\frac{dr}{d\theta}\right|_{\theta=\varphi}=0$或$\left.\frac{d}{d\theta}\left(\frac{1}{r^2}\right)\right|_{\varphi}=0$，

則　$\left.\frac{d}{d\theta}(a\cos^2\theta+b\sin^2\theta+c\sin\theta\cos\theta)\right|_{\varphi}=0$，

得　$-a\sin 2\varphi+b\sin 2\varphi+c\cos 2\varphi=0$，

則可得橢圓的方向角φ滿足$\tan 2\varphi=\frac{c}{a-b}$。

8-4 如果整個系統有兩個位置I、II，可以容納兩個粒子1、2，因為這兩個粒子是不可分辨的（Indistinguishable），所以當這兩個粒子交換位置前後，其被觀察到的機率是相同的，

即　$|\varphi_I(1)\varphi_{II}(2)|^2=|\varphi_I(2)\varphi_{II}(1)|^2$，

則　$[\varphi_I(1)\varphi_{II}(2)]^2-[\varphi_I(2)\varphi_{II}(1)]^2=0$，

則　$\begin{cases}\varphi_I(1)\varphi_{II}(2)-\varphi_I(2)\varphi_{II}(1)=0\\ \varphi_I(1)\varphi_{II}(2)+\varphi_I(2)\varphi_{II}(1)=0\end{cases}$，

所以可以得到兩個解，

由Bosons所構成的對稱波函數（Symmetric wavefunction）特性為

$\varphi_I(1)\varphi_{II}(2)=\varphi_I(2)\varphi_{II}(1)$；

由 Fermions 所構成的反對稱波函數（Antisymmetric wavefunction）特性為

$\varphi_I(1)\varphi_{II}(2)=-\varphi_I(2)\varphi_{II}(1)$，

其中我們可以發現兩個Fermions交換位置之後，波函數要變號，所以我們可以把整個系統的波函數表示成

$\Phi(1,2)=\frac{1}{\sqrt{2}}[\varphi_I(1)\varphi_{II}(2)-\varphi_I(2)\varphi_{II}(1)]=\frac{1}{\sqrt{2!}}\begin{vmatrix}\varphi_I(1) & \varphi_I(2)\\ \varphi_{II}(1) & \varphi_{II}(2)\end{vmatrix}$，

試驗證這個波函數滿足以下兩個條件。

[1] 當位置交換時，則波函數變號。

[2] 滿足 Pauli 不相容原理。

解：[1] 位置交換，即

$$\Phi(1,2)=\frac{1}{\sqrt{2}}\left[\varphi_I(1)\varphi_{II}(2)-\varphi_I(2)\varphi_{II}(1)\right]=\frac{1}{\sqrt{2!}}\begin{vmatrix}\varphi_I(1) & \varphi_I(2)\\ \varphi_{II}(1) & \varphi_{II}(2)\end{vmatrix};$$

$$\Phi(2,1)=\frac{1}{\sqrt{2}}\left[\varphi_{II}(1)\varphi_I(2)-\varphi_{II}(2)\varphi_I(1)\right]=\frac{1}{\sqrt{2!}}\begin{vmatrix}\varphi_{II}(1) & \varphi_{II}(2)\\ \varphi_I(1) & \varphi_I(2)\end{vmatrix},$$

如圖所示，則變號$\Phi(2,1)=-\Phi(1,2)$。得証。

Fermions 交換位置之後，波函數要變號

[2] 滿足 Pauli 不相容原理：若兩個 Fermions 佔在同一個位置，

則 $\Phi(1,2)=\frac{1}{\sqrt{2}}\left[\varphi_I(1)\varphi_I(2)-\varphi_I(2)\varphi_I(1)\right]=0$，

或 $\Phi(1,2)=\frac{1}{\sqrt{2}}\left[\varphi_{II}(1)\varphi_{II}(2)-\varphi_{II}(2)\varphi_{II}(1)\right]=0$。得証。

8-5　如果有二個粒子填入一個二階系統中，則試依據不同粒子的特性建構出有可能本徵函數。

[1]　若粒子為相同且可分辨的粒子

[2]　若粒子為相同但不可分辨且半奇數自旋，即 Fermion。

[3]　若粒子為相同但不可分辨且整數自旋，即 Boson。

解：[1]

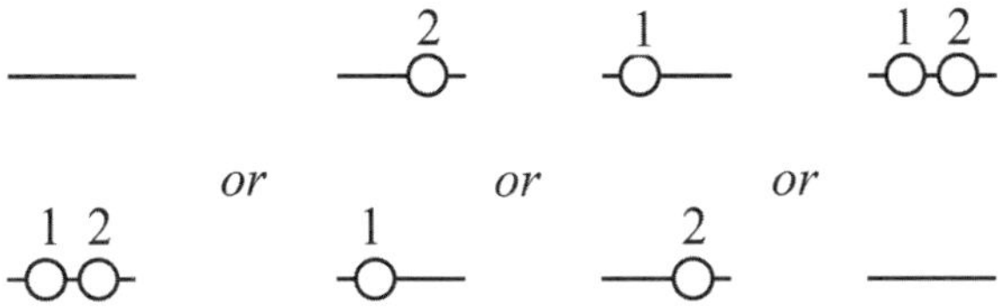

$$\psi_1(1)\psi_1(2) \quad \psi_1(1)\psi_2(2) \quad \psi_2(1)\psi_1(2) \quad \psi_2(1)\psi_2(2)$$

若粒子爲相同且可分辨的粒子，則如圖所示，有四種的可能本徵函數分別爲：$\psi_1(1)\,\psi_1(2)$或$\psi_1(1)\,\psi_2(2)$或$\psi_2(1)\,\psi_1(2)$或$\psi_2(1)\,\psi_2(2)$。

[2]

$$\frac{1}{\sqrt{2}}\begin{bmatrix}\psi_1(1) & \psi_1(2)\\ \psi_2(1) & \psi_2(2)\end{bmatrix}$$

若粒子爲相同但不可分辨且半奇數自旋，即 Fermion，則如圖所示，只有一種可能的本徵函數爲：$\frac{1}{\sqrt{2}}[\psi_1(1)-\psi_2(2)-\psi_1(2)\psi_2(1)]$ $=\frac{1}{\sqrt{2}}\begin{bmatrix}\psi_1(1) & \psi_1(2)\\ \psi_2(1) & \psi_2(2)\end{bmatrix}$。

[3]

$$\begin{array}{ccccc} \text{——} & & -\bigcirc- & & -\bigcirc\bigcirc- \\ & or & & or & \\ -\bigcirc\bigcirc- & & -\bigcirc- & & \text{——} \\ \psi_1(1)\psi_1(2) & & \frac{1}{\sqrt{2}}\begin{bmatrix}\psi_1(1)\psi_2(2) \\ +\psi_1(2)\psi_2(1)\end{bmatrix} & & \psi_2(1)\psi_2(2) \end{array}$$

若粒子爲相同但不可分辨且整數自旋，即Boson，則如圖所示，有三種可能的本徵函數分別爲：$\psi_1(1)\,\psi_1(2)$或$\frac{1}{\sqrt{2}}[\psi_1(1)\psi_2(2)+\psi_1(2)\psi_2(1)]$或$\psi_2(1)\psi_2(2)$。

8-6 現在我們有三個不同的系統，分別包含有三種不同且不會互相作用的粒子：[1] 古典粒子；[2] Fermion；[3] Boson。

如果系統處在一維無限位能阱中，即位能形式為

$$V(x)=\begin{cases}0, \ as 0<x<a \\ \infty, \ otherwise\end{cases},$$

則試分別說明三個系統在基態的能量和波函數；在第一激發態的能量和波函數；在第二激發態的能量和波函數。

解：依據對稱化假設（Symmetrization postulate）我們可以採取以下三個步驟來建構波函數。

[1] 標示單一個粒子的波函數符號$\psi_n(\xi)$，其中ξ代表「座標」，這個「座標」包含了許多參數，諸如：位置$\vec{r}$，自旋$\vec{S}$及內稟自由度（Internal degrees of freedom）、同位自旋（Isospin）、顏色

（Color）、味道（Flavor）……等；下標的代表狀態（State），可以包含主量子數，軌道量子數，磁量子數，自旋量子數。

[2] 依據粒子的對稱特性施與不同的操作。

如果是古典粒子，則沒有對稱考慮；如果是 Fermion，則爲反對稱操作（Antisymmetric operator）；如果是 Boson，則爲對稱操作（Symmetric operator）。

[3] 歸一化。

首先，我們將古典粒子、Fermion和Boson的波函數特性列表如下

Particles	Classical $\psi_{Classical}$	Fermion $\psi_{Fermion}$		Boson ψ_{Boson}	
Symmetry	Not Required	Antisymmetric		Symmetric	
Spatial $\phi_{Spatial}$	$\phi_{Spatial}$	Symmetric	Antisymmetric	Symmetric	Antisymmetric
		$\phi_{Spatial}^{Symmetric}$	$\phi_{Spatial}^{Antisymmetric}$	$\phi_{Spatial}^{Symmetric}$	$\phi_{Spatial}^{Antisymmetric}$
Spin χ_{Spin}	-	Antisymmetric	Symmetric	Symmetric	Antisymmetric
		$\chi_{Spin}^{Antisymmetric}$	$\chi_{Spin}^{Symmetric}$	$\chi_{Spin}^{Symmetric}$	$\chi_{Spin}^{Antisymmetric}$
Wave function Eigen function Vector state	$\psi_{Classical}=\phi_{Spatial}$	$\psi_{Fermion}^{SA}=\phi_{Spatial}^{Symmetric}\chi_{Spin}^{Antisymmetric}$	$\psi_{Fermion}^{SA}=\phi_{Spatial}^{Antisymmetric}\chi_{Spin}^{Antisymmetric}$	$\psi_{Boson}^{SS}=\phi_{Spatial}^{Symmetric}\chi_{Spin}^{Symmetric}$	$\psi_{Boson}^{AA}=\phi_{Spatial}^{Antisymmetric}\chi_{Spin}^{Antisymmetric}$

若系統含有N個粒子，當粒子是古典粒子，則波函數爲。

$$\psi_{n_1,n_2,\cdots,n_N}(\xi_1,\xi_2,\cdots,\xi_N)=\prod_{i=1}^{N}\psi_{n_i}(\xi_i)\text{。}$$

當粒子是 Fermion，則波函數爲

$$\psi_a(\xi_1,\xi_2,\cdots,\xi_N)=\frac{1}{\sqrt{N!}}\sum_{p}(-1)^p\,\psi_{n_1}(\xi_1)\psi_{n_2}(\xi_2)\cdots\psi_{n_N}(\xi_N)\text{，}$$

也可以把$\psi_a(\xi_1,\xi_2,\cdots,\xi_N)$以 Slater 行列式（Slater determinant）形式來表示，

即 $$\psi_a(\xi_1, \xi_2, \cdots, \xi_N) = \frac{1}{\sqrt{N!}} \begin{bmatrix} \psi_{n_1}(\xi_1) & \psi_{n_1}(\xi_2) & \cdots & \psi_{n_1}(\xi_N) \\ \psi_{n_2}(\xi_1) & \psi_{n_2}(\xi_2) & \cdots & \psi_{n_2}(\xi_N) \\ \vdots & \vdots & \cdots & \vdots \\ \psi_{n_N}(\xi_1) & \psi_{n_N}(\xi_2) & \cdots & \psi_{n_N}(\xi_N) \end{bmatrix}。$$

當粒子是 Boson，則波函數爲

$$\psi_s(\xi_1, \xi_2, \cdots, \xi_N) = \frac{1}{\sqrt{N!}} \sum_p \hat{P}\,(-1)^p \psi_{n_1}(\xi_1)\psi_{n_2}(\xi_2)\cdots\psi_{n_N}(\xi_N),$$

其中 $\hat{P}$ 稱爲交換算符（Permutation operator 或 Exchange operator 或 Particle interchange operator），在某些意義上也是粒子的運動常數（Constant of the motion），一旦波函數確定之後，能量也可以求出，即 $E = \langle\Psi|\hat{H}|\Psi\rangle$，其中 $\Psi = 。\begin{cases} \psi_{n_1, n_2, \cdots, n_N}(\xi_1, \xi_2, \cdots, \xi_N) & \text{古典粒子} \\ \psi_a(\xi_1, \xi_2, \cdots, \xi_N) & \textit{Fermion} \\ \psi_s(\xi_1, \xi_2, \cdots, \xi_N) & \textit{Boson} \end{cases}$ 。

(1) 古典粒子

由前面的說明可得古典粒子的波函數爲

$$\psi_{n_1, n_2, n_3} = \sqrt{\frac{8}{a^3}} \sin\left(\frac{n_1\pi}{a}x_1\right) \sin\left(\frac{n_2\pi}{a}x_2\right) \sin\left(\frac{n_3\pi}{a}x_3\right)$$

系統的基態是 $n_1 = 1$、$n_2 = 1$、$n_3 = 1$，則波函數 $\psi^{(0)}(x_1, x_2, x_3)$ 爲

$$\psi^{(0)}(x_1, x_2, x_3) = \psi_{1,1,1}(x_1, x_2, x_3)$$
$$= \sqrt{\frac{8}{a^3}} \sin\left(\frac{\pi}{a}x_1\right) \sin\left(\frac{\pi}{a}x_2\right) \sin\left(\frac{\pi}{a}x_3\right)$$

所以基態的能量 $E^{(0)}$ 爲

$$E^{(0)} = \langle \psi^{(0)}(x_1, x_2, x_3) | \hat{H} | \psi^{(0)}(x_1, x_2, x_3) \rangle$$
$$= \frac{\hbar^2\pi^2}{2a^2}\left(\frac{1}{m_1} + \frac{1}{m_2} + \frac{1}{m_3}\right),$$

系統的第一激發態對應的是 $n_1 = 1$、$n_2 = 1$、$n_3 = 2$，因爲 $m_3 > m_2 > m_1$，所以則波函數 $\psi^{(1)}(x_1, x_2, x_3)$ 爲

$$\psi^{(1)}(x_1, x_2, x_3) = \psi_{1,1,2}(x_1, x_2, x_3)$$
$$= \sqrt{\frac{8}{a^3}} \sin\left(\frac{\pi}{a}x_1\right) \sin\left(\frac{\pi}{a}x_2\right) \sin\left(\frac{2\pi}{a}x_3\right)$$

所以第一激發態的能量 $E^{(1)}$ 爲

$$E^{(1)} = \langle \psi^{(1)}(x_1, x_2, x_3) | \hat{H} | \psi^{(1)}(x_1, x_2, x_3) \rangle$$
$$= \frac{\hbar^2\pi^2}{2a^2}\left(\frac{1}{m_1} + \frac{1}{m_2} + \frac{4}{m_3}\right)。$$

同理，如果 $\frac{m_3}{m_2} > \frac{5}{3}$，則系統的第二激發態對應的是 $n_1 = 1$、$n_2 = 2$、$n_3 = 2$，且波函數 $\psi^{(2)}(x_1, x_2, x_3)$ 爲

$$\psi^{(2)}(x_1, x_2, x_3) = \psi_{1,2,2}(x_1, x_2, x_3)$$
$$= \sqrt{\frac{8}{a^3}} \sin\left(\frac{\pi}{a}x_1\right) \sin\left(\frac{2\pi}{a}x_2\right) \sin\left(\frac{2\pi}{a}x_3\right)，$$

所以第二激發態的能量 $E^{(2)}$ 爲

$$E^{(2)} = \langle \psi^{(2)}(x_1, x_2, x_3) | \hat{H} | \psi^{(2)}(x_1, x_2, x_3) \rangle$$
$$= \frac{\hbar^2\pi^2}{2a^2}\left(\frac{1}{m_1} + \frac{4}{m_2} + \frac{4}{m_3}\right)。$$

(2) Fermions

先把含有 3 個 Fermions 的系統之波函數 $\psi(x_1, x_2, x_3)$ 寫出來

$$\psi_a(x_1, x_2, x_3) = \frac{1}{\sqrt{3!}}\begin{bmatrix} \psi_{n_1}(\xi_1) & \psi_{n_1}(\xi_2) & \psi_{n_1}(\xi_3) \\ \psi_{n_2}(\xi_1) & \psi_{n_2}(\xi_2) & \psi_{n_2}(\xi_3) \\ \psi_{n_3}(\xi_1) & \psi_{n_3}(\xi_3) & \psi_{n_3}(\xi_3) \end{bmatrix}$$
$$= \frac{1}{\sqrt{3!}}\begin{bmatrix} \psi_{n_1}(x_1)\chi(s_1) & \psi_{n_1}(x_2)\chi(s_2) & \psi_{n_1}(x_3)\chi(s_3) \\ \psi_{n_2}(x_1)\chi(s_1) & \psi_{n_2}(x_2)\chi(s_2) & \psi_{n_2}(x_3)\chi(s_3) \\ \psi_{n_3}(x_1)\chi(x_1) & \psi_{n_3}(x_2)\chi(x_2) & \psi_{n_3}(x_3)\chi(x_3) \end{bmatrix}$$

其中 $\psi_{n_i}(x_i)=\sqrt{\dfrac{2}{a}}\sin\left(\dfrac{n_i\pi}{a}x_i\right)$；$\chi(s_i)$；$i=1,\ 2,\ 3$，爲自旋向量（Spinvector）即 $\chi(s)=\left|\dfrac{1}{2},\pm\dfrac{1}{2}\right\rangle$ 。

要特別說明的是，看起來 $\chi(s)$ 是可以「任意選擇的」，但是要注意不能讓行列式爲零，例如要避免二行或二列是相同的。

系統的基態是 $n_1=1$、$n_2=1$、$n_3=2$，所以波函數 $\psi^{(0)}(x_1,x_2,x_3)$ 爲

$$\psi^{(0)}(x_1,x_2,x_3)=\frac{1}{\sqrt{3!}}\begin{bmatrix}\psi_1(x_1)\chi(s_1) & \psi_1(x_2)\chi(s_2) & \psi_1(x_3)\chi(s_3)\\ \psi_1(x_1)\chi(s_1) & \psi_1(x_2)\chi(s_2) & \psi_1(x_3)\chi(s_3)\\ \psi_2(x_1)\chi(x_1) & \psi_2(x_2)\chi(x_2) & \psi_2(x_3)\chi(x_3)\end{bmatrix}。$$

可由圖示清楚地看出這個基態是 4 重簡併的，即

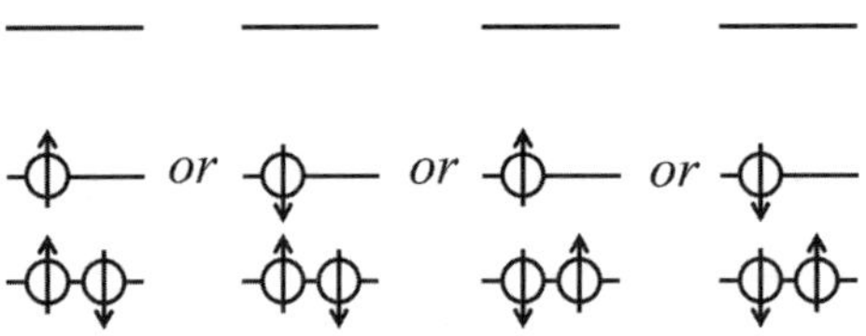

現在要求基態的能量 $E^{(0)}$，因爲基態是四重簡併的，也就是四種自旋組態的能量都是相同的，所以我們可以任選一個情況，現在我們選第一個情況來計算。

若自旋向上（Spin-up）爲 $\chi(s)=\left|\dfrac{1}{2},+\dfrac{1}{2}\right\rangle\equiv|+\rangle$ ；

自旋向下（Spin-down）爲 $\chi(s)=\left|\dfrac{1}{2},-\dfrac{1}{2}\right\rangle\equiv|-\rangle$ ，

則波函數 $\psi_a^{(0)}(x_1,x_2,x_3)$ 可爲

$$\psi_a^{(0)}(x_1,x_2,x_3)=\frac{1}{\sqrt{3!}}\begin{bmatrix}\psi_1(x_1)|+\rangle & \psi_1(x_2)|-\rangle & \psi_1(x_3)|+\rangle\\ \psi_1(x_1)|-\rangle & \psi_1(x_2)|+\rangle & \psi_1(x_3)|-\rangle\\ \psi_2(x_1)|+\rangle & \psi_2(x_2)|-\rangle & \psi_2(x_3)|+\rangle\end{bmatrix},$$

其中 $\psi_{n_i}(x_i)=\sqrt{\dfrac{2}{a}}\sin\left(\dfrac{n_i\pi}{a}x_i\right)$，$i=1, 2, 3$，則基態能量 $E^{(0)}$ 爲

$$
\begin{aligned}
E^{(0)} &= \langle \psi_a^{(0)}(x_1,x_2,x_3)\,|\,\hat{H}\,|\,\psi_a^{(0)}(x_1,x_2,x_3)\rangle \\
&=\frac{n_1^2\hbar^2\pi^2}{2ma^2}+\frac{n_2^2\hbar^2\pi^2}{2ma^2}+\frac{n_3^2\hbar^2\pi^2}{2ma^2} \\
&=\frac{\hbar^2\pi^2}{2ma^2}+\frac{\hbar^2\pi^2}{2ma^2}+\frac{4\hbar^2\pi^2}{2ma^2} \\
&=\frac{6\hbar^2\pi^2}{2ma^2}\text{。}
\end{aligned}
$$

系統的第一激發態可圖示爲

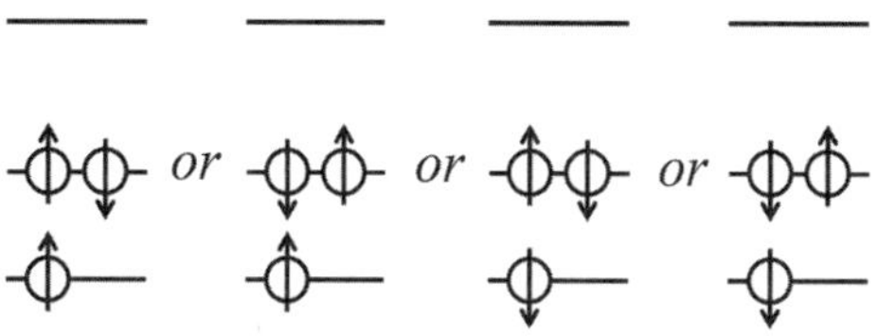

所以第一激發態也是四重簡併的，且 $n_1=1$、$n_2=2$、$n_3=2$，則波函數 $\psi_a^{(1)}(x_1,x_2,x_3)$ 爲

$$
\begin{aligned}
\psi_a^{(1)}(x_1,x_2,x_3) &= \frac{1}{\sqrt{3!}}\begin{bmatrix} \psi_1(x_1)\chi(s_1) & \psi_1(x_2)\chi(s_2) & \psi_1(x_3)\chi(s_3) \\ \psi_2(x_1)\chi(s_1) & \psi_2(x_2)\chi(s_2) & \psi_2(x_3)\chi(s_3) \\ \psi_2(x_1)\chi(x_1) & \psi_2(x_2)\chi(x_2) & \psi_2(x_3)\chi(x_3) \end{bmatrix} \\
&= \frac{1}{\sqrt{3!}}\begin{bmatrix} \psi_1(x_1)\,|+\rangle & \psi_1(x_2)\,|-\rangle & \psi_1(x_3)\,|+\rangle \\ \psi_2(x_1)\,|-\rangle & \psi_2(x_2)\,|+\rangle & \psi_2(x_3)\,|-\rangle \\ \psi_2(x_1)\,|+\rangle & \psi_2(x_2)\,|-\rangle & \psi_2(x_3)\,|+\rangle \end{bmatrix},
\end{aligned}
$$

所以第一激發態的能量 $E^{(1)}$ 爲

$$
\begin{aligned}
E^{(1)} &= \langle \psi_a^{(1)}(x_1,x_2,x_3)|\,\hat{H}\,|\psi_a^{(1)}(x_1,x_2,x_3)\rangle \\
&=\frac{n_1^2\hbar^2\pi^2}{2ma^2}+\frac{n_2^2\hbar^2\pi^2}{2ma^2}+\frac{n_3^2\hbar^2\pi^2}{2ma^2} \\
&=\frac{\hbar^2\pi^2}{2ma^2}+\frac{4\hbar^2\pi^2}{2ma^2}+\frac{4\hbar^2\pi^2}{2ma^2}
\end{aligned}
$$

$$=\frac{9\hbar^2\pi^2}{2ma^2}\text{。}$$

系統的第二激發態可圖示爲

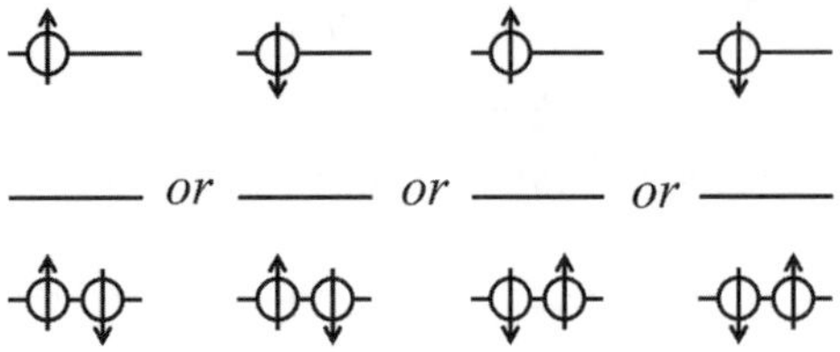

or　or　or

所以第二激發態也是四重簡併的，且 $n_1=1$、$n_2=1$、$n_3=3$，則波函數 $\psi_a^{(2)}(x_1,x_2,x_3)$ 爲

$$\psi_a^{(2)}(x_1,x_2,x_3)=\frac{1}{\sqrt{3!}}\begin{bmatrix}\psi_1(x_1)\chi(s_1) & \psi_1(x_2)\chi(s_2) & \psi_1(x_3)\chi(s_3)\\ \psi_1(x_1)\chi(s_1) & \psi_1(x_2)\chi(s_2) & \psi_1(x_3)\chi(s_3)\\ \psi_3(x_1)\chi(x_1) & \psi_3(x_2)\chi(x_2) & \psi_3(x_3)\chi(x_3)\end{bmatrix}$$

$$=\frac{1}{\sqrt{3!}}\begin{bmatrix}\psi_1(x_1)\,|+\rangle & \psi_1(x_2)\,|-\rangle & \psi_1(x_3)\,|+\rangle\\ \psi_1(x_1)\,|-\rangle & \psi_1(x_2)\,|+\rangle & \psi_1(x_3)\,|-\rangle\\ \psi_3(x_1)\,|+\rangle & \psi_3(x_2)\,|-\rangle & \psi_3(x_3)\,|+\rangle\end{bmatrix},$$

所以第一激發態的能量 $E^{(2)}$ 爲

$$E^{(2)}=\langle\psi_a^{(2)}(x_1,x_2,x_3)|\,\hat{H}\,|\psi_a^{(2)}(x_1,x_2,x_3)\rangle$$

$$=\frac{n_1^2\hbar^2\pi^2}{2ma^2}+\frac{n_2^2\hbar^2\pi^2}{2ma^2}+\frac{n_3^2\hbar^2\pi^2}{2ma^2}$$

$$=\frac{\hbar^2\pi^2}{2ma^2}+\frac{\hbar^2\pi^2}{2ma^2}+\frac{9\hbar^2\pi^2}{2ma^2}$$

$$=\frac{11\hbar^2\pi^2}{2ma^2}\text{。}$$

(3) Bosons

先把 Boson 系統的波函數 $\psi_s(\xi_1,\xi_2,\cdots,\xi_N)$ 再說明一次

$$\psi_s(\xi_1,\xi_2,\cdots,\xi_N)=\sqrt{\frac{N_1!\,N_2!\cdots N_N!}{N!}}\sum_p\hat{P}\,\psi_{n_1}(\xi_1)\,\psi_{n_2}(\xi_2)\cdots\psi_{n_N}(\xi_N)$$

其中 $\psi_{n_i}(\xi_i)=\sqrt{\frac{2}{a}}\sin(\frac{n_i\pi}{a}x_i)$；$N_i$ 表示 n_i 出現的次數，

例如：$\psi_s(\xi_1,\xi_2,\xi_3,\xi_4,\xi_5)=\sqrt{\frac{3!\,2!}{5!}}\sum_p\hat{P}\psi_1(\xi_1)\psi_2(\xi_2)\psi_3(\xi_3)\psi_1(\xi_4)\psi_1(\xi_5)$，

其中等號右邊的 3!是因爲 $\psi_1(\xi)$ 出現 3 次；2!是因爲 $\psi_2(\xi)$ 出現 2 次，系統的基態是 $n_1=1$、$n_2=1$、$n_3=1$，所以 $n_1=1$ 出現 $N_1=3$ 次，則波函數 $\psi_5^{(0)}(x_1,x_2,x_3)$ 爲

$$\psi_s^{(0)}(x_1,x_2,x_3)=\sqrt{\frac{3!}{3!}}\sum_p\hat{P}\psi_1(x_1)\psi_1(x_2)\psi_1(x_3)$$

$$=\psi_1(x_1)\psi_1(x_2)\psi_1(x_3)$$

$$=\sqrt{\frac{8}{a^3}}\sin(\frac{\pi}{a}x_1)\sin(\frac{\pi}{a}x_2)\sin(\frac{\pi}{a}x_3)，$$

所以基態的能量 $E^{(0)}$ 爲

$$E^{(0)}=\langle\psi_s^{(0)}(x_1,x_2,x_3)|\hat{H}|\psi_s^{(0)}(x_1,x_2,x_3)\rangle$$

$$=\frac{n_1^2\hbar^2\pi^2}{2ma^2}+\frac{n_2^2\hbar^2\pi^2}{2ma^2}+\frac{n_3^2\hbar^2\pi^2}{2ma^2}$$

$$=\frac{\hbar^2\pi^2}{2ma^2}+\frac{\hbar^2\pi^2}{2ma^2}+\frac{\hbar^2\pi^2}{2ma^2}$$

$$=\frac{3\hbar^2\pi^2}{2ma^2}。$$

系統的第一激發態爲 $n_1=1$、$n_2=1$、$n_3=2$，所以 $n_1=1$ 出現 $N_1=2$ 次；$n_3=2$ 出現 $N_3=1$ 次，則波函數 $\psi_5^{(1)}(x_1,x_2,x_3)$ 爲

$$\psi_s^{(1)}(x_1,x_2,x_3)$$

$$=\sqrt{\frac{2!\,1!}{3!}}\sum_p\hat{P}\psi_1(x_1)\psi_1(x_2)\psi_1(x_3)$$

$$=\frac{1}{\sqrt{3}}[\psi_1(x_1)\psi_1(x_2)\psi_2(x_3)+\psi_1(x_1)\psi_2(x_2)\psi_1(x_3)+\psi_2(x_1)\psi_1(x_2)\psi_1(x_3)]$$

$$=\frac{1}{\sqrt{3}}\begin{bmatrix}\sqrt{\frac{8}{a^3}}\sin\left(\frac{\pi}{a}x_1\right)\sin\left(\frac{\pi}{a}x_2\right)\sin\left(\frac{\pi}{a}x_3\right)\\+\sqrt{\frac{8}{a^3}}\sin\left(\frac{\pi}{a}x_1\right)\sin\left(\frac{2\pi}{a}x_2\right)\sin\left(\frac{\pi}{a}x_3\right)\\+\sqrt{\frac{8}{a^3}}\sin\left(\frac{\pi}{a}x_1\right)\sin\left(\frac{2\pi}{a}x_2\right)\sin\left(\frac{\pi}{a}x_3\right)\end{bmatrix},$$

所以第一激發態的能量 $E^{(1)}$ 爲

$$E^{(1)}=\langle\psi_s^{(1)}(x_1,x_2,x_3)|\hat{H}|\psi_s^{(1)}(x_1,x_2,x_3)\rangle$$

$$=\frac{n_1^2\hbar^2\pi^2}{2ma^2}+\frac{n_2^2\hbar^2\pi^2}{2ma^2}+\frac{n_3^2\hbar^2\pi^2}{2ma^2}$$

$$=\frac{\hbar^2\pi^2}{2ma^2}+\frac{\hbar^2\pi^2}{2ma^2}+\frac{4\hbar^2\pi^2}{2ma^2}$$

$$=\frac{6\hbar^2\pi^2}{2ma^2}\text{。}$$

系統第二激發態爲 $n_1=1$、$n_2=2$、$n_3=2$，所以 $n_1=1$ 出現 $N_1=1$ 次；$n_2=2$ 出現 $N_2=2$ 次，則波函數 $\psi_5^{(2)}(x_1,x_2,x_3)$ 爲

$$\psi_s^{(1)}(x_1,x_2,x_3)$$

$$=\sqrt{\frac{1!\,2!}{3!}}\sum_p\hat{P}\psi_1(x_1)\,\psi_1(x_2)\,\psi_1(x_3)$$

$$=\frac{1}{\sqrt{3}}[\psi_1(x_1)\,\psi_2(x_2)\,\psi_2(x_3)+\psi_2(x_1)\,\psi_1(x_2)\,\psi_2(x_3)+\psi_2(x_1)\,\psi_2(x_2)\,\psi_1(x_3)]$$

$$=\frac{1}{\sqrt{3}}\begin{bmatrix}\sqrt{\frac{8}{a^3}}\sin\left(\frac{\pi}{a}x_1\right)\sin\left(\frac{2\pi}{a}x_2\right)\sin\left(\frac{2\pi}{a}x_3\right)\\+\sqrt{\frac{8}{a^3}}\sin\left(\frac{2\pi}{a}x_1\right)\sin\left(\frac{\pi}{a}x_2\right)\sin\left(\frac{2\pi}{a}x_3\right)\\+\sqrt{\frac{8}{a^3}}\sin\left(\frac{2\pi}{a}x_1\right)\sin\left(\frac{2\pi}{a}x_2\right)\sin\left(\frac{\pi}{a}x_3\right)\end{bmatrix},$$

所以第二激發態的能量 $E^{(2)}$ 爲

$$E^{(2)}=\langle\psi_s^{(2)}(x_1,x_2,x_3)|\hat{H}|\psi_s^{(2)}(x_1,x_2,x_3)\rangle$$

$$=\frac{n_1^2\hbar^2\pi^2}{2ma^2}+\frac{n_2^2\hbar^2\pi^2}{2ma^2}+\frac{n_3^2\hbar^2\pi^2}{2ma^2}$$

$$=\frac{\hbar^2\pi^2}{2ma^2}+\frac{4\hbar^2\pi^2}{2ma^2}+\frac{4\hbar^2\pi^2}{2ma^2}=\frac{9\hbar^2\pi^2}{2ma^2}\text{。}$$

8-7 當我們計算 Fermion 的各種特性時，會經常遇到這種運算 $I=\int_0^\infty f(\varepsilon, T)\,g\,(\varepsilon)\,d\varepsilon$，其中 $f(\varepsilon, T)$ 為 Fermi-Dirac distribution function；$g\,(\varepsilon)$ 可以是具有物裡意義的任何函數，且 $g(0)=0$。

由分部積分的基本技巧（Integration by part）$\int udv=uv-\int vdu$，

如果令 $g\,(\varepsilon)\equiv\frac{dG(\varepsilon)}{d\varepsilon}$，

則 $$I=\int_0^\infty f(\varepsilon, T)\,g\,(\varepsilon)\,d\varepsilon$$

$$=\int_0^\infty f(\varepsilon, T)\frac{dG(\varepsilon)}{d\varepsilon}\,d\varepsilon$$

$$=f\,(\varepsilon)\,G\,(\varepsilon)\Big|_0^\infty-\int_0^\infty G\,(\varepsilon)\frac{df(\varepsilon)}{d\varepsilon}\,d\varepsilon$$

$$=f(\infty)\,G(\infty)-f(0)G(0)-\int_0^\infty G\,(\varepsilon)\frac{df(\varepsilon)}{d\varepsilon}\,d\varepsilon\text{，}$$

因為 $f(\infty)=0$ 且 $G(0)=0$，所以

$$I=\int_0^\infty f(\varepsilon, T)\,g\,(\varepsilon)\,d\varepsilon$$

$$=-\int_0^\infty G\,(\varepsilon)\frac{df(\varepsilon)}{d\varepsilon}\,d\varepsilon=\int_0^\infty G\,(\varepsilon)\left(-\frac{df(\varepsilon)}{d\varepsilon}\right)d\varepsilon\text{，}$$

這就是我們分析計算 Fermi 系統（Fermi system）的特性時，所經常使用的計算關係。

然而如我們所知 $-\frac{df(\varepsilon)}{d\varepsilon}$ 只有在Fermi能量 $E_F(T)$附近是有限的，所以接著我們要在一般的溫度下或 $k_BT \ll E_F(T)$的條件下，把這個積分作 Taylor 級數展開。

[1] 請將 $G(\varepsilon)$在 $E_F(T)$附近作 Taylor 級數展開。

[2] 代入 $I=\int_0^\infty G(\varepsilon)\left(-\frac{df(\varepsilon)}{d\varepsilon}\right)d\varepsilon$，可得

$$I=-G(\varepsilon_F)\int_0^\infty \frac{df(\varepsilon)}{d\varepsilon}\,d\varepsilon-\frac{dG(\varepsilon)}{d\varepsilon}\bigg|_{\varepsilon=\varepsilon_F}\int_0^\infty(\varepsilon-E_F)\frac{df(\varepsilon)}{d\varepsilon}\,d\varepsilon$$
$$-\frac{1}{2}\frac{d^2G(\varepsilon)}{d\varepsilon^2}\bigg|_{\varepsilon=\varepsilon_F}\int_0^\infty(\varepsilon-E_F)^2\frac{df(\varepsilon)}{d\varepsilon}\,d\varepsilon-\cdots。$$

[3] 求證在 $E_F \gg k_BT$條件下，$-\int_0^\infty \frac{df(\varepsilon)}{d\varepsilon}\,d\varepsilon=1$。

[4] 若已知 $\frac{1}{n!}\int_0^\infty(\varepsilon-E_F)^n\left[-\frac{df(\varepsilon)}{d\varepsilon}\right]d\varepsilon \cong \frac{(k_BT)n}{n!}\int_{-\infty}^\infty \frac{z^n dz}{(1+e^z)(1+e^{-z})}$

$$=\begin{cases}2C_n(k_BT)^n，若\ n\ 為偶數\\ 0\quad，若\ n\ 為奇數\end{cases},$$

則可得 Sommerfeld 展開（Sommerfeld expansion）

$$I=G(E_F(T))+\frac{\pi^2}{6}(k_BT)^2\frac{d^2G(\varepsilon)}{d\varepsilon^2}\bigg|_{\varepsilon=E_F(T)}+\cdots。$$

解：[1] 首先把 $G(\varepsilon)$ 在 $E_F(T)$ 附近作 Taylor 級數展開，

即
$$G(\varepsilon)=G[E_F(T)]+\frac{1}{1!}\frac{dG(\varepsilon)}{d\varepsilon}\bigg|_{\varepsilon=\varepsilon_r}[\varepsilon-E_F(T)]$$
$$+\frac{1}{2!}\frac{d^2G(\varepsilon)}{d\varepsilon^2}\bigg|_{\varepsilon=\varepsilon_r}[\varepsilon-E_F(T)]^2+\cdots。$$

[2] 爲簡化符號起見，我們把 $E_F(T)$ 表示爲 E_F，則代入 $I=\int_0^\infty G(\varepsilon)\left(-\frac{df(\varepsilon)}{d\varepsilon}\right)d\varepsilon$，可得

$$I=-G\,(E_F)\int_0^{\infty}\frac{df(\varepsilon)}{d\varepsilon}d\varepsilon-\left.\frac{dG(\varepsilon)}{d\varepsilon}\right|_{\varepsilon=\varepsilon_r}\int_0^{\infty}(\varepsilon-E_F)\frac{df(\varepsilon)}{d\varepsilon}d\varepsilon$$

$$-\frac{1}{2!}\left.\frac{d^2G(\varepsilon)}{d\varepsilon^2}\right|_{\varepsilon=\varepsilon_r}\int_0^{\infty}(\varepsilon-E_F)^2\frac{df(\varepsilon)}{d\varepsilon}d\varepsilon-\cdots。$$

[3]　$-\int_0^{\infty}\frac{df(\varepsilon)}{d\varepsilon}d\varepsilon=f(0)-f(\infty)=\frac{1}{1+e^{-E_F/k^BT}}-0\underset{E_F\gg k_BT}{\simeq}1$。

[4]　已知$\frac{1}{n!}\int_0^{\infty}(\varepsilon-E_F)^n\left[-\frac{df(\varepsilon)}{d\varepsilon}\right]d\varepsilon$

$$=\frac{(k_BT)^n}{n!}\int_0^{\infty}\frac{\left(\frac{\varepsilon-E_F}{k_BT}\right)^n\sin\left(\frac{\varepsilon-E_F}{k_BT}\right)}{\left[1+\exp\left(\frac{\varepsilon-E_F}{k_BT}\right)\right]^2}d\left(\frac{\varepsilon-E_F}{k_BT}\right)$$

$$=\frac{(k_BT)^n}{n!}\int_{-\varepsilon_F/k_BT}^{\infty}\frac{z^n\,dz}{(1+e^z)(1+e^{-z})}$$

$$\simeq\frac{(k_BT)^n}{n!}\int_{-\infty}^{\infty}\frac{z^n\,dz}{(1+e^z)(1+e^{-z})}$$

$$=\begin{cases}2C_n(k_B\,T)^n，若\,n\,為偶數\\ 0\qquad，若\,n\,為奇數\end{cases},$$

其中係數 $2C_n$ 可以計算得 $2C_2=\frac{\pi^2}{6}$、$2C_4=\frac{7\pi^4}{360}$、$2C_6=\frac{31\pi^4}{15120}$、$\cdots$，

所以$I=G\,(E_F(T))+\frac{\pi^2}{6}(k_BT)^2\left.\frac{d^2G(\varepsilon)}{d\varepsilon^2}\right|_{\varepsilon=E_F(T)}+\cdots$；

或　$I=\int_0^{\infty}g(\varepsilon)d\varepsilon+\frac{\pi^2}{6}(k_BT)^2\left.\frac{dg(\varepsilon)}{d\varepsilon}\right|_{\varepsilon=E_F(T)}+\cdots$。

這個關係式就稱爲 Sommerfeld 展開。我們可以用這個展開式來計算有限溫度下系統的各種電子特性。

8-8 有一個自由電子被限制在一個邊長為(L_1, L_2, L_3)的矩形立方盒子中，則電子的動量本徵值為${}_xp_j=\dfrac{2\pi\hbar j}{L_1}$、${}_yp_k=\dfrac{2\pi\hbar k}{L_2}$、${}_zp_l=\dfrac{2\pi\hbar l}{L_3}$，其中$j, k, l=0, \pm1, \pm2, \cdots$。試求這個自由電子的 Fermi 能量$E_F$。

解：在課文中比較常提到的狀態密度其實是能量狀態密度（Energy density of states 或 Energy-state density），即能量在E和$E+dE$之間單位體積的粒子數，現在我們要以動量狀態密度（Momentum density of states 或 Momentum-state density），即動量在p和$p+dp$之間單位體積的粒子數，來求解本題，當然無論以能量狀態密度或動量狀態密度來求解，其結果都是一樣的。

在一維空間L中，動量狀態密度$\dfrac{dN(p)}{dp}$為$\dfrac{dN(p)}{dp}=\dfrac{1}{2\pi\hbar/L}$，當然這個結果也可以從動量在介於$p$和$p+dp$之間的粒子數$dN(p)=N(p)dp=\dfrac{1}{2\pi\hbar/L}dp$得到。

把這個結果推到三維空間的情況則為

$$\frac{d^3N(p)}{dp^3}=\frac{1}{\frac{2\pi\hbar}{L_1}\,\frac{2\pi\hbar}{L_2}\,\frac{2\pi\hbar}{L_3}}=\frac{L_1L_2L_3}{(2\pi\hbar)^3}=\frac{V}{(2\pi\hbar)^3},$$

其中$V=L_1L_2L_3$為矩形立方盒子的體積。

所以狀態密度n為

$$n=\frac{N}{V}=2\frac{d^3p}{(2\pi\hbar)^3}=2\frac{4\pi d^2dp}{(2\pi\hbar)^3}=2\frac{4\pi}{3}\,\frac{p_F^3}{(2\pi\hbar)^3},$$

其中N表示所有的狀態數，可以從能量的觀點來求；也可以從動量的觀點來求，現在我們用的是動量的觀點，即$N=N(p)$。p_F為 Fermi 動量。2 為自旋簡併因子（Spin degeneracy factor）。

由 Fermi 動量 p_F 爲 $p_F = \hbar\,(3\pi^2 n)^{1/3}$，所以 Fermi 能量 E_F 爲

$$E_F = \frac{p_F^3}{2m} = \frac{\hbar^2 (3\pi^2 n)^{2/3}}{2m}。$$

8-9 平均自由徑（Mean free path）λ 和豫弛時間（Relaxation time）可以用相同的方式來定義。

若一個粒子的平均自由徑（Mean free path）為 λ，則該粒子在行進了 dx 的距離後發生碰撞的機率為常數 $\frac{dx}{\lambda}$。如果在起始點有 n_0 個粒子沿著 x 方向行進，現在假設發生碰撞後，粒子的行進方向就不再沿著 x 方向，則在 x 位置且還保持在 x 行進方向的粒子數標示為 $n(x)$，而在行進了 dx 的距離後發生碰撞的粒子數 $dn(x)$ 則為 $n(x)\frac{dx}{\lambda}$，即 $dn(x) = -\frac{n(x)}{\lambda}dx$，其中的負號表示隨著行進的距離越長，可以發生碰撞的粒子數 $dn(x)$ 就越少。這個表示式也可以寫成 $\frac{dn(x)}{n(x)} = -\frac{dx}{\lambda}$，因為 $dn(x)$ 是發生碰撞的粒子數，而 $n(x)$ 是還保持在 x 行進方向的粒子數，於是我們就可以將其理解為粒子在行進了 dx 的距離後發生碰撞的機率為 $\frac{dn(x)}{n(x)}$，當然，如前所述，等於 $\frac{dx}{\lambda}$。

方程式 $\frac{dn(x)}{dx} = -\frac{1}{\lambda}n(x)$ 的解為 $n(x) = n_0 e^{-\frac{x}{\lambda}}$，如果我們把 x 換成 t，即為 $n(t) = n_0 e^{-\frac{t}{\lambda}}$，則 λ 就是輻射衰減（Radioactive decay）的平均生命時間（Mean lifetime）。若在距離 dx 的分布為 $dn(x)$，試由統計平均的方法求出平均自由徑為 λ。

解：平均自由徑的統計平均的方法為

$$\langle x\rangle=\frac{\int_0^\infty x\,dn(x)}{\int_0^\infty dn(x)}=\frac{\int_0^\infty x n_0 e^{-\frac{x}{\lambda}}dx}{\int_0^\infty n_0 e^{-\frac{x}{\lambda}}dx}=\lambda\text{。}$$

λ_I的倒數可視為單位距離發生碰撞的機率。

這個結果可以推廣到n個獨立的散射過程，例如因為聲子碰撞造成的溫度散射的平均自由徑為λ_T；因為雜質散射的平均自由徑為λ_I，則在位置x上發生碰撞的粒子數$dn(x)$為，$dn(x)=-\frac{n(x)dx}{\lambda_T}-\frac{n(x)dx}{\lambda_I}$，其解為$n(x)=n_0e^{-\left(\frac{1}{\lambda_T}+\frac{1}{\lambda_I}\right)x}$，所以可以相同的統計平均方式求出平均自由徑$\lambda$為$\frac{1}{\lambda}=\frac{1}{\lambda_T}+\frac{1}{\lambda_I}$。

8-10 我們在介紹 Planck 量子論時，就已經提過狀態密度，這一章也用到了狀態密度的觀念，其實 Planck 量子論的結果是可以劃分到統計力學裡作說明的。試由狀態密度開始分別求出能量在E和$E+dE$之間的粒子數$N(E)dE$以及動量在p和$p+dp$之間的粒子數$N(p)dp$。

解：若$n(E)$表示能量為E的狀態可能含有的粒子數；$n(p)$表示動量為p的狀態可能含有的粒子數；$g(E)$表示每單位能量的狀態數；$g(p)$表示每單位動量的狀態數；$g(E)dE$表示能量在E和$E+dE$間的狀態數；$g(p)dp$表示動量在p和$p+dp$間的狀態數，且V表示體積，則在k空間的狀態密度$\frac{g(k)dk}{V}$要等於在E空間的狀態密度$\frac{g(E)dE}{V}$，也要等於在p

空間的狀態密度$\frac{g(p)dp}{V}$，即

$$\frac{g(k)dk}{V}=\frac{g(E)dE}{V}=\frac{g(p)dp}{V}=\frac{4\pi k^2}{(2\pi)^3}dk，$$

又$E=\frac{p^2}{2m}=\frac{\hbar^2k^2}{2m}$，則$dE=\frac{p}{m}dp=\frac{\hbar^2k^2}{2m}dk$，

所以在能量E空間的狀態數（Number of states）爲

$$g(E)dE=V\frac{4\pi k^2}{(2\pi)^3}dk=V\frac{4\pi\sqrt{2m^3E}}{(2\pi\hbar)^3}dE；$$

在動量p空間的狀態數爲

$$g(p)dp=V\frac{4\pi k^2}{(2\pi)^3}dk=V\frac{4\pi p^2}{(2\pi\hbar)^3}dp，$$

所以能量在E和$E+dE$間的狀態數$N(E)dE$爲

$$N(E)dE=n(E)g(E)dE=V\frac{4\pi\sqrt{2m^3E}}{(2\pi\hbar)^3}n(E)\,dE，$$

動量在p和$p+dp$間的狀態數$N(p)dp$爲

$$N(p)dp=n(p)g(p)dp=V\frac{4\pi p^2}{(2\pi\hbar)^3}n(p)dp。$$

8-11 Fermi-Dirac 分布為全同不可分辨具半整數自旋粒子 Fermion 的機率分佈函數

$$f_{Fermi-Dirac}\ (E)=\frac{1}{e^{\frac{E-E_F}{k_BT}}+1}。$$

試在[1] 當溫度T為 0K，[2] 低溫時$E_F\gg k_BT$，[3] $E-E_F\gg k_BT$的情況下繪出$f_{Fermi-Dirac}\ (E)$的圖形。

解：[1] 當溫度 T 爲 0K 時，因爲 $f_{Fermi-Dirac}(E)=\begin{cases}1, & as\ E<E_F\\0, & as\ E>E_F\end{cases}$，

所以的圖形 $f_{Fermi-Dirac}(E)$ 爲

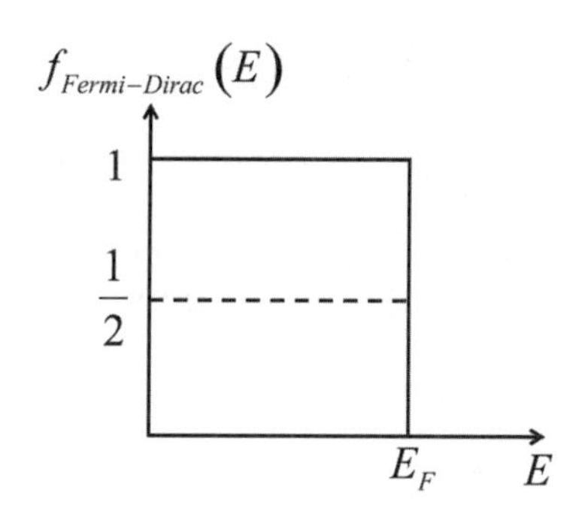

[2] 當低溫 $E_F \gg k_BT$ 時，因爲 $f_{Fermi-Dirac}(E_F)=\frac{1}{2}$，

所以 $f_{Fermi-Dirac}(E)$ 的圖形爲

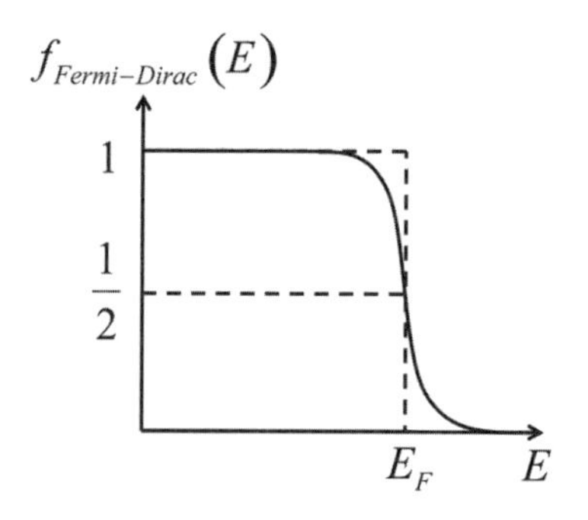

溫度 T 大於 0K 時，並非所有的 Fermion 都有足夠的能量，靠近 Fermi 能量 E_F 的 Fermion 才會得到能量，以熱擾動躍升至較高的能階。

[3] 當 $E-E_F \gg k_BT$ 時，因爲 $f_{Fermi-Dirac}(E)=\frac{1}{e^{\frac{(E-E_F)}{k_BT}}+1}\underset{E-E_F\gg k_BT}{\cong}\frac{1}{e^{\frac{(E-E_F)}{k_BT}}}$

$=e^{-\frac{(E-E_F)}{k_BT}}$ 和 Boltzmann 分布兩者相似，所以$f_{Fermi-Dirac}(E)$的圖形為

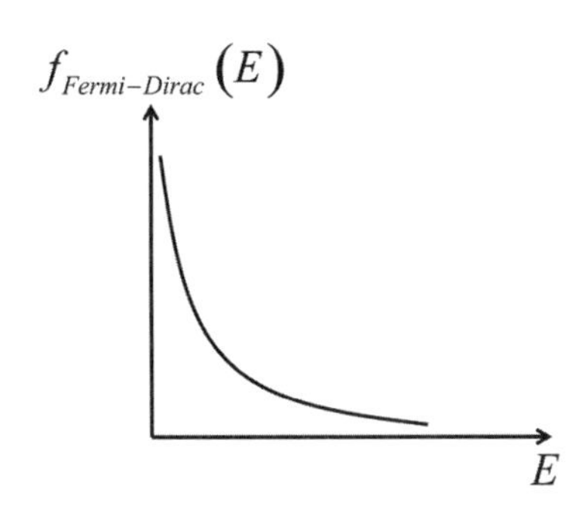

第九章　密度矩陣理論習題與解答

9-1　如果有一個系綜（Ensemble）的原子都處在能量爲 E_0 的基態（Ground states）$|0\rangle$，則這些原子都會因爲吸收光子而躍遷到高能態。若激發的光脈衝寬度非常窄，也就是脈衝寬度 Δt 比激發態原子的壽命（Lifetime）還要短的多，我們就可以把這個激發的過程視爲在 $t=0$ 的時刻，瞬間（Instantaneously）發生。試說明在這樣的激發條件下的量子拍（Quantum beats）效應。

解：本題主要是介紹同調疊加（Coherent superposition）的概念，當然以下的處理過程是非常簡化的，尤其是一開始的光子極化狀態就完全不考慮。

如題意所示，有一個系綜是由能量爲 $E_0=0$ 的基態$|0\rangle$ 原子所構成，且原子可以藉由吸收光子而被激發到高能態。若激發的光脈衝時間 Δt 相當於頻寬 $\Delta\omega=\dfrac{2\pi}{\Delta t}$，且假設能量的分佈 $\hbar\Delta\omega$ 大於原子的兩個能階$|\phi_1\rangle$ 和$|\phi_2\rangle$ 之間的差値 E_1-E_2，如圖所示。

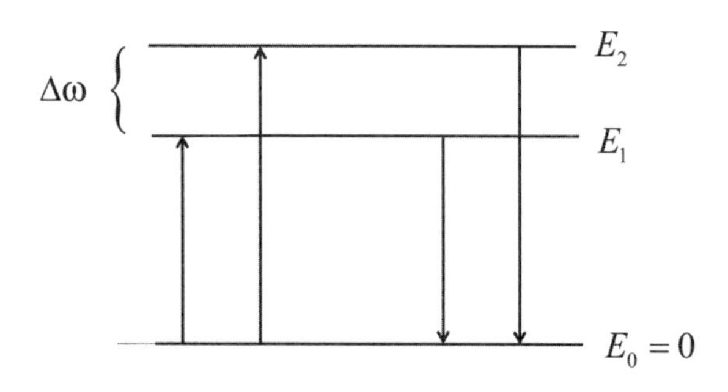

假設在激發的瞬間處於激發態的原子可以描述爲

$$|\psi(0)\rangle = a_1|\phi(0)_1\rangle + a_2|\phi(0)_2\rangle \ ,$$

其中$|\phi(0)_1\rangle$爲激發的瞬間原子的能階 1 的狀態；$|\phi(0)_2\rangle$爲激發的瞬間原子的能階 2 的狀態。

此外，能階的狀態隨時間的演化可以表示爲

$$|\psi(t)_i\rangle = e^{-\frac{iE_1 t}{\hbar}}|\phi(0)_i\rangle \ ,$$

其中$i=1, 2$。

如果再考慮能階的衰減因子（Decay factor）爲$e^{-\frac{\gamma_1 t}{2}}$及$e^{-\frac{\gamma_2 t}{2}}$，其中$\gamma_1$和$\gamma_2$分別爲能階 1 和能階 2 的衰減常數（Decay constant），所以原子隨時間的變化可以表示爲

$$|\psi(t)\rangle = a_1 e^{-\frac{iE_1 t}{\hbar}-\frac{\gamma_1 t}{2}}|\phi(0)_1\rangle + a_2 e^{-\frac{iE_2 t}{\hbar}-\frac{\gamma_2 t}{2}}|\phi(0)_2\rangle \ 。$$

由輻射理論可得到再任意時間的光輻射強度$I(t)$爲

$$I(t) \sim |\langle 0|\vec{e}\cdot\vec{r}|\psi(t)\rangle|^2$$

$$= |a_1\langle 0|\vec{e}\cdot\vec{r}|\phi(t)_1\rangle + a_2\langle 0|\vec{e}\cdot\vec{r}|\phi(t)_2\rangle|^2 ,$$

其中$\vec{e}$爲光子的極化向量（Polarization vector）；$\vec{r}$爲偶極算符（Dipole operator）。

若令$A_1 \equiv \langle 0|\vec{e}\cdot\vec{r}|\phi(t)_1\rangle$；$A_2 \equiv \langle 0|\vec{e}\cdot\vec{r}|\phi(t)_2\rangle$；$\gamma \equiv \frac{\gamma_1+\gamma_2}{2}$，則得

$$I(t) \sim |a_1 A_1|^2 e^{-\gamma t} + |a_2 A_2|^2 e^{-\gamma t} + a_1 a_2^* A_1 A_2^* e^{-\frac{i}{\hbar}(E_1-E_2)t-\gamma t}$$

$$+ a_2 a_1^* A_2 A_1^* e^{+\frac{i}{\hbar}(E_1-E_2)t-\gamma t} \ 。$$

所以光輻射強度$I(t)$會以$\frac{E_1-E_2}{\hbar}$的頻率做週期性的變化，這個現象就是量子拍，其實量子拍也可視爲干涉效應（Interference effect）的結果。

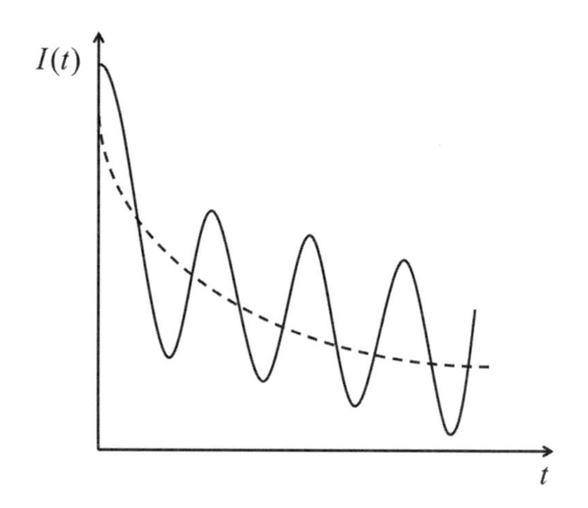

9-2 假設$\hat{H}$為簡諧振子的Hamiltonian，即$\hat{H}\,|n\rangle = E_n\,|n\rangle = \left(n+\frac{1}{2}\right)\hbar\omega\,|n\rangle$。若密度算符為$\hat{\rho} = Ae^{-\frac{\hat{H}}{k_BT}}$，則試求簡諧系統呈現本徵態$|n\rangle$的機率。

解：由密度算符為$\hat{\rho} = Ae^{-\frac{\hat{H}}{k_BT}}$可求出矩陣的對角元素$\rho_{n,n}$之和，這個和就是簡諧系統呈現本徵態的機率，即

$$\rho_{nn} = \langle n|\hat{\rho}|n\rangle = \langle n|Ae^{-\frac{\hat{H}}{k_BT}}|n\rangle$$

$$= A\langle n|\left(e^{-\frac{\hat{H}}{k_BT}}\right)|n\rangle$$

$$= A\langle n|\left[1+\frac{1}{1!}\left(-\frac{\hat{H}}{k_BT}\right)+\frac{1}{2!}\left(-\frac{\hat{H}}{k_BT}\right)^2+\frac{1}{3!}\left(-\frac{\hat{H}}{k_BT}\right)^3+\cdots\right]|n\rangle$$

$$= A\left[\langle n|1|n\rangle + \langle n|\frac{1}{1!}\left(-\frac{\hat{H}}{k_BT}\right)|n\rangle + \langle n|\frac{1}{2!}\left(-\frac{\hat{H}}{k_BT}\right)^2|n\rangle\right.$$

$$\left. + \langle n|\frac{1}{3!}\left(-\frac{\hat{H}}{k_BT}\right)^3|n\rangle + \cdots\right]$$

$$=A\left[1\langle n|n\rangle+\frac{1}{1!}\left(-\frac{E_n}{k_BT}\right)\langle n|n\rangle+\frac{1}{2!}\left(-\frac{E_n}{k_BT}\right)^2\langle n|n\rangle+\frac{1}{3!}\left(-\frac{E_n}{k_BT}\right)^3\langle n|n\rangle+\cdots\right]$$

因爲$\langle n|n\rangle=1$，所以可得

$$\rho_{nn}=A\left[1+\frac{1}{1!}\left(-\frac{E_n}{k_BT}\right)+\frac{1}{2!}\left(-\frac{E_n}{k_BT}\right)^2+\frac{1}{3!}\left(-\frac{E_n}{k_BT}\right)^3+\cdots\right]$$

$$=Ae^{-\left(n+\frac{1}{2}\right)\frac{\hbar\omega}{k_BT}}。$$

9-3 在雷射物理中，我們如果要深入一點的討論雷射發生的整個過程，最常使用的就是密度算符（Density operator）的速率方程式（Rate equation）。

由 Maxwell 方程式可得

$$\frac{d^2}{dt^2}\overrightarrow{\mathscr{E}}(t)+\gamma_0\frac{d}{dt}\overrightarrow{\mathscr{E}}(t)+\omega_0^2\overrightarrow{\mathscr{E}}(t)=-\frac{d^2}{dt^2}\overrightarrow{\mathscr{P}}(t)，$$

其中$\overrightarrow{\mathscr{P}}(t)$為雷射活性介質的巨觀電極化量（Macroscopic electric polarization of the active medium）；ω_0為未受擾動時的共振模態頻率（Resonant frequency of the unperturbed cavity mode）；γ_0為共振阻尼（Damping）；而$\overrightarrow{\mathscr{P}}(t)=NTrace\ [\vec{\wp}\rho(t)]$，其中$N$為介質中和輻射場發生耦合的活性原子之密度（the Density of the active atoms coupled to the radiation field）；$\vec{\wp}$為電偶算符（Electric dipole operator）。

而密度矩陣$\rho(t)$的量子力學 Boltzmann 方程式（Quantum mechanical Boltzmann equation）為

$$\frac{d\rho}{dt}=\left.\frac{\partial\rho}{\partial t}\right|_{Coherent}+\left.\frac{\partial\rho}{\partial t}\right|_{Incoherent}+\Lambda$$，

其中 $\left.\frac{\partial\rho}{\partial t}\right|_{Coherent}=\frac{-i}{\hbar}[H,\rho]$；$\left.\frac{\partial\rho}{\partial t}\right|_{Incoherent}$ 是為了描述弛豫過程現象而引入的項；$\Lambda=\begin{bmatrix}\lambda_1 & 0\\ 0 & \lambda_2\end{bmatrix}$ 是泵激發（Pumping excitation）。

為了方便說明，所以先不考慮量子力學Boltzmann方程式的後兩項：$\left.\frac{\partial\rho}{\partial t}\right|_{Incoherent}$ 和 $\Lambda=\begin{bmatrix}\lambda_1 & 0\\ 0 & \lambda_2\end{bmatrix}$，當然稍後會再加進來，則密度算符（Density operator）的運動方程式（Equation of motion）為 $\frac{d\rho}{dt}=\frac{1}{i\hbar}[H,\rho]$。

若在沒有外場作用時，能量的本徵態為 $|1\rangle$ 和 $|2\rangle$，即 $H_0|1\rangle=E|1\rangle$；$H_0|2\rangle=E_2|2\rangle$，則 $H_0=\begin{bmatrix}E_1 & 0\\ 0 & E_2\end{bmatrix}$，且本徵態的正交歸一性質為 $\langle 1|1\rangle=1$、$\langle 2|2\rangle=1$、$\langle 1|2\rangle=0$、$\langle 2|1\rangle=0$。所以這組基底（Basis）可以建構出的密度算符為 $\rho=\begin{bmatrix}\rho_{11} & \rho_{12}\\ \rho_{21} & \rho_{22}\end{bmatrix}$。因為整體的Hamiltonian (Total Hamiltonian) 為 $H=H_0-\vec{\wp}\cdot\vec{\mathscr{E}}(t)=H_0-\wp\mathscr{E}(t)$，其中由於 $\vec{\wp}$ 和 $\vec{\mathscr{E}}(t)$ 是同方向平行的，即 $\vec{\wp}\parallel\vec{\mathscr{E}}(t)$，所以把向量符號拿掉了；而 H_0 為原子的未受干擾時的Hamiltonian（Unperturbed Hamiltonian）；$\vec{\wp}\cdot\vec{\mathscr{E}}(t)$ 為原子和電磁場的交互作用能量（Interaction energy）。

因為 $\langle 1|\wp\mathscr{E}|1\rangle=0$；$\langle 2|\wp\mathscr{E}|2\rangle=0$；$\langle 1|\wp\mathscr{E}|2\rangle=\langle 1|\wp|2\rangle\mathscr{E}=\wp_{12}\mathscr{E}$；$\langle 2|\wp\mathscr{E}|1\rangle=\langle 2|\wp|1\rangle\mathscr{E}=\wp_{21}\mathscr{E}$，其中由於 $\wp$ 是Hermitian，或是當 $\wp_{12}$ 和 $\wp_{21}$ 是同相的（in phase），則會有 $\wp_{12}=\wp_{21}$ 或 $\wp_{12}\mathscr{E}=\wp_{21}\mathscr{E}$

的結果，則$-\vec{\wp}\cdot\overrightarrow{\mathscr{E}}(t)=\begin{bmatrix}0 & -\wp_{12}\mathscr{E}\\ -\wp_{12}\mathscr{E} & 0\end{bmatrix}$。

[1] 試求出整體的 Hamiltonian H 為

$$H=\begin{bmatrix}\mathscr{E}_1 & -\wp_{12}\mathscr{E}\\ -\wp_{12}\mathscr{E} & \mathscr{E}_2\end{bmatrix}。$$

如果把激發（Excitation）Λ和衰減（Decay）Γ一起考慮進來之後，就可以建立速率方程式，即

$$\frac{d\rho}{dt}=\Lambda+\frac{1}{i\hbar}[H,\rho]-\frac{1}{2}\{\Gamma,\rho\}$$

$$=\Lambda+\frac{1}{i\hbar}(H\rho-\rho H)-\frac{1}{2}(\Gamma\rho+\rho\Gamma),$$

其中$\Lambda=\begin{bmatrix}\lambda_1 & 0\\ 0 & \lambda_2\end{bmatrix}=\lambda_i\delta_{ij}$代表激發過程；$\Gamma=\begin{bmatrix}\gamma_1 & 0\\ 0 & \gamma_2\end{bmatrix}=\gamma_i\delta_{ij}$代表衰減過程；且本徵態為$|1\rangle=\begin{bmatrix}1\\0\end{bmatrix}$；$\langle 1|=[1\ \ 0]$；$|2\rangle=\begin{bmatrix}0\\1\end{bmatrix}$；$\langle 2|=[0\ \ 1]$，如圖所示。

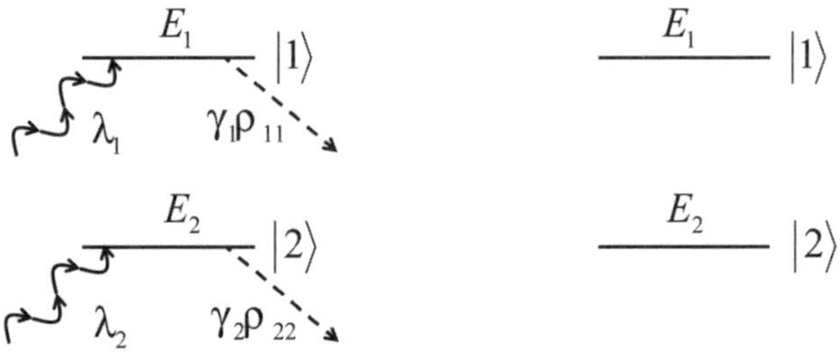

E_1 $|1\rangle$ λ_1 $\gamma_1\rho_{11}$　　　E_1 $|1\rangle$

E_2 $|2\rangle$ λ_2 $\gamma_2\rho_{22}$　　　E_2 $|2\rangle$

Excitation　　*Decay*　　*No Excitation*

$\Lambda=\begin{bmatrix}\lambda_1 & 0\\ 0 & \lambda_2\end{bmatrix}$　　$\Gamma=\begin{bmatrix}\gamma_1 & 0\\ 0 & \gamma_2\end{bmatrix}$　　*No Decay*

接著，我們要分別求出$\dfrac{d\rho}{dt}=\dfrac{d}{dt}\begin{bmatrix}\rho_{11} & \rho_{12}\\ \rho_{21} & \rho_{22}\end{bmatrix}$的表示式。

[2] 試証 $\dfrac{d\rho_{11}}{dt}=\lambda_1-\gamma_1\rho_{11}-\dfrac{i}{\hbar}\wp_{12}\mathscr{E}(\rho_{12}-\rho_{21})$。

[3] 因為 $\dfrac{d\rho_{12}}{dt}=\dfrac{d\rho_{21}^*}{dt}$，所以只要知道 $\dfrac{d\rho_{12}}{dt}$ 就可以知道 $\dfrac{d\rho_{21}}{dt}$。若 $E_1-E_2=\hbar\omega$ 且 $\gamma=\dfrac{1}{2}(\gamma_1+\gamma_2)$，試証

$$\frac{d\rho_{12}}{dt}=-(i\omega-\gamma)\rho_{12}-\frac{i}{\hbar}\wp_{12}\mathscr{E}(\rho_{11}-\rho_{22})。$$

[4] 試証 $\dfrac{d\rho_{22}}{dt}=\lambda_2-\gamma_2\rho_{22}+\dfrac{i}{\hbar}\wp_{12}\mathscr{E}(\rho_{12}-\rho_{21})$。

我們也可以用另外一種方式表達介質受到激發Λ的過程。

當沒有外加干擾，且達到穩定狀態（Steady state）時，即 $\dfrac{d\rho_{11}}{dt}=0=\lambda_1-\gamma_1\rho_{11}$；$\dfrac{d\rho_{22}}{dt}=0=\lambda_2-\gamma_2\rho_{22}$，則 $\lambda_1=\gamma_1\rho_{11}^{(0)}$；$\lambda_2=\gamma_2\rho_{22}^{(0)}$。所以這三個速率方程式也可以表示為

$$\frac{d\rho_{11}}{dt}=-\gamma_1(\rho_{11}-\rho_{11}^{(0)})-\frac{i}{\hbar}\wp_{12}\mathscr{E}(\rho_{12}-\rho_{21})；$$

$$\frac{d\rho_{22}}{dt}=-\gamma_2(\rho_{22}-\rho_{22}^{(0)})+\frac{i}{\hbar}\wp_{12}\mathscr{E}(\rho_{12}-\rho_{21})；$$

$$\frac{d\rho_{12}}{dt}=-(i\omega+\gamma)\rho_{12}-\frac{i}{\hbar}\wp_{12}\mathscr{E}(\rho_{11}-\rho_{22})，$$

而激發項Λ則可表示為 $\Lambda=\begin{bmatrix}\lambda_1 & 0\\ 0 & \lambda_2\end{bmatrix}=\begin{bmatrix}\gamma_1\rho_{11}^{(0)} & 0\\ 0 & \gamma_2\rho_{22}^{(0)}\end{bmatrix}$。

這三個速率方程式可以整合表示成一個方程式為

$$\frac{d\rho}{dt}=\frac{1}{i\hbar}[H,\rho]-\frac{1}{2}[\Gamma(\rho-\rho^{(0)})+(\rho-\rho^{(0)})\Gamma]$$

$$=\frac{1}{i\hbar}[H,\rho]-\frac{1}{2}\{\Gamma,\rho-\rho^{(0)}\}$$ ，其中 $[H,\rho]=H\rho-\rho H$；$\{\Gamma,\rho\}=\Gamma\rho+\rho\Gamma$。

於是我們有了一些不同觀點的論述：

[5] 在沒有干擾的情況下，也就是沒有光子的情況下，則

$$\frac{d\rho}{dt}=-\frac{1}{2}[\Gamma(\rho-\rho^{(0)})+(\rho-\rho^{(0)})\Gamma]。$$

請簡單的說明這個式子的意義。

[6] 顯然$\rho^{(0)}$是和外在激發的情況有關的，如果外在激發是非同調的（Incoherent），則$\rho^{(0)}$是完全對角化的（Purely diagonal）。

當共振腔內的光場為零或更具體的說是電波場或簡稱腔場（Cavity field）為零，即 $\mathscr{E}=0$，也就是在共振腔內沒有光子時，試證明

$$\frac{d\rho_{11}}{dt}=-\gamma_1(\rho_{11}-\rho_{11}^{(0)})；$$

$$\frac{d\rho_{22}}{dt}=-\gamma_2(\rho_{22}-\rho_{22}^{(0)})，$$

請簡單的說明這個式子的意義。

解：[1] 由 $H=H_0-\vec{\wp}\cdot\vec{\mathscr{E}}=H_0-\wp\mathscr{E}(t)$，

且 $-\vec{\wp}\cdot\vec{\mathscr{E}}(t)=\begin{bmatrix}0 & -\wp_{12}\mathscr{E}\\ -\wp_{12}\mathscr{E} & 0\end{bmatrix}$，

所以整體的 Hamiltonian 爲

$$\begin{aligned}H&=\begin{bmatrix}H_{11} & H_{12}\\ H_{21} & H_{22}\end{bmatrix}\\&=H_0-\vec{\wp}\cdot\vec{\mathscr{E}}(t)\\&=\begin{bmatrix}E_1 & 0\\ 0 & E_2\end{bmatrix}+\begin{bmatrix}0 & -\wp_{12}\mathscr{E}\\ -\wp_{12}\mathscr{E} & 0\end{bmatrix}\\&=\begin{bmatrix}E_1 & -\wp_{12}\mathscr{E}\\ -\wp_{12}\mathscr{E} & E_2\end{bmatrix}。\end{aligned}$$

[2] 因爲$\dfrac{d\rho_{11}}{dt}=\langle 1|\Lambda|1\rangle+\dfrac{1}{i\hbar}\langle 1|H\rho-\rho H|1\rangle-\dfrac{1}{2}\langle 1|\Gamma\rho-\rho\Gamma|1\rangle$，

且 $H=\begin{bmatrix} E_1 & -\wp_{12}\mathscr{E} \\ -\wp_{12}\mathscr{E} & E_2 \end{bmatrix}$；$\Lambda=\begin{bmatrix} \lambda_1 & 0 \\ 0 & \lambda_2 \end{bmatrix}$；$\Gamma=\begin{bmatrix} \gamma_1 & 0 \\ 0 & \gamma_2 \end{bmatrix}$；$\rho=\begin{bmatrix} \rho_{11} & \rho_{12} \\ \rho_{21} & \rho_{22} \end{bmatrix}$；

本徵態爲 $|1\rangle=\begin{bmatrix} 1 \\ 0 \end{bmatrix}$、$\langle 1|=[1 \quad 0]$、$|2\rangle=\begin{bmatrix} 0 \\ 1 \end{bmatrix}$、$\langle 2|=[0 \quad 1]$。

可以分項計算

$$\langle 1|\Lambda|1\rangle=\lambda_1\text{；}$$

$$\begin{aligned}\langle 1|H\rho-\rho H|1\rangle &= \langle 1|H|1\rangle\langle 1|\rho|1\rangle-\langle 1|\rho|1\rangle\langle 1|H|1\rangle \\ &\quad +\langle 1|H|2\rangle\langle 2|\rho|1\rangle-\langle 1|\rho|2\rangle\langle 2|H|1\rangle \\ &=H_{11}\rho_{11}-\rho_{11}H_{11}+H_{12}\rho_{21}-\rho_{12}H_{21} \\ &=E_1\rho_{11}-E_1\rho_{11}-\wp_{12}\mathscr{E}\rho_{21}+\wp_{12}\mathscr{E}\rho_{12} \\ &=-\wp_{12}\mathscr{E}(\rho_{21}-\rho_{12})\text{；}\end{aligned}$$

$$\begin{aligned}\langle 1|\Gamma\rho-\rho\Gamma|1\rangle &= \langle 1|\Gamma|1\rangle\langle 1|\rho|1\rangle+\langle 1|\rho|1\rangle\langle 1|\Gamma|1\rangle \\ &\quad +\langle 1|\Gamma|2\rangle\langle 2|\rho|1\rangle-\langle 1|\rho|2\rangle\langle 2|\Gamma|1\rangle \\ &=\gamma_1\rho_{11}+\gamma_1\rho_{11} \\ &=2\gamma_1\rho_{11}\text{。}\end{aligned}$$

綜合以上所述可證得

$$\begin{aligned}\frac{d\rho_{11}}{dt}&=\lambda_1+\frac{i}{\hbar}\wp_{12}\mathscr{E}(\rho_{21}-\rho_{12})-\gamma_1\rho_{11} \\ &=\lambda_1-\gamma_1\rho_{11}-\frac{i}{\hbar}\wp_{12}\mathscr{E}(\rho_{21}-\rho_{12})\text{。}\end{aligned}$$

[3]　因爲 $\dfrac{d\rho_{12}}{dt}=\langle 1|\Lambda|2\rangle+\dfrac{1}{i\hbar}\langle 1|H\rho-\rho H|2\rangle-\dfrac{1}{2}\langle 1|\Gamma\rho+\rho\Gamma|2\rangle$，

且 $H=\begin{bmatrix} E_1 & -\wp_{12}\mathscr{E} \\ -\wp_{12}\mathscr{E} & E_2 \end{bmatrix}$；$\Lambda=\begin{bmatrix} \lambda_1 & 0 \\ 0 & \lambda_2 \end{bmatrix}$；$\Gamma=\begin{bmatrix} \gamma_1 & 0 \\ 0 & \gamma_2 \end{bmatrix}$；$\rho=\begin{bmatrix} \rho_{11} & \rho_{12} \\ \rho_{21} & \rho_{22} \end{bmatrix}$；

本徵態爲 $|1\rangle=\begin{bmatrix} 1 \\ 0 \end{bmatrix}$、$\langle 1|=[1 \quad 0]$、$|2\rangle=\begin{bmatrix} 0 \\ 1 \end{bmatrix}$、$\langle 2|=[0 \quad 1]$。

可以分項計算

$$\langle 1|\Lambda|2\rangle = 0\ ;$$

$$\langle 1|(H\rho - \rho H)|2\rangle = \langle 1|H|1\rangle\langle 1|\rho|2\rangle - \langle 1|\rho|1\rangle\langle 1|H|2\rangle$$
$$+ \langle 1|H|2\rangle\langle 2|\rho|2\rangle - \langle 1|\rho|2\rangle\langle 2|H|2\rangle$$
$$= H_{11}\rho_{12} - H_{12}\rho_{11} + H_{12}\rho_{22} - H_{22}\rho_{12}$$
$$= E_1\rho_{12} + \wp_{12}\mathscr{E}\rho_{11} - \wp_{12}\mathscr{E}\rho_{22} - E_2\rho_{12}$$
$$= (E_1 - E_2)\rho_{12} + \wp_{12}\mathscr{E}(\rho_{11} - \rho_{22})\ ;$$

$$\langle 1|\Gamma\rho + \rho\Gamma|2\rangle = \langle 1|\Gamma|1\rangle\langle 1|\rho|2\rangle + \langle 1|\rho|1\rangle\langle 1|\Gamma|2\rangle$$
$$+ \langle 1|\Gamma|2\rangle\langle 2|\rho|2\rangle + \langle 1|\rho|2\rangle\langle 2|\Gamma|2\rangle$$
$$= \gamma_1\rho_{12} + \gamma_2\rho_{12}$$
$$= (\gamma_1 + \gamma_2)\rho_{12}\ 。$$

綜合以上所述可得

$$\frac{d\rho_{12}}{dt} = \frac{1}{i\hbar}[[(E_1 - E_2)\rho_{12} + \wp_{12}\mathscr{E}(\rho_{11} - \rho_{22})] - \frac{1}{2}(\gamma_1 + \gamma_2)\rho_{12}\ 。$$

若 $E_1 - E_2 = \hbar\omega$ 且 $\gamma = \frac{1}{2}(\gamma_1 + \gamma_2)$，

則可證得 $\frac{d\rho_{12}}{dt} = -(i\omega - \gamma)\rho_{12} - \frac{i}{\hbar}\wp_{12}\mathscr{E}(\rho_{11} - \rho_{22})$。

[4] 因為 $\frac{d\rho_{22}}{dt} = \langle 2|\Lambda|2\rangle + \frac{1}{i\hbar}\langle 2|(H\rho - \rho H)|2\rangle - \frac{1}{2}\langle 2|(\Gamma\rho - \rho\Gamma)|2\rangle$，

且 $H = \begin{bmatrix} E_1 & -\wp_{12}\mathscr{E} \\ -\wp_{12}\mathscr{E} & E_2 \end{bmatrix}$；$\Lambda = \begin{bmatrix} \lambda_1 & 0 \\ 0 & \lambda_2 \end{bmatrix}$；$\Gamma = \begin{bmatrix} \gamma_1 & 0 \\ 0 & \gamma_2 \end{bmatrix}$；$\rho = \begin{bmatrix} \rho_{11} & \rho_{12} \\ \rho_{21} & \rho_{22} \end{bmatrix}$；

本徵態為 $|1\rangle = \begin{bmatrix} 1 \\ 0 \end{bmatrix}$、$\langle 1| = [1\quad 0]$、$|2\rangle = \begin{bmatrix} 0 \\ 1 \end{bmatrix}$、$\langle 2| = [0\quad 1]$。

可以分項計算

$$\langle 2|\Lambda|2\rangle = \lambda_2\ ;$$

$$\langle 2|(H\rho - \rho H)|2\rangle = \langle 2|H|1\rangle\langle 1|\rho|2\rangle - \langle 2|\rho|1\rangle\langle 1|H|2\rangle$$

$$
\begin{aligned}
&+\langle 2|H|2\rangle\langle 2|\rho|2\rangle-\langle 2|\rho|2\rangle\langle 2|H|2\rangle \\
&=-\wp_{12}\mathscr{E}\rho_{12}+\wp_{12}\mathscr{E}\rho_{21}+E_2\rho_{22}-E_2\rho_{22} \\
&=-\wp_{12}\mathscr{E}(\rho_{12}-\rho_{21})\text{；}
\end{aligned}
$$

$$
\begin{aligned}
\langle 2|(\Gamma\rho+\rho\Gamma)|2\rangle &=\langle 2|\Gamma|1\rangle\langle 1|\rho|2\rangle+\langle 2|\rho|1\rangle\langle 1|\Gamma|2\rangle \\
&\quad+\langle 2|\Gamma|2\rangle\langle 2|\rho|2\rangle+\langle 2|\rho|2\rangle\langle 2|\Gamma|2\rangle \\
&=\gamma_2\rho_{22}+\gamma_2\rho_{22} \\
&=2\gamma_2\rho_{22}\text{。}
\end{aligned}
$$

綜合上述結果可證得

$$
\begin{aligned}
\frac{d\rho_{22}}{dt}&=\lambda_2-\frac{i}{\hbar}\wp_{12}\mathscr{E}(\rho_{12}-\rho_{21})-\gamma_2\rho_{22} \\
&=\lambda_2-\gamma_2\rho_{22}+\frac{i}{\hbar}\wp_{12}\mathscr{E}(\rho_{12}-\rho_{21})\text{。}
\end{aligned}
$$

[5] 在沒有外場干擾的情況下，也就是沒有光子的情況下，則

$$
\frac{d\rho}{dt}=-\frac{1}{2}[\Gamma(\rho-\rho^{(0)})+(\rho-\rho^{(0)})\Gamma]
$$

上式表示在穩定狀態的情況下，ρ 將會漸趨於 $\rho^{(0)}$。

[6] 當共振腔內的光場爲零，也就是在共振腔內沒有光子時，即 $\mathscr{E}=0$，代入

$$
\frac{d\rho_{11}}{dt}=-\gamma_1(\rho_{11}-\rho_{11}^{(0)})-\frac{i}{\hbar}\wp_{12}\mathscr{E}(\rho_{12}-\rho_{21})\text{；}
$$

$$
\frac{d\rho_{22}}{dt}=-\gamma_2(\rho_{22}-\rho_{22}^{(0)})+\frac{i}{\hbar}\wp_{12}\mathscr{E}(\rho_{12}-\rho_{21})\text{；}
$$

則得 $\dfrac{d\rho_{11}}{dt}=-\gamma_1(\rho_{11}-\rho_{11}^{(0)})$；

$$
\frac{d\rho_{22}}{dt}=-\gamma_2(\rho_{22}-\rho_{22}^{(0)})\text{，}
$$

從數學關係來說，可看出 $\rho^{(0)}$ 的對角元素 $\rho_{11}^{(0)}$ 和熱平衡下的能態分

佈ρ_{11}成正比例；$\rho_{22}^{(0)}$和熱平衡下的能態分佈ρ_{22}成正比例關係。從物理過程來說，可得知熱平衡下的能態分佈ρ_{11}和外在激發的$\rho_{11}^{(0)}$成正比例；熱平衡下的能態分佈ρ_{22}和外在激發的$\rho_{22}^{(0)}$成正比例關係。

9-4 在理論上只需要五個獨立的變數所建立的三個方程式就可以描述在任何時間雷射的動態行爲（Dynamical behaviors）。

下圖為共振腔內的輻射場和二階活性介質交互作用的示意圖。

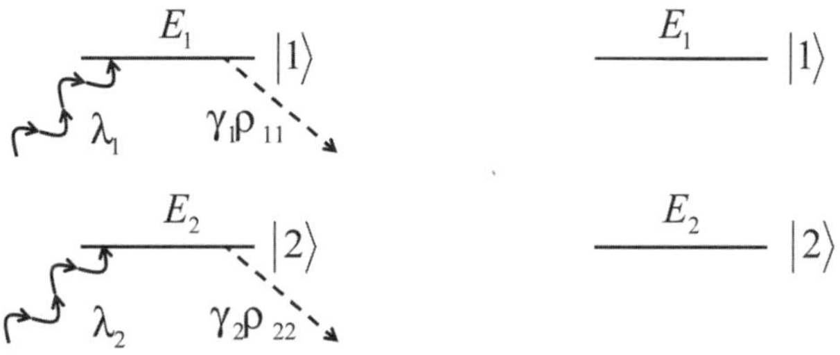

E_1 $|1\rangle$ λ_1 $\gamma_1\rho_{11}$ E_1 $|1\rangle$

E_2 $|2\rangle$ λ_2 $\gamma_2\rho_{22}$ E_2 $|2\rangle$

Excitation *Decay* *No Excitation*

$\Lambda = \begin{bmatrix} \lambda_1 & 0 \\ 0 & \lambda_2 \end{bmatrix}$ $\Gamma = \begin{bmatrix} \gamma_1 & 0 \\ 0 & \gamma_2 \end{bmatrix}$ *No Decay*

如果我們已經建立了三個密度矩陣的速率方程式為：

$$\frac{d\rho_{11}}{dt} = -\gamma_1(\rho_{11} - \rho_{11}^{(0)}) - \frac{i}{\hbar}\wp_{12}\mathcal{E}(\rho_{12} - \rho_{21})\text{；}$$

$$\frac{d\rho_{22}}{dt} = -\gamma_2(\rho_{22} - \rho_{22}^{(0)}) + \frac{i}{\hbar}\wp_{12}\mathcal{E}(\rho_{12} - \rho_{21})\text{；}$$

$$\frac{d\rho_{12}}{dt} = -\left(i\omega + \frac{\gamma_1 + \gamma_2}{2}\right)\rho_{12} - \frac{i}{\hbar}\wp_{12}\mathcal{E}(\rho_{11} - \rho_{22})\text{，}$$

其中激發項則可表示為$\Lambda = \begin{bmatrix} \lambda_1 & 0 \\ 0 & \lambda_2 \end{bmatrix} = \begin{bmatrix} \gamma_1\rho_{11}^{(0)} & 0 \\ 0 & \gamma_2\rho_{22}^{(0)} \end{bmatrix}$代表激發過

程；$\Gamma=\begin{bmatrix}\gamma_1 & 0\\ 0 & \gamma_2\end{bmatrix}$ 代表衰減過程；且本徵態為 $|1\rangle=\begin{bmatrix}1\\0\end{bmatrix}$、$\langle 1|=[1\quad 0]$、$|2\rangle=\begin{bmatrix}0\\1\end{bmatrix}$、$\langle 2|=[0\quad 1]$；原子和電磁場的交互作用能量（Interaction energy）為 $-\vec{\wp}\cdot\overrightarrow{\mathscr{E}}(t)=\begin{bmatrix}0 & -\wp_{12}\mathscr{E}\\ -\wp_{12}\mathscr{E} & 0\end{bmatrix}$。

[1]　試由上述的三個速率方程式求出 $\frac{d}{dt}(\rho_{11}+\rho_{22})$；$\frac{d}{dt}(\rho_{11}-\rho_{22})$；$\frac{d}{dt}\rho_{12}+i\omega\rho_{12}$。

[2]　因為在上、下能階的粒子總數隨著時間是不會改變的，即

$$\frac{d}{dt}(\rho_{11}+\rho_{22})=0=-\gamma_1(\rho_{11}-\rho_{11}^{(0)})-\gamma_2(\rho_{22}-\rho_{22}^{(0)})。$$

若令 $T_1=\frac{\gamma_1+\gamma_2}{2\gamma_1\gamma_2}$；$T_2=\frac{2}{\gamma_1+\gamma_2}$，

則試証

$$\begin{cases}\frac{d}{dt}(\rho_{11}-\rho_{22})+\frac{1}{T_1}[(\rho_{11}-\rho_{22})-(\rho_{11}^{(0)}-\rho_{22}^{(0)})]=\frac{i2}{\hbar}\wp_{12}\mathscr{E}(\rho_{21}-\rho_{12})\\ \frac{d}{dt}\rho_{12}+i\omega\rho_{12}+\frac{1}{T_2}\rho_{12}=\frac{-i}{\hbar}\wp_{12}\mathscr{E}(\rho_{11}-\rho_{22})\end{cases}。$$

[3]　若 $\hat{\rho}=\begin{bmatrix}\rho_{11} & \rho_{12}\\ \rho_{21} & \rho_{22}\end{bmatrix}$ 且 $\hat{\wp}=\begin{bmatrix}0 & \wp_{12}\\ \wp_{21} & 0\end{bmatrix}$，則試証 $\overrightarrow{\mathscr{P}}=N(\wp_{12}\rho_{21}+\wp_{21}\rho_{12})$。

[4]　由 Maxwell 方程式

$$\frac{d^2}{dt^2}\overrightarrow{\mathscr{E}}(t)+\gamma_0\frac{d}{dt}\overrightarrow{\mathscr{E}}(t)+\omega_0^2\overrightarrow{\mathscr{E}}(t)=-\frac{d^2}{dt^2}\overrightarrow{\mathscr{P}}(t),$$

其中 $\overrightarrow{\mathscr{P}}(t)$ 為雷射活性介質的巨觀電極化量（Macroscopic electric polarization of the active medium）；ω_0 為未受擾動時的共振模態頻率（Resonant frequency of the unperturbed cavity mode）；γ_0 為共振阻尼（Damping）。

又由於 $\overrightarrow{\mathscr{P}}(t)$ 和 $\overrightarrow{\mathscr{E}}(t)$ 是同方向平行的，即 $\overrightarrow{\mathscr{P}}(t)\parallel\overrightarrow{\mathscr{E}}(t)$，

則試証 $\frac{d^2}{dt^2}\mathscr{E}+\gamma_0\frac{d}{dt}\mathscr{E}+\omega_0^2\mathscr{E}=-N\frac{d^2}{dt^2}(\wp_{12}\rho_{21}+\wp_{21}\rho_{12})$。

[5] 我們把上述的三個方程式再列一次：

$$\frac{d}{dt}(\rho_{11}-\rho_{22})+\frac{1}{T_1}[(\rho_{11}-\rho_{22})-(\rho_{11}^{(0)}-\rho_{22}^{(0)})]=\frac{i2}{\hbar}\wp_{12}\mathscr{E}(\rho_{21}-\rho_{12})\text{；}$$

$$\frac{d}{dt}\rho_{12}+i\omega\rho_{12}+\frac{1}{T_2}\rho_{12}=\frac{-i}{\hbar}\wp_{12}\mathscr{E}(\rho_{11}-\rho_{22})\text{；}$$

$$\frac{d^2}{dt^2}\mathscr{E}+\gamma_0\frac{d}{dt}\mathscr{E}+\omega_0^2\mathscr{E}=-N\frac{d^2}{dt^2}(\rho_{12}\rho_{21}+\rho_{22}\rho_{12})\text{。}$$

試說明其意義。

解：[1] 如果我們已經建立了三個密度矩陣的速率方程式為：

$$\frac{d\rho_{11}}{dt}=-\gamma_1(\rho_{11}-\rho_{11}^{(0)})-\frac{i}{\hbar}\wp_{12}\mathscr{E}(\rho_{12}-\rho_{21})\text{；}$$

$$\frac{d\rho_{22}}{dt}=-\gamma_2(\rho_{22}-\rho_{22}^{(0)})+\frac{i}{\hbar}\wp_{12}\mathscr{E}(\rho_{12}-\rho_{21})\text{；}$$

$$\frac{d\rho_{12}}{dt}=-(i\omega+\gamma)\rho_{12}-\frac{i}{\hbar}\wp_{12}\mathscr{E}(\rho_{11}-\rho_{22})\text{，}$$

由三個速率方程式整理得

$$\frac{d}{dt}(\rho_{11}+\rho_{22})=-\gamma_1(\rho_{11}-\rho_{11}^{(0)})-\gamma_2(\rho_{22}-\rho_{22}^{(0)})\text{；}$$

$$\frac{d}{dt}(\rho_{11}-\rho_{22})$$

$$=-\frac{i2}{\hbar}\wp_{12}\mathscr{E}(\rho_{21}-\rho_{12})-\gamma_1(\rho_{11}-\rho_{11}^{(0)})+\gamma_2(\rho_{22}-\rho_{22}^{(0)})\text{；}$$

$$\frac{d}{dt}\rho_{12}+i\omega\rho_{12}=\frac{-i}{\hbar}\wp_{12}\mathscr{E}(\rho_{11}-\rho_{22})-\frac{\gamma_1+\gamma_2}{2}\rho_{12}\text{。}$$

[2] 因為在上、下能階的粒子總數隨著時間是不會改變的，即

$$\frac{d}{dt}(\rho_{11}+\rho_{22})=0=-\gamma_1(\rho_{11}-\rho_{11}^{(0)})-\gamma_2(\rho_{22}-\rho_{22}^{(0)})$$

則 $\gamma_1(\rho_{11}-\rho_{11}^{(0)})+\gamma_2(\rho_{22}-\rho_{22}^{(0)})=0$，

$$\Rightarrow \gamma_1(\gamma_1-\gamma_2)(\rho_{11}-\rho_{11}^{(0)})+\gamma_2(\gamma_1-\gamma_2)(\rho_{22}-\rho_{22}^{(0)})=0，$$

$$\Rightarrow (\gamma_1^2-\gamma_1\gamma_2)(\rho_{11}-\rho_{11}^{(0)})+(\gamma_1\gamma_2-\gamma_2^2)(\rho_{22}-\rho_{22}^{(0)})=0，$$

$$\Rightarrow (\gamma_1^2+\gamma_1\gamma_2)(\rho_{11}-\rho_{11}^{(0)})-(\gamma_1\gamma_2+\gamma_2^2)(\rho_{22}-\rho_{22}^{(0)})$$

$$=2\gamma_1\gamma_2(\rho_{11}-\rho_{11}^{(0)})-2\gamma_1\gamma_2(\rho_{22}-\rho_{22}^{(0)})，$$

$$\Rightarrow \gamma_1(\gamma_1+\gamma_2)(\rho_{11}-\rho_{11}^{(0)})-\gamma_2(\gamma_1+\gamma_2)(\rho_{22}-\rho_{22}^{(0)})$$

$$=2\gamma_1\gamma_2[\rho_{11}-\rho_{22}-(\rho_{11}^{(0)}-\rho_{22}^{(0)})]，$$

$$\Rightarrow \gamma_1(\rho_{11}-\rho_{11}^{(0)})-\gamma_2(\rho_{22}-\rho_{22}^{(0)})$$

$$=\frac{2\gamma_1\gamma_2}{\gamma_1+\gamma_2}[\rho_{11}-\rho_{22}-(\rho_{11}^{(0)}-\rho_{22}^{(0)})]。$$

代入

$$\frac{d}{dt}(\rho_{11}-\rho_{22})+\gamma_1(\rho_{11}-\rho_{11}^{(0)})-\gamma_2(\rho_{22}-\rho_{22}^{(0)})$$

$$=\frac{i2}{\hbar}\wp_{12}\mathscr{E}(\rho_{21}-\rho_{12})，$$

得

$$\frac{d}{dt}(\rho_{11}-\rho_{22})+\frac{2\gamma_1\gamma_2}{\gamma_1+\gamma_2}[(\rho_{11}-\rho_{22})-(\rho_{11}^{(0)}-\rho_{22}^{(0)})$$

$$=\frac{i2}{\hbar}\wp_{12}\mathscr{E}(\rho_{21}-\rho_{12})，$$

又 $\frac{d}{dt}\rho_{12}+i\omega\rho_{12}=\frac{-i}{\hbar}\wp_{12}\mathscr{E}(\rho_{11}-\rho_{22})-\frac{\gamma_1+\gamma_2}{2}\rho_{12}$。

若 $T_1=\frac{\gamma_1+\gamma_2}{2\gamma_1\gamma_2}$；$T_2=\frac{2}{\gamma_1+\gamma_2}$，

則得

$$\begin{cases}\frac{d}{dt}(\rho_{11}-\rho_{22})+\frac{1}{T_1}\left[(\rho_{11}-\rho_{22})-(\rho_{11}^{(0)}-\rho_{22}^{(0)})\right]=\frac{i2}{\hbar}\wp_{12}\mathscr{E}(\rho_{21}-\rho_{12})\\ \frac{d}{dt}\rho_{12}+i\omega\rho_{12}+\frac{1}{T_2}\rho_{12}=\frac{-i}{\hbar}\wp_{12}\mathscr{E}(\rho_{11}-\rho_{22})\end{cases}$$

[3] $\overrightarrow{\mathscr{P}}=N\langle\hat{\wp}\rangle$

$$=NTr\ \langle \hat{\rho}\hat{\wp}\rangle$$

$$=NTr\left(\begin{bmatrix}\rho_{11} & \rho_{12}\\ \rho_{21} & \rho_{22}\end{bmatrix}\begin{bmatrix}0 & \wp_{12}\\ \wp_{21} & 0\end{bmatrix}\right)$$

$$=NTr\left(\begin{bmatrix}\wp_{21}\rho_{12} & \wp_{12}\rho_{11}\\ \wp_{21}\rho_{22} & \wp_{12}\rho_{21}\end{bmatrix}\right)$$

$$=N(\wp_{21}\rho_{12}+\wp_{12}\rho_{21})。$$

[4] 由 Maxwell 方程式

$$\frac{d^2}{dt^2}\overrightarrow{\mathscr{E}}(t)+\gamma_0\frac{d}{dt}\overrightarrow{\mathscr{E}}(t)+\omega_0^2\overrightarrow{\mathscr{E}}(t)=-\frac{d^2}{dt^2}\overrightarrow{\mathscr{P}}(t),$$

又由於$\overrightarrow{\mathscr{P}}(t)$和$\overrightarrow{\mathscr{E}}(t)$是同方向平行的，即$\overrightarrow{\mathscr{P}}(t)\parallel\overrightarrow{\mathscr{E}}(t)$，所以向量符號可去除。

代入$\overrightarrow{\mathscr{P}}(t)=N(\wp_{12}(t)\rho_{21}(t)+\wp_{21}(t)\rho_{12}(t))$，

可得 $\frac{d^2}{dt^2}\mathscr{E}(t)+\gamma_0\frac{d}{dt}\mathscr{E}(t)+\omega_0^2\mathscr{E}(t)$

$$=-N\frac{d^2}{dt^2}(\wp_{12}(t)\rho_{21}(t)+\wp_{21}(t)\rho_{12}(t)),$$

或 $\frac{d^2}{dt^2}\mathscr{E}+\gamma_0\frac{d}{dt}\mathscr{E}+\omega_0^2\mathscr{E}=-N\frac{d^2}{dt^2}(\wp_{12}\rho_{21}+\wp_{21}\rho_{12})$。

可得$\frac{d^2}{dt^2}\mathscr{E}+\gamma_0\frac{d}{dt}\mathscr{E}+\omega_0^2\mathscr{E}=-N\frac{d^2}{dt^2}(\wp_{12}\rho_{21}+\wp_{21}\rho_{12})$，

[5] 基本上，在任何時間的雷射的動態行爲都可以被這三個方程式中的五個獨立的變數所描述，這五個獨立的變數分別爲：共振腔內的輻射場（Cavity radiation field）$\overrightarrow{\mathscr{E}}(t)$的振幅及相位；活性介質的巨觀電極化量（Macrosco picpolarization）$\overrightarrow{\mathscr{P}}(t)$或$\wp_{12}(t)$；上下能階之間的布居反轉量（Excess population）$\rho_{11}(t)-\rho_{22}(t)$。

前二個一階微分方程式是非線性的；第三個方程式，則是二階微分方程式。一般來說，如果再作進一步的近似，則將可得到二個相互耦合的一階非線性速率方程式（Two coupled first-order non-linear rate equation）且只要有電磁功率（Electromagnetic power）和布居反轉量二個變數就可以討論雷射的動態行爲。

9-5 試由可觀測算符$\hat{\mathcal{O}}$的期望值$\langle\mathcal{O}\rangle$，

$$\langle\mathcal{O}\rangle=\langle\psi(t)|\mathcal{O}|\psi(t)\rangle$$
$$=\langle\psi(0)|e^{+\frac{iHt}{h}}\mathcal{O}e^{-\frac{iHt}{h}}|\psi(0)\rangle$$
$$=\langle\psi(0)|\mathcal{O}(t)|\psi(0)\rangle\text{，}$$

其中$\mathcal{O}(t)=e^{+\frac{iHt}{h}}\mathcal{O}e^{-\frac{iHt}{h}}$，

簡單說明 Schrödinger 圖象（Schrödinger picture）和 Heisenberg 圖象（Heisenberg picture）。

解：我們在處理解線性的簡諧振子相關的問題時，已經假設可觀察的物理量，包含：位置x、動量p、能量H，所對應的是實算符（Real operator）而且不隨時間變化的，而本徵態是和時間相依的，這就是所謂的 Schrödinger 圖象。

在Schrödinger圖象中，量子力學系統的狀態向量隨時間的變化情形可以藉由求解時間相依的 Schrödinger 方程式來描述，

$$i\hbar\frac{\partial}{\partial t}|\psi(t)\rangle=\hat{H}|\psi(t)\rangle\text{。}$$

如果 Hamiltonian $\hat{H}$是和時間無關的，則上式就可解得

$$|\psi(t)\rangle=e^{\frac{iHt}{\hbar}}|\psi(0)\rangle\text{，}$$

其中$e^{\frac{iHt}{\hbar}}=1+\frac{1}{1!}\left(-\frac{iHt}{\hbar}\right)+\frac{1}{2!}\left(-\frac{iHt}{\hbar}\right)^2+\cdots$。

因爲在 Schrödinger 圖象中對應於可觀測算符 $\widehat{O}_S$ 的期望值 $\langle \mathscr{O} \rangle$ 爲

$$\langle \mathscr{O} \rangle = \langle \psi(t) | \widehat{\mathscr{O}}_S | \psi(t) \rangle \text{ 。}$$

將 $|\psi(t)\rangle = e^{\frac{iHt}{\hbar}} |\psi(0)\rangle$ 代入，則

$$\begin{aligned} \langle \mathscr{O} \rangle &= \langle \psi(t) | \widehat{\mathscr{O}}_S | \psi(t) \rangle \\ &= \langle \psi(0) | e^{+\frac{iHt}{\hbar}} \widehat{\mathscr{O}}_S e^{-\frac{iHt}{\hbar}} | \psi(0) \rangle \\ &= \langle \psi(0) | \widehat{\mathscr{O}}_H(t) | \psi(0) \rangle \text{ ，} \end{aligned}$$

上式定義出一個新的算符，

$$\widehat{\mathscr{O}}_H(t) = e^{+\frac{iHt}{\hbar}} \widehat{\mathscr{O}}_S e^{-\frac{iHt}{\hbar}} \text{ 。}$$

很明顯的，如果我們賦予算符 $\widehat{\mathscr{O}}_H(t)$ 是完全時間相依的，且假設本徵態是和時間無關的，這就稱爲 Heisenberg 圖象，則由 Heisenberg 圖象所得的可觀測算符 $\widehat{\mathscr{O}}_H(t)$ 的期望值 $\langle \mathscr{O} \rangle = \langle \psi(0) | \widehat{\mathscr{O}}_H(t) | \psi(0) \rangle$ 和由 Schrödinger 圖象所得的期望值 $\langle \mathscr{O} \rangle = \langle \psi(t) | \widehat{\mathscr{O}}_S | \psi(t) \rangle$ 相同。

9-6 對於統計混合（Statistical mixture）的問題，我們經常要面對處理的是處於熱平衡狀態下的系統。

熱平衡狀態的密度矩陣 $\rho_{Equilibrium}$ 通常可以定義為 $\rho_{Equilibrium} \equiv \dfrac{e^{-\frac{\hat{H}}{k_B T}}}{Z}$，其中 k_B 為 Boltzmann 常數；T 為熱平衡的溫度；$\hat{H}$ 為 Hamiltonian；Z 為分割函數（Partition function）且為 $Z = Tr\left(e^{-\frac{\hat{H}}{k_B T}}\right)$。且若 $\hat{H}|n\rangle = E_n|n\rangle$，則系統處於量子狀態為 $|n\rangle$ 的機率 P_n 為 $P_n = \dfrac{e^{-\frac{E_n}{k_B T}}}{Z}$。

試以密度矩陣的方法求

[1] 在熱平衡狀態下，系統處於量子狀態為$|n\rangle$的機率P_n。

[2] 算符$\hat{A}$的熱平均期望值（Thermally averaged expectation value）$\langle\langle A\rangle\rangle$。

解：[1] 在熱平衡狀態下，系統處於量子狀態爲$|n\rangle$的機率P_n也就是系統中處於量子狀態的熱分布數量（Thermally distributed populations）。

因爲$\hat{H}|n\rangle = E_n|n\rangle$，所以

$$(\rho_{Equilibrium})_{nm} = \frac{1}{Z}\langle n|e^{-\frac{\hat{H}}{k_BT}}|m\rangle$$

$$= \frac{e^{-\frac{E_B}{k_BT}}}{Z}\langle n|m\rangle$$

$$= \frac{e^{-\frac{E_B}{k_BT}}}{Z}\delta_{nm}$$

$$= P_n\delta_{nm},$$

可得在熱平衡狀態下，系統處於量子狀態爲$|n\rangle$的機率P_n爲

$$\rho_{nn} = P_n(\rho_{Equilibrium})_{nm} = P_n\delta_{nn} = \frac{e^{-\frac{E_B}{k_BT}}}{Z}。$$

[2] 算符$\hat{A}$的熱平均期望值爲，

$$\langle\langle A\rangle\rangle = \sum_n P_n\langle n|\hat{A}|n\rangle = \sum_n \frac{e^{-\beta E_n}}{Z}\langle n|\hat{A}|n\rangle$$

$$= \sum_n \frac{e^{-\beta E_n}}{Z}\langle n|\hat{A}\frac{e^{-\frac{\hat{H}}{k_BT}}}{2}|n\rangle = \frac{1}{Z}Tr(\hat{A}\rho_{Equilibrium})。$$

9-7 有一個能量為$\hbar\omega_a$和$\hbar\omega_b$的二階量子系統（Two-state quantum system），若其所對應的本徵態為$|a\rangle$和$|b\rangle$，即$\hat{H}|a\rangle=\hbar\omega_a|a\rangle$；$\hat{H}|b\rangle=\hbar\omega_b|b\rangle$；$\langle a|a\rangle=1$；$\langle b|b\rangle=1$且$\langle a|b\rangle=0$；$\langle b|a\rangle=0$。

[1] 試分別以 Schrödinger 圖像和 Heisenberg 圖像寫出本徵態$|a\rangle$隨時間的演進（Time evolution）的方程式。

[2] 在$t=0$時，純粹態為$|\phi(0)\rangle=\frac{1}{\sqrt{2}}(|a\rangle+i|b\rangle)$，試分別以 Schrödinger 圖像和 Heisenberg 圖像寫出$|\phi(t)\rangle$。

[3] 在$t=0$時，有一個混合態定義為：系統有 25%處在狀態$|\psi_1\rangle=\frac{1}{\sqrt{2}}(|a\rangle+|b\rangle)$；有 25%處在狀態$|\psi_2\rangle=\frac{1}{\sqrt{2}}(|a\rangle-|b\rangle)$；有 50%處在狀態$|\psi_3\rangle=\frac{1}{\sqrt{2}}(|a\rangle+i|b\rangle)$，試寫出在$t=0$時的密度矩陣$\rho$。

[4] 試分別在 Schrödinger 圖像中，密度算符ρ_S隨時間的演進（Time evolution）的方程式；在 Heisenberg 圖像中，密度算符ρ_H隨時間的演進（Time evolution）的方程式。

[5] 如果有一個算符$\hat{X}$具有的特性為$\hat{X}|a\rangle=|b\rangle$及$\hat{X}|b\rangle=|a\rangle$，

解：令$|a_S\rangle$是在 Schrödinger 圖像中的狀態向量；$|a_H\rangle$是在 Heisenberg 圖像中的狀態向量。

[1]

[1.1] Schrödinger圖像的方程式爲$i\hbar\frac{\partial}{\partial t}|a_S(t)\rangle=\hat{H}_S|a_S(t)\rangle$，則

$$|a_S(t)\rangle=e^{-\frac{i}{\hbar}\hat{H}t}|a_S(0)\rangle$$ 。

[1.2] Heisenberg 圖象的本徵態是和時間無關的，即$|a_H\rangle$ 。

[2]　在$t=0$時，純粹態爲$|\phi(0)\rangle=\frac{1}{\sqrt{2}}(|a\rangle+i|b\rangle)$，

則 Schrödinger 圖像爲

$$\begin{aligned}|\phi_S(t)\rangle&=e^{-\frac{i}{\hbar}\hat{H}t}|\phi_S(0)\rangle\\&=e^{-\frac{i}{\hbar}\hat{H}t}\left[\frac{1}{\sqrt{2}}(|a\rangle+i|b\rangle)\right]\\&=\frac{1}{\sqrt{2}}\left(e^{-\frac{i}{\hbar}\hat{H}t}|a\rangle+ie^{-\frac{i}{\hbar}\hat{H}t}|b\rangle\right)\\&=\frac{1}{\sqrt{2}}\left(e^{-i\omega_a t}|a\rangle+e^{-\omega_b t}|b\rangle\right)\text{；}\end{aligned}$$

而 Heisenberg 圖像爲$|\phi_H(t)\rangle=\frac{1}{\sqrt{2}}(|a\rangle+i|b\rangle)$。

[3]　每一個純粹態$|\psi_k\rangle$的密度算符ρ_k爲$|\psi_k\rangle\langle\psi_k|$，即$\rho_k=|\psi_k\rangle\langle\psi_k|$，所以狀態$|\psi_1\rangle$的密度算符$\rho_1$爲$|\psi_1\rangle\langle\psi_1|$；狀態$|\psi_2\rangle$的密度算符$\rho_2$爲$|\psi_2\rangle\langle\psi_2|$；狀態$|\psi_3\rangle$的密度算符$\rho_3$爲$|\psi_3\rangle\langle\psi_3|$。

混合態的密度算符ρ爲$\rho=\sum_{n=1}^{3}P_n|\psi_n\rangle\langle\psi_n|$，且$\sum_{n=1}^{3}P_n=P_1+P_2+P_3=\frac{25}{100}+\frac{25}{100}+\frac{25}{100}=1$，所以混合態的密度算符$\rho$爲$\rho=\sum_{n=1}^{3}P_n|\psi_n\rangle\langle\psi_n|=\frac{1}{4}|\psi_1\rangle\langle\psi_1|+\frac{1}{4}|\psi_2\rangle\langle\psi_2|+\frac{1}{4}|\psi_3\rangle\langle\psi_3|$，則密度算符$\rho$的密度矩陣元素$\rho_{mn}$爲$\rho_{mn}=\langle m|\rho|n\rangle$，其中$|m\rangle$或$|n\rangle$都是系統的的本徵態$|a\rangle$或$|b\rangle$，所以密度矩陣$\rho$爲

$$\rho=\begin{bmatrix}\langle a|\rho|a\rangle & \langle a|\rho|b\rangle\\ \langle b|\rho|a\rangle & \langle b|\rho|b\rangle\end{bmatrix}=\begin{bmatrix}\rho_{aa} & \rho_{ab}\\ \rho_{ba} & \rho_{bb}\end{bmatrix}\text{，}$$

又$\langle a|\psi_1\rangle=\langle a|\left[\frac{1}{\sqrt{2}}(|a\rangle+|b\rangle)\right]=\frac{1}{\sqrt{2}}$；

$$\langle b|\psi_1\rangle=\langle b|\left[\frac{1}{\sqrt{2}}(|a\rangle+|b\rangle)\right]=\frac{1}{\sqrt{2}}\ ;$$

$$\langle a|\psi_2\rangle=\langle a|\left[\frac{1}{\sqrt{2}}(|a\rangle-|b\rangle)\right]=\frac{1}{\sqrt{2}}\ ;$$

$$\langle b|\psi_2\rangle=\langle b|\left[\frac{1}{\sqrt{2}}(|a\rangle-|b\rangle)\right]=-\frac{1}{\sqrt{2}}\ ;$$

$$\langle a|\psi_3\rangle=\langle a|\left[\frac{1}{\sqrt{2}}(|a\rangle+i|b\rangle)\right]=\frac{1}{\sqrt{2}}\ ;$$

$$\langle b|\psi_3\rangle=\langle b|\left[\frac{1}{\sqrt{2}}(|a\rangle+i|b\rangle)\right]=\frac{i}{\sqrt{2}}\ ,$$

則得密度矩陣

$$\rho=\begin{bmatrix}\rho_{aa} & \rho_{ab}\\ \rho_{ba} & \rho_{bb}\end{bmatrix}=\begin{bmatrix}\frac{1}{2} & -\frac{i}{4}\\ \frac{i}{4} & \frac{1}{2}\end{bmatrix}。$$

[4] 爲了把 Schrödinger 圖像和 Heisenberg 圖像分開來，所以我們把 Schrödinger 圖像 $\frac{d}{dt}\rho_S(t)=\frac{\partial}{\partial t}\rho_S(t)$ 標示爲 $\frac{d}{dt}\rho(t)\Big|_S=\frac{\partial}{\partial t}\rho(t)\Big|_S$；把Heisenberg圖像標示爲 $\frac{d}{dt}\rho(t)\Big|_H=\frac{\partial}{\partial t}\rho_S(t)\Big|_H+\frac{1}{i\hbar}[\rho_H(t),H_H]$。在 Schrödinger 圖像中，對每一個純粹態$|\psi_k\rangle$ 的密度算符 ρ_k 的時間微分爲

$$\begin{aligned}\frac{d}{dt}\rho_k(t)\Big|_S&=\left(\frac{\partial}{\partial t}|\psi_k(t)\rangle_S\right)_S\langle\psi_k(t)|+|\psi_k(t)\rangle_S\left(\frac{\partial}{\partial t}{}_S\langle\psi_k(t)|\right)\\&=\frac{1}{i\hbar}H_S|\psi_k(t)\rangle_{SS}\langle\psi_k(t)|+|\psi_k(t)\rangle_{SS}\langle\psi_k(t)|\frac{-1}{i\hbar}H_S\\&=\frac{1}{i\hbar}[H_S,\ \rho_k(t)]_S\ ,\end{aligned}$$

則在 Schrödinger 圖像中，對混合態的密度算符 ρ_S 的時間微分爲

$$\frac{\partial}{\partial t}\rho_S(t)=\frac{1}{i\hbar}[H_S,\ \rho_S(t)]。$$

在Heisenberg圖像中，對每一個純粹態$|\psi_k\rangle$ 的密度算符ρ_k的時間微分爲

$$\left(\frac{d}{dt}\rho_k(t)\right)_H=\left(\frac{\partial}{\partial t}\rho_H(t)\right)_H+\frac{1}{i\hbar}\,[\rho_k(t),\,H_H]$$

$$=\left(\frac{1}{i\hbar}\,[\rho_k(t),\,H_H]_S\right)_H+\frac{1}{i\hbar}\,[\rho_k(t),\,H_H]$$

$$=\frac{-1}{i\hbar}\,[\rho_k(t),\,H_H]+\frac{1}{i\hbar}\,[\rho_k(t),\,H_H]$$

$$=0，$$

則在 Heisenberg 圖像中，對混合態的密度算符ρ_H的時間微分爲$\frac{\partial}{\partial t}\rho_H(t)=0$。

因爲在Heisenberg圖像的密度算符是常數，所以密度矩陣也是常數。

[5] 因爲可觀測算符$\hat{A}$的期望值爲 $\langle\hat{A}\rangle(t)=Tr(\rho A)$，所以Schrödinger圖像算符$\hat{X}$期望值爲 $\langle X\rangle(t)=\langle a(t)|\rho X|a(t)\rangle+\langle b(t)|\rho X|b(t)\rangle$；Heisenberg圖象算符$\hat{X}(t)$期望值爲$\langle X\rangle(t)=\langle a|\rho X_H(t)|a\rangle+\langle b|\rho X_H(t)|b\rangle$，但是要先以$\frac{d}{dt}X(t)\Big|_H=\frac{\partial}{\partial t}X_S(t)\Big|_H+\frac{1}{i\hbar}\,[X_H(t),\,H_H]$求出 Heisenberg 圖象算符$\hat{X}_H(t)$。

[5.1] 以 Schrödinger 圖像求算符$\hat{X}$期望值爲

$$\langle X\rangle(t)=\langle a(t)|\rho X|a(t)\rangle+\langle b(t)|\rho X|b(t)\rangle$$

$$=\langle a(t)|\rho\,|b(t)\rangle+\langle b(t)|\rho\,|a(t)\rangle$$

$$=\langle a(t)|\rho\,|b(t)\rangle+\langle b(t)|\rho\,|a(t)\rangle$$

$$=e^{i\omega_a t}\,\langle a(0)|\rho\,|b(0)\rangle\,e^{-i\omega_b t}+e^{i\omega_b t}\,\langle b(0)|\rho\,|a(0)\rangle\,e^{-i\omega_a t}$$

$$=e^{i\omega_a t}\,\langle a(0)|\rho\,|b(0)\rangle\,e^{-i\omega_b t}+e^{i\omega_b t}\,\langle b(0)|\rho\,|a(0)\rangle\,e^{-i\omega_a t}$$

$$=e^{i(\omega_a-\omega_b)t}\,\langle a(0)|\left(\frac{1}{4}\,|\psi_1\rangle\langle\psi_1|+\frac{1}{4}|\psi_2\rangle\langle\psi_2|+\frac{1}{2}|\psi_3\rangle\langle\psi_3|\right)b(0)\rangle$$

$$+e^{i(\omega_b-\omega_a)t}\langle b(0)|\left(\frac{1}{4}|\psi_1\rangle\langle\psi_1|+\frac{1}{4}|\psi_2\rangle\langle\psi_2|+\frac{1}{2}|\psi_3\rangle\langle\psi_3|\right)a(0)\rangle$$

$$=e^{i(\omega_a-\omega_b)t}\langle a(0)|\left(\frac{1}{4}|\psi_1\rangle\langle\psi_1|+\frac{1}{4}|\psi_2\rangle\langle\psi_2|+\frac{1}{2}|\psi_3\rangle\langle\psi_3|\right)b(0)\rangle$$

$$+e^{i(\omega_b-\omega_a)t}\langle b(0)|\left(\frac{1}{4}|\psi_1\rangle\langle\psi_1|+\frac{1}{4}|\psi_2\rangle\langle\psi_2|+\frac{1}{2}|\psi_3\rangle\langle\psi_3|\right)a(0)\rangle\ ,$$

所以 $\langle X\rangle(t)=-\frac{i}{4}e^{i(\omega_a-\omega_b)t}+\frac{i}{4}e^{i(\omega_b-\omega_a)t}$

$$=\frac{i}{4}(-e^{i(\omega_a-\omega_b)t}+e^{i(\omega_b-\omega_a)t})$$

$$=\frac{i}{4}(-j\sin(\omega_a-\omega_b)t-j\sin(\omega_a-\omega_b)t]$$

$$=\frac{1}{2}\sin(\omega_a-\omega_b)t\ 。$$

也可以換一種表示方法，由 $\rho=\begin{bmatrix}\rho_{aa} & \rho_{ab}\\ \rho_{ba} & \rho_{bb}\end{bmatrix}=\begin{bmatrix}\frac{1}{2} & -\frac{i}{4}\\ \frac{i}{4} & \frac{1}{2}\end{bmatrix}$，

則 $\rho(t)X=\begin{bmatrix}\rho_{aa}(t) & \rho_{ab}(t)\\ \rho_{ba}(t) & \rho_{bb}(t)\end{bmatrix}\begin{bmatrix}0 & 1\\ 1 & 0\end{bmatrix}$

$$=\begin{bmatrix}\frac{1}{2}e^{i(\omega_a-\omega_a)t} & -\frac{i}{4}e^{i(\omega_a-\omega_b)t}\\ \frac{i}{4}e^{i(\omega_b-\omega_a)t} & \frac{1}{2}e^{i(\omega_b-\omega_b)t}\end{bmatrix}\begin{bmatrix}0 & 1\\ 1 & 0\end{bmatrix}$$

$$=\begin{bmatrix}-\frac{i}{4}e^{i(\omega_a-\omega_b)t} & \frac{1}{2}\\ \frac{1}{2} & \frac{i}{4}e^{i(\omega_b-\omega_a)t}\end{bmatrix},$$

所以 $Tr(\rho(t)X)=-\frac{i}{4}e^{i(\omega_a-\omega_b)t}+\frac{i}{4}e^{i(\omega_b-\omega_a)t}$

$$=\frac{1}{2}\sin(\omega_a-\omega_b)t\ 。$$

[5.2] 以Heisenberg圖像求算符 $\hat{X}$ 期望值為 $\langle X\rangle(t)=\langle a|\rho X_H(t)|a\rangle+\langle b|\rho X_H(t)|b\rangle$。

因為 $\hat{H}|a\rangle=\hbar\omega_a|a\rangle$; $\hat{H}|b\rangle=\hbar\omega_b|b\rangle$ ，

所以$H=\begin{bmatrix} H_{aa} & H_{ab} \\ H_{ba} & H_{bb} \end{bmatrix}=\begin{bmatrix} \langle a|\hat{H}|a\rangle\langle a|\hat{H}|b\rangle \\ \langle b|\hat{H}|a\rangle\langle b|\hat{H}|b\rangle \end{bmatrix}=\begin{bmatrix} \hbar\omega_a & 0 \\ 0 & \hbar\omega^b \end{bmatrix}$，

又$\hat{X}|a\rangle=|b\rangle$　；$\hat{X}|b\rangle=|a\rangle$　，

所以$X=\begin{bmatrix} X_{aa} & X_{ab} \\ X_{ba} & X_{bb} \end{bmatrix}=\begin{bmatrix} \langle a|\hat{X}|a\rangle\langle a|\hat{X}|b\rangle \\ \langle b|\hat{X}|a\rangle\langle b|\hat{X}|b\rangle \end{bmatrix}=\begin{bmatrix} 0 & 1 \\ 1 & 0 \end{bmatrix}$。

可得$[X, H]=XH-HX=\begin{bmatrix} 0 & \hbar\omega_b-\hbar\omega_a \\ \hbar\omega_a-\hbar\omega_b & 0 \end{bmatrix}$，

則由$\frac{d}{dt}X(t)\Big|_H=\frac{\partial}{\partial t}X_S(t)\Big|_H+\frac{1}{i\hbar}[X_H(t), H_H]$，

即$\frac{d}{dt}\begin{bmatrix} X_{11}(t) & X_{12}(t) \\ X_{21}(t) & X_{22}(t) \end{bmatrix}\Bigg|_H=\frac{1}{i\hbar}\begin{bmatrix} 0X_{11}(t) & (\hbar\omega_b-\hbar\omega_a)X_{12}(t) \\ (\hbar\omega_a-\hbar\omega_b)X_{21}(t) & 0X_{22}(t) \end{bmatrix}$，

可得$X(t)=\begin{bmatrix} 0 & e^{-i(\omega_b-\omega_a)t} \\ e^{i(\omega_b-\omega_a)t} & 0 \end{bmatrix}$，

所以$\rho X(t)=\begin{bmatrix} \frac{1}{2} & -\frac{i}{4} \\ \frac{i}{4} & \frac{1}{2} \end{bmatrix}\begin{bmatrix} 0 & e^{-i(\omega_b-\omega_a)t} \\ e^{i(\omega_b-\omega_a)t} & 0 \end{bmatrix}=\begin{bmatrix} -\frac{i}{4}e^{i(\omega_b-\omega_a)t} & \frac{1}{2}e^{i(\omega_b-\omega_a)t} \\ \frac{1}{2}e^{i(\omega_b-\omega_a)t} & \frac{i}{4}e^{-i(\omega_b-\omega_a)t} \end{bmatrix}$。

算符$\hat{X}$的期望值為

$$\langle X\rangle(t)=Tr(\rho X(t))$$

$$=-\frac{i}{4}e^{i(\omega_b-\omega_a)t}+\frac{i}{4}e^{-i(\omega_b-\omega_a)t}=-\frac{i}{4}i\,2\sin(\omega_b-\omega_a)t$$

$$=\frac{1}{2}\sin(\omega_a-\omega_b)t$$ 。

9-8　現在有兩個本徵態$|0\rangle=\begin{bmatrix} 1 \\ 0 \end{bmatrix}$和$|1\rangle=\begin{bmatrix} 0 \\ 1 \end{bmatrix}$，其正交歸一的關係為

$\langle 0|0\rangle=[1\ 0]\begin{bmatrix} 1 \\ 0 \end{bmatrix}=1$；$\langle 1|1\rangle=[0\ 1]\begin{bmatrix} 0 \\ 1 \end{bmatrix}=1$且$\langle 0|1\rangle=[1\ 0]\begin{bmatrix} 0 \\ 1 \end{bmatrix}=0$。

由這兩個本徵態構成四個純粹態如下：

$|\phi_1\rangle=\cos\theta|0\rangle+\sin\theta|1\rangle$；$|\phi_2\rangle=\cos\theta|0\rangle-\sin\theta|1\rangle$；$|\psi_1\rangle=|0\rangle$；$|\psi_2\rangle=|1\rangle$。

再由這四個純粹態構成兩個混合態為：

[1] $\frac{1}{2}$ 的機率為 $|\phi_1\rangle=\cos\theta|0\rangle+\sin\theta|1\rangle$；$\frac{1}{2}$ 的機率為 $|\phi_2\rangle=\cos\theta|0\rangle-\sin\theta|1\rangle$，顯然 $\frac{1}{2}+\frac{1}{2}=1$。

[2] $\cos^2\theta$ 的機率為 $|\psi_1\rangle=|0\rangle$；$\sin^2\theta$ 的機率為 $|\psi_2\rangle=|1\rangle$，顯然 $\cos^2\theta+\sin^2\theta=1$。

試證明這兩個混合態是無法分辨的（Indistinguishable）。

解：只要這兩個混合態的密度矩陣 ρ 是相同的，就表示這兩個混合態是無法分辨的。

[1] $|\phi_1\rangle$ 和 $|\phi_2\rangle$ 構成的混合態的密度矩陣 ρ 爲

$$\rho=\sum_{n=0}^{1}P_n|\phi_n\rangle\langle\phi_n|$$

$$=\frac{1}{2}|\phi_1\rangle\langle\phi_1|+\frac{1}{2}|\phi_2\rangle\langle\phi_2|$$

$$=\frac{1}{2}(\cos\theta|0\rangle+\sin\theta|1\rangle)(\cos\theta\langle 0|+\sin\theta\langle 1|)$$

$$+\frac{1}{2}(\cos\theta|0\rangle-\sin\theta|1\rangle)(\cos\theta|0\rangle-\sin\theta\langle 1|)$$

$$=\frac{1}{2}\left(\cos\theta\begin{bmatrix}1\\0\end{bmatrix}+\sin\theta\begin{bmatrix}0\\1\end{bmatrix}\right)(\cos\theta[1\quad 0]+\sin\theta[0\quad 1])$$

$$+\frac{1}{2}\left(\cos\theta\begin{bmatrix}1\\0\end{bmatrix}-\sin\theta\begin{bmatrix}0\\1\end{bmatrix}\right)(\cos\theta[1\quad 0]-\sin\theta[0\quad 1])$$

$$=\frac{1}{2}\left(\cos\theta\begin{bmatrix}1\\0\end{bmatrix}+\sin\theta\begin{bmatrix}0\\1\end{bmatrix}\right)(\cos\theta[1\quad 0]+\sin\theta[0\quad 1])$$

$$+\frac{1}{2}\left(\cos\theta\begin{bmatrix}1\\0\end{bmatrix}-\sin\theta\begin{bmatrix}0\\1\end{bmatrix}\right)(\cos\theta[1\quad 0]-\sin\theta[0\quad 1])$$

$$=\frac{1}{2}\begin{bmatrix}\cos\theta\\\sin\theta\end{bmatrix}[\cos\theta\quad\sin\theta]+\frac{1}{2}\begin{bmatrix}\cos\theta\\-\sin\theta\end{bmatrix}[\cos\theta\quad-\sin\theta]$$

$$=\frac{1}{2}\begin{bmatrix}\cos^2\theta & \cos\theta\sin\theta\\\cos\theta\sin\theta & \sin^2\theta\end{bmatrix}+\frac{1}{2}\begin{bmatrix}\cos^2\theta & -\cos\theta\sin\theta\\-\cos\theta\sin\theta & \sin^2\theta\end{bmatrix}$$

$$=\begin{bmatrix}\cos^2\theta & 0\\0 & \sin^2\theta\end{bmatrix}\text{。}$$

[2] $|\phi_1\rangle$ 和 $|\phi_2\rangle$ 構成的混合態的密度矩陣爲

$$\rho=\sum_{n=0}^{1}P_n|\phi_n\rangle\langle\phi_n|=\cos^2\theta|\psi_1\rangle\langle\psi_1|+\sin^2\theta|\psi_2\rangle\langle\psi_2|$$

$$=\cos^2\theta|0\rangle\langle 0|+\sin^2\theta|1\rangle\langle 1|$$

$$=\cos^2\theta\begin{bmatrix}0\\0\end{bmatrix}[1\quad 0]+\sin^2\theta\begin{bmatrix}0\\1\end{bmatrix}[0\quad 1]$$

$$=\cos^2\theta\begin{bmatrix}1 & 0\\0 & 0\end{bmatrix}+\sin^2\theta\begin{bmatrix}0 & 0\\0 & 1\end{bmatrix}$$

$$=\begin{bmatrix}\cos^2\theta & 0\\0 & \sin^2\theta\end{bmatrix}\text{。}$$

$|\phi_1\rangle$ 和 $|\phi_2\rangle$ 構成的混合態的密度矩陣 ρ 和 $|\psi_1\rangle$ 和 $|\psi_2\rangle$ 構成的混合態的密度矩陣 ρ 是相同的，所以這兩個混合態是無法分辨的。得証。

9-9 簡單來說，我們可以把混合態視爲純粹態聚集在一起的狀態，而每一個純粹態都有各自的機率，當然這些機率都小於 1；而機率的總和爲 1。因爲量子狀態通常會和環境糾結（Entanglement）在一起，無法一個一個的分開，所以我們會需要討論混合態。

以下我們來看看如果一開始構成的混合態是不相同的，但是混合態的密度矩陣卻會是相同的。

[1] $|0\rangle$和$|1\rangle$構成的混合態是由$\frac{1}{2}$機率的$|0\rangle$；$\frac{1}{2}$的機率為$|1\rangle$，顯然$\frac{1}{2}+\frac{1}{2}=1$，當中的兩個本徵態也是純粹態為$|0\rangle=\begin{bmatrix}1\\0\end{bmatrix}$和$|1\rangle=\begin{bmatrix}0\\1\end{bmatrix}$，其正交歸一的關係為；$\langle 0|0\rangle=[1\quad 0]\begin{bmatrix}1\\0\end{bmatrix}=1$；$\langle 1|1\rangle=[0\quad 1]\begin{bmatrix}0\\1\end{bmatrix}=1$且$\langle 0|1\rangle=[1\quad 0]\begin{bmatrix}0\\1\end{bmatrix}=0$。

[2] $|+\rangle$和$|-\rangle$構成的混合態是由$\frac{1}{2}$機率的$|+\rangle$；$\frac{1}{2}$的機率為$|-\rangle$，顯然$\frac{1}{2}+\frac{1}{2}=1$，當中的兩個本徵態也是純粹態為$|+\rangle=\frac{1}{\sqrt{2}}\begin{bmatrix}1\\1\end{bmatrix}$和$|-\rangle=\frac{1}{\sqrt{2}}\begin{bmatrix}1\\-1\end{bmatrix}$，其正交歸一的關係為$\langle +|+\rangle=\frac{1}{\sqrt{2}}[1\quad 1]\frac{1}{\sqrt{2}}\begin{bmatrix}1\\1\end{bmatrix}=1$；$\langle -|-\rangle=\frac{1}{\sqrt{2}}[1\quad -1]\frac{1}{\sqrt{2}}\begin{bmatrix}1\\-1\end{bmatrix}=1$且$\langle +|-\rangle=\frac{1}{\sqrt{2}}[1\quad 1]\frac{1}{\sqrt{2}}\begin{bmatrix}1\\-1\end{bmatrix}$。

試分別寫出$|0\rangle$和$|1\rangle$構成的混合態的密度矩陣和$|+\rangle$和$|-\rangle$構成的混合態的密度矩陣。

解：[1] $|0\rangle$ 和$|1\rangle$ 構成的混合態

由 $|0\rangle\langle 0|=\begin{bmatrix}1\\0\end{bmatrix}[1\quad 0]=\begin{bmatrix}1&0\\0&0\end{bmatrix}$；

且 $|1\rangle\langle 1|=\begin{bmatrix}0\\1\end{bmatrix}[0\quad 1]=\begin{bmatrix}0&0\\0&1\end{bmatrix}$，

則密度矩陣ρ爲

$$\rho=\sum_{n=0}^{1}P_n|n\rangle\langle n|=\frac{1}{2}|0\rangle\langle 0|+\frac{1}{2}|1\rangle\langle 1|=\begin{bmatrix}\frac{1}{2} & 0\\ 0 & \frac{1}{2}\end{bmatrix}。$$

[2] $|+\rangle$ 和 $|-\rangle$ 構成的混合態

由 $|+\rangle\langle +|=\frac{1}{\sqrt{2}}\begin{bmatrix}1\\1\end{bmatrix}\frac{1}{\sqrt{2}}[1 \quad 1]=\frac{1}{2}\begin{bmatrix}1 & 1\\1 & 1\end{bmatrix}=\begin{bmatrix}\frac{1}{2} & \frac{1}{2}\\ \frac{1}{2} & \frac{1}{2}\end{bmatrix}$；

且 $|-\rangle\langle -|=\frac{1}{\sqrt{2}}\begin{bmatrix}1\\-1\end{bmatrix}\frac{1}{\sqrt{2}}[1 \quad -1]=\frac{1}{2}\begin{bmatrix}1 & -1\\-1 & 1\end{bmatrix}=\begin{bmatrix}\frac{1}{2} & -\frac{1}{2}\\ -\frac{1}{2} & \frac{1}{2}\end{bmatrix}$，

則密度矩陣 ρ 為

$$\rho=\sum_{n=0}^{1}P_n|n\rangle\langle n|=\frac{1}{2}|0\rangle\langle 0|+\frac{1}{2}|1\rangle\langle 1|$$

$$=\frac{1}{2}\begin{bmatrix}\frac{1}{2} & \frac{1}{2}\\ \frac{1}{2} & \frac{1}{2}\end{bmatrix}+\frac{1}{2}\begin{bmatrix}\frac{1}{2} & -\frac{1}{2}\\ -\frac{1}{2} & \frac{1}{2}\end{bmatrix}=\begin{bmatrix}\frac{1}{2} & 0\\ 0 & \frac{1}{2}\end{bmatrix}。$$

$|0\rangle$ 和 $|1\rangle$ 構成的混合態的密度矩陣 ρ 和 $|+\rangle$ 和 $|-\rangle$ 構成的混合態的密度矩陣 ρ 是相同的，所以這兩個混合態是無法分辨的。得証。

索 引

δ-function δ函數　4, 5, 39, 41, 43

γ-matrix form γ矩陣形式　29, 32

γ-rays γ射線　52

$\vec{k}\cdot\vec{p}$ method $\vec{k}\cdot\vec{p}$法　167, 168

A

Absorption 吸收　32-34, 146, 157, 211

Absorption transition rate 吸收躍遷率　33

Acoustical phonons 聲模聲子　45

Angular equation 角度方程式　129

Angular momentum commutation 角動量的交換關係　145, 149

Angular momentum operator 角動量算符　117, 119, 120, 122, 152

Anisotropic 非等方的　170

Anticommute 反交換的　30

Antisymmetric operator 反對稱操作　193

Antisymmetric wavefunction 反對稱波函數　189

Associated Legrendre polynomials 副 Legrendre 多項式　129

Azimuthal equation 方位角方程式　128

B

Basis functions 基函數　175

Best eigenfunctions 最佳的本徵函數　173

Bohr magneton Bohr 磁矩　153

Bohr-Sommerfeld quantization rules Bohr-Sommerfeld 量子化規則　60-64

Boltzmann constant Boltzmann 常數　26, 54, 228

Boson　183, 184, 191-194, 198

Brillouin zone Brillouin 區域　168, 170

Bulk system 塊狀系統　38, 39

Bulk 塊狀結構　37

C

Cauchy-Schwartz inequality Cauchy-Schwartz 不等式　72

Cavity field 腔場　218

Cavity radiation field 共振腔內的輻射場　222, 226

Cavity radiation 空腔輻射　35

Central force 中心力場　127, 152

Charge density 電荷密度　56, 57

Classical mechanics 古典力學　65, 71, 161

Clebsch-Gordan coefficients Clebsch-Gordan 係數　144, 152

Closure 封閉性　108

Coherent superposition 同調疊加　211

Color 顏色　192

Commute 交換關係　120, 122, 145, 149

Complex vectors 複數向量　146

Compton effect Compton 效應　43
Conduction band 導帶　168, 169
Conservation of charge 電荷守恆　55-58
Constant of the motion 運動常數　194
Continuity equation 連續方程式　55-57
Correct 正確的　155
Coulomb potential Coulomb 位能　127, 166
Covariance form 協變形式　28, 29, 32
Current density 電流密度　56

D

D'Alembertian operator D'Alembertian 算符　28
Damping 阻尼　214, 223
Davisson-Germer experiment Davisson-Germer 實驗　43
De Broglie hypothesis de Broglie 假設　43
Debye law Debye T^3定律　53
Debye function Debye 函數　52
Debye temperature Debye 溫度　52
Debye's theory of specific heat Debye 比熱理論　44, 51
Decay 衰減　113, 205, 212, 216, 223
Decay constant 衰減常數　212
Decay factor 衰減因子　212
Degenerate wave functions 簡併的波函數　173
Degenerate 簡併　63, 138, 155, 161, 162, 167, 169, 173, 178, 180, 183, 196-198, 204
Density of states 狀態密度　36-45, 48, 49, 204, 206
Density of the active atoms coupled to the radiation field 介質中和輻射場發生耦合的活性原子之密度　214
Density operator 密度算符　213-215, 230-233
Dipole operator 偶極算符　212
Dirac delta function Dirac delta 函數　16, 185
Dirac δ-function Dirac δ函數　4, 5
Dirac relativistic equation Dirac 相對論方程式　28, 31, 32
Discrete energy 分立的能量　42
Dispersion curves 色散曲線　5, 168
Doppler broadening Doppler 展寬　24, 27
Doppler effect Doppler 效應　22, 24
Doppler width Doppler 線寬　27
Driving frequency 驅動頻率　158
Dulong-Petit law Dulong-Petit 定律　44, 45, 50, 52, 53
Dynamical behaviors 動態行為　222, 226, 227

E

$E(\vec{k})-\vec{k}$ dispersion relation $E(\vec{k})-\vec{k}$色散關係　169, 170, 172
Effective mass tensor 等效質量張量　170, 172

Eigenequation 本徵方程式　173, 177, 181
Eigenfunction 本徵函數　55, 59, 75, 76, 79, 83, 84, 93, 94, 113-115, 128, 165, 166, 172, 173, 190-192
Eigen-mode 本徵模態　66
Eigenvector 本徵向量　66, 101-104, 181
Einstein function Einstein 函數　50
Einstein photoelectric effect Einstein 電光效應　43
Einstein temperature Einstein 溫度　50
Einstein's theory of specific heat Einstein 比熱理論　44, 48
Elastic properties 彈性力學特性　52
Electric dipole approximation 電子雙極近似　33, 146
Electric dipole Hamiltonian 電子雙極 Hamiltonian　32
Electric dipole momentum 電雙極矩　145, 151, 152
Electric dipole operator 電偶算符　145, 214
Electric dipole transition 電雙極躍遷　145, 149, 151
Electric multipole transition 電多極躍遷　144
Electrical resistivity 電阻值特性　52
Electrodynamics 電動力學　22, 67
Electromagnetic power 電磁功率　227
Electron g-factor 電子 g-因子　153
Electron pair 電子對　23
Electron spin magnetic moment 電子自旋磁矩　153
Element 元素　19, 90, 92, 93, 145, 170-172, 180, 213, 221, 231
Emission transition rate 輻射躍遷率　33
Energy density of states 能量狀態密度　204
Energy density 能量密度　35, 67, 69
Energy equation 能量方程式　112, 114, 116
Energy flow 能量流　67
Energy flux rate 能量流率　35
Energy-state density 能量狀態密度　204
Ensemble 系綜　211
Entanglement 糾結　237
Equation of motion 運動方程式　65, 215
Even parity operator 偶宇稱算符　137, 138
Event 事件　19
Excess population 布居反轉量　226, 227
Exchange operator 交換算符　194
Excitation 激發　93, 94, 192, 194, 195, 197-212, 215-218, 222

F

Fermi golden rule Fermi 黃金規則　33
Fermi system Fermi 系統　201
Fermi-Dirac distribution function Fermi-Dirac 分布函數　184, 201
Fermion　132, 183, 184, 191-193, 201, 207, 208

Final state 最終態 36
Final wave function 終了波函數 33
First-order perturbation correction 一階微擾的修正 169
Flavor 味道 193
Flux 流量 57
Four-dimensional coordinates 四維座標 28
Fourier transform Fourier 轉換 2, 9, 12-14, 16, 17, 59, 65
Fourier transformation Fourier 轉換 2, 9, 12-14, 16, 17, 59, 65
Freedom 自由度 37-42, 48, 49, 192

G

Gamma function Γ函數 11
Gauss law Gauss 定律 57
Gaussian distribution Gauss 分佈 24
Gaussian function Gauss 函數 16, 17, 24
Generalized function 廣義化函數 5
Good 好的 155, 162, 163
Ground states 基態 83, 84, 85, 90, 93, 94, 160, 162, 166, 192, 194, 196, 197, 199, 211
Group velocity 群速度 58, 59, 67

H

Harmonic perturbation 簡諧微擾 33
Hartree equation Hartree 方程式 131, 132, 136, 137
Hartree-Fock equation Hartree-Fock 方程式 131, 132, 136
Heisenberg picture Heisenberg 圖象 227, 228, 231, 233
Heisenberg uncertainty principle Heisenberg 測不準原理 54, 72, 84, 85
Hermitian 30, 78, 215
Homogeneous broadening 均勻展寬 24
Hooke’s law Hooke 定律 45
Hund’s rule Hund 規則 143
Hydrogen-like atom 類氫原子 61, 64

I

In phase 同相的 215
Incoherent 非同調的 218
Indistinguishable 不可分辨的 189, 236
Inhomogeneous broadening 非均勻展寬 24
Initial state 初始態 36
Initial wave function 初始波函數 33
Inner product 內積 95, 173
Instantaneously 瞬間 211, 212
Integral transform 積分轉換 1, 2
Integration by part 分部積分 7, 201
Interaction energy 交互作用能量 153, 215, 223
Interference effect 干涉效應 212
Internal degrees of freedom 內稟自由度 192
Isospin 同位自旋 192
Iteration 迭代 176

J

j-j coupling $j-j$耦合 141

K

Kane model Kane 模型 167

Klein-Gordon relativistic equation Klein-Gordon 相對論方程式 27

Kronecker delta function Kronecker delta 函數 44, 48

L

Lagrange multiplier Lagrange 乘子 134, 136, 137, 186, 188

Laguerre polynomials Laguerre 多項式 128, 129

Laplace transform Laplace 轉換 1, 2

Larmor precession Larmor 旋進 153

Laser 雷射 24, 26, 157, 214, 222, 223, 226, 227

Lattice specific heat 晶格比熱 44, 45, 53, 54

Lattice vibration 晶格振動 44, 45, 48

Lifetime 壽命 211

Linear differential operator 線性微分算符 29

Local maximum 局域極大值 186

Lorentzian function Lorentz 函數 24

Löwdin's perturbation method Löwdin 微擾方法 172

Löwdin's renormalization method Löwdin 再歸一化法 172

Lowering operator 下降算符 81, 82, 90, 92, 93

L-S coupling $L-S$耦合 139, 140

Luttinger-Kohn's model Luttinger-Kohn 模型 167

M

Macroscopic electric polarization 巨觀電極化量 214, 223, 226

Magnetic multpole transition 磁多極躍遷 145

Magnetic quantum number 磁量子數 124, 128, 145, 193

Matrix representation 矩陣表示 76, 77, 98, 99, 106-108, 110

Matter wave 物質波 43, 67

Maxwell's equations Maxwell 方程式 56, 67, 214, 223, 226

Maxwell-Boltzmann distribution Maxwell-Boltzmann 分佈 24, 26

Mean free path 平均自由徑 205, 206

Mean lifetime 平均生命時間 205

Minkowski geometry Minkowski 幾何 19

Mix state 混合態 230-233, 236-239

Momentum density of states 動量狀態密度 204

Momentum operator 動量算符 71, 75-77,

83, 90, 93, 117, 119, 120, 122, 152
Momentum-state density 動量狀態密度 204
Monochromatic plane waves 單色平面波 67

N

Neutrons 中子射線 52
Newtonian law Newton 定律 45
Nondegenerate band 非簡併能帶 169
Nondiagonal element 非對角元素 170, 172
Normalization constant 歸一化係數 102, 103
Normalization factor 歸一化因子 26
Null identity 零等式 56
Number operator 數量算符 81, 83

O

Odd parity operator 奇宇稱算符 137, 138
Operator commutation 算符互易關係 88
Optical phonons 光模聲子 44
Orbital angular momentum quantum number 軌道角動量量子數 145
Orbital quantum number 軌道量子數 124, 125, 129, 193
Orientation angle 方向角 125-127, 186-189
Orthonormal and complete basis 正交歸一且完備的基底 78, 101
Orthonormal basis 正交歸一的基底 94, 97-99, 107
Orthonormal functions 正交歸一函數 173
Orthonormality 正交歸一 78, 86, 94, 97-99, 101, 104, 106, 107, 111, 173, 215, 235, 238
Orthonormalization 正交歸一的 86, 94, 97-99, 104, 106, 107, 111, 173, 235, 238
Oscillator 振盪子 48
Oscillator 諧振子 54, 55, 75, 76, 79, 81, 90, 93, 94, 160, 161, 213, 227
Outer product notation 外積符號 98, 101

P

Parity operator 宇稱算符 137, 138, 148, 165, 166
Particle interchange operator 交換算符 194
Partition function 分割函數 228
Pauli exclusive principle Pauli 不相容原理 131, 132, 190
Pauli matrix Pauli 矩陣 31
Permutation operator 交換算符 194
Perturbation theory 微擾理論 155, 157, 158, 172
Phase velocity 相速度 58, 59, 67
Point charge 點電荷 5
Polar coordinates 極座標 1, 3, 186, 188
Polarization vector 偏極化向量 146, 147
Position operator 位置算符 71, 75, 76, 83, 90, 92
Poynting vextor Poynting 向量 67, 69

Principal quantum number 主量子數 129, 139, 144, 193

Probability distribution 機率分布 57

Probability flux 機率流 57

Pumping excitation 泵激發 215

Pure state 純粹態 230-233, 235-238

Purely diagonal 完全對角化的 218

Q

Quantum beats 量子拍 211, 212

Quantum dot system 量子點系統 38, 39, 41

Quantum dot 量子點結構 37

Quantum mechanical Boltzmann equation 量子力學 Boltzmann 方程式 214, 215

Quantum well system 量子井系統 38, 39

Quantum well 量子井結構 37

Quantum wire system 量子線系統 38, 39

Quantum wire 量子線結構 37

R

Radial equation 徑向方程式 129

Radical function 徑向函數 146

Radioactive decay 輻射衰減 205

Raising operator 上昇算符 81-83

Rate equation 速率方程式 214, 216, 217, 222-224, 227

Real operator 實算符 227

Relativistic Hamiltonian 相對論 Hamiltonian 27, 28

Relaxation time 豫弛時間 205

Resonant frequency 共振模態頻率 214, 223

S

Schrödinger picture Schrödinger 圖象 227, 228

Second-order perturbation correction 二階微擾的修正 169

Secular equation 久期方程式 175

Selection rule 選擇規律 145, 149, 151

Single band 單一能帶 169

Sinusoidal time dependence 弦波時間相依的 157, 158

Slater determinant Slater 行列式 193

Sommerfeld expansion Sommerfeld 展開 202, 203

Space coordinate 空間座標 19

Space quantization 空間量子化 124

Space-time diagram 時空圖 20

Space-time model 時空模型 19

Special relativity 特殊相對論 19, 21

Spherical harmonics functions 球諧函數 128, 129, 146

Spin degeneracy factor 自旋簡併因子 204

Spin vector 自旋向量 196

Spin-down 自旋向下 143, 196

Spin-orbit interaction 自旋-軌道交互作用 141, 152, 153

Spin-up 自旋向上 143, 144, 196

Spontaneous emission 自發輻射 146

Stabilized Eigenfunction 穩定化本徵函數 165, 166

Statistical mixture 統計混合 228

Steady state 穩定狀態 55, 217, 221

Step function 步階函數 5, 8

Stimulated emission 受激輻射 146

Symmetric operator 對稱操作 193

Symmetric wavefunction 對稱波函數 189

Symmetrization postulate 對稱化假設 192

Symmetry 對稱 26, 31, 32, 68, 127, 170, 172, 189, 192, 193

T

Taylor series expansion Taylor 級數展開 202

Tensor 張量 67, 68, 170, 172

Test function 測試函數 5, 7

Thermal expansion 熱膨脹特性 52

Thermally averaged expectation value 熱平均期望值 229

Thomas factor Thomas 因子 153

Three-dimensional complex vector space 三維複向量空間 95

Time coordinate 時間座標 19

Time evolution 隨時間的演進 230

Total angular momentum 總角動量 121, 143, 144

Total Hamiltonian 整體的 Hamiltonian 215, 216, 218

Transition frequency 躍遷頻率 158

Transition matrix 轉換矩陣 110, 111

Transition probability 躍遷機率 157, 159

Transition rate 躍遷率 146

Transition selection rule 躍遷選擇規律 145

Translational vector 平移向量 168

Triangle inequality 三角不等式 86, 87

Two coupled first-order nonlinear rate equation 二個相互耦合的一階非線性速率方程式 226

Two-state quantum system 二階量子系統 230

U

Uncertainty principle 測不準原理 54, 72, 84, 85

Unit impulse function 單位脈衝函數 4

Unperturbed Hamiltonian 未受微擾之 Hamiltonian 168

V

Variational method 變分法 131, 132, 134

Vector model 向量模型 124, 143

Vector space 向量空間 19

Vector-addition coefficients Clebsch-Gordan 係數 144, 152

Vibrational energy 振動能量 48

Virial theorem Virial 理論　166, 167

W

Wave packet 波包　67

Wigner-Eckart theorem Wigner-Eckart 理論　144, 152

X

X-rays X 射線　52

Y

Yukawa 湯川秀樹　54

Z

Zero energy 零點能量　72, 84

Zero-order wave function 零階波函數　155, 162, 163

Zone edge central cell function 原胞函數　170

國家圖書館出版品預行編目資料

近代物理習題解答／倪澤恩著.
一初版.一臺北市：五南，2013.12
面； 公分
ISBN: 978-957-11-7436-5（平裝）
1.近代物理
339 102023800

5BH3

近代物理習題解答

Problems and Solutions on Modern Physics

作　　者 — 倪澤恩
發 行 人 — 楊榮川
總 編 輯 — 王翠華
主　　編 — 穆文娟
責任編輯 — 王者香
封面設計 — 小小設計有限公司
出 版 者 — 五南圖書出版股份有限公司
地　　址：106 台北市大安區和平東路二段 339 號 4 樓
電　　話：(02)2705-5066　傳　　真：(02)2706-6100
網　　址：http://www.wunan.com.tw
電子郵件：wunan@wunan.com.tw
劃撥帳號：01068953
戶　　名：五南圖書出版股份有限公司
台中市駐區辦公室 / 台中市中區中山路 6 號
電　　話：(04)2223-0891　傳　　真：(04)2223-3549
高雄市駐區辦公室 / 高雄市新興區中山一路 290 號
電　　話：(07)2358-702　傳　　真：(07)2350-236
法律顧問　林勝安律師事務所　林勝安律師
出版日期　2013 年 12 月初版一刷
定　　價　新臺幣 280 元